Walter Wagner Lufttechnische Anlagen

Kamprath-Reihe

Dipl.-Ing. Walter Wagner

Lufttechnische Anlagen

Vogel Fachbuch

Dipl.-Ing. WALTER WAGNER
Jahrgang 1941. Nach einer Lehre als Technischer Zeichner absolvierte er ein Maschinenbaustudium und war 1964 bis 1968 Anlagenplaner im Atomreaktorbau; anschließend Ausbildung zum Schweiß-Fachingenieur; ab 1968 Technischer Leiter im Apparatebau, Kesselbau und in der Wärmetechnik; 1974 bis 1997 hatte er einen Lehrauftrag an der Fachhochschule Heilbronn, von 1982 bis 1984 zusätzlich an der Fachhochschule Mannheim und von 1987 bis 1989 an der Berufsakademie Mosbach. Im Zeitraum 1988 bis 1995 war er Geschäftsführer der Hoch-Temperatur-Technik Vertriebsbüro Süd GmbH.
Seit 1992 leitet er Beratung und Seminare für Anlagentechnik: *WTS* Wagner-Technik-Service. Er ist außerdem Obmann verschiedener DIN-Normen und öffentlich bestellter und vereidigter Sachverständiger für Wärmeträgertechnik, Thermischer Apparatebau und Rohrleitungstechnik.

Dipl.-Ing. WALTER WAGNER ist Autor folgender Vogel Fachbücher (Kamprath-Reihe):
Festigkeitsberechnungen im Apparate- und Rohrleitungsbau
Kreiselpumpen und Kreiselpumpenanlagen
Lufttechnische Anlagen
Planung im Anlagenbau
Regelarmaturen
Rohrleitungstechnik
Strömung und Druckverlust
Technische Wärmelehre
Wärmeaustauscher
Wärmeübertragung

Die Deutsche Bibliothek – CIP-Einheitsaufnahme

Wagner Walter:

Lufttechnische Anlagen /
Walter Wagner. – 1. Aufl. – Würzburg : Vogel, 1997
(Kamprath Reihe)
ISBN 3-8023-1718-1

ISBN 3-8023-1718-1
1. Auflage 1997

Satz: Hümmer, Waldbüttelbrunn

Vorwort

Lufttechnische Anlagen werden als Haupt- oder Hilfssysteme in vielen Industriebetrieben angewendet: vor allem in Trocknungsanlagen, Verbrennungsluft- und Rauchgassystemen, Zuluft-, Abluft-, Umluft- und Fortluftanlagen. Zur technischen Ausrüstung gehören auch der pneumatische Transport sowie die notwendigen Bauelemente. Raumlufttechnische Anlagen und die Klimatechnik sind hier aus Platzgründen nicht berücksichtigt. Es werden vorwiegend Eigenheiten von Ventilatoren und Ventilatoranlagen behandelt.

Eine weitere Besonderheit in diesen Anlagen ist die übliche geringe Dichteänderung der Luft, da die Strömungsgeschwindigkeit hier weit unter der Schallgeschwindigkeit liegt, wobei der Begriff «Luft» sinngemäß auch für alle Gase gilt.

Das Buch behandelt Grundlagen und die gängige Praxis mit Beispielen für Studenten der Fachrichtungen Maschinenbau, Versorgungstechnik, Haustechnik, Umwelttechnik sowie Verfahrens- und Kraftwerkstechnik. Techniker und Ingenieure in der täglichen Praxis aller Industriebereiche, die lufttechnische Anlagen planen, projektieren und betreiben, erhalten – neben den theoretischen Ausführungen – übersichtliche Hilfsdiagramme, Tabellen, wichtige Daten und Berechnungsbeispiele, die die Arbeit erleichtern.

Resonanz aus Leserkreisen ist mir stets willkommen. Mein Dank gilt vor allem Herrn Prof. W. Bohl (FH Heilbronn) für seine Ausführungen. Dem Vogel Buchverlag danke ich für die gewohnt hervorragende Zusammenarbeit.

St. Leon-Rot

Walter Wagner

Vorwort

Inhaltsverzeichnis

1 Stoffdaten von Luft

1.1 Gasgesetze für ideale Gase

Für *ideale Gase* gelten die nachstehend aufgeführten Gesetze.

Bei **gleichbleibender Temperatur** verhalten sich die Dichten ϱ eines Gases wie die dazugehörigen *absoluten* Drücke p.

$$\frac{\varrho_1}{\varrho_2} = \frac{v_2}{v_1} = \frac{p_1}{p_2} \qquad \text{(Gl. 1.1)}$$

☐ *Gesetz von Boyle-Mariotte*

Bei **gleichbleibendem Druck** verhalten sich die Dichten ϱ eines Gases umgekehrt wie die *absoluten* Temperaturen T:

$$\frac{\varrho_1}{\varrho_2} = \frac{v_2}{v_1} = \frac{T_2}{T_1} \qquad \text{(Gl. 1.2)}$$

☐ *Gesetz von Gay-Lussac*

Ändern sich Druck und Temperatur eines Gases gleichzeitig, so gilt:

$$\frac{\varrho_1}{\varrho_2} = \frac{v_2}{v_1} = \frac{p_1 \cdot T_2}{p_2 \cdot T_1} \quad \text{oder}$$

$$\frac{v_1 \cdot p_1}{T_1} = \frac{v_2 \cdot p_2}{T_2} \qquad \text{(Gl. 1.3)}$$

☐ Vereinigtes *Boyle-Mariotte-Gay-Lussacsches Gesetz*

Bei gleichem Druck und gleicher Temperatur enthalten die Gase in gleichen Räumen gleich viel Moleküle, nämlich $2{,}69 \cdot 10^{19}/\text{cm}^3$ (*Avogadrosche Zahl*). Die Dichten verhalten sich wie die molekularen Massen.

☐ *Gesetz von Avogadro*

Ist $\tilde{M}$ die molekulare Masse eines Gases, so enthalten $\tilde{M}$ kg aller Gase die gleiche Anzahl von Molekülen, nämlich $N = 6{,}023 \cdot 10^{26}$ (*Loschmidtsche Zahl*).

Eine Menge von $\tilde{M}$ kg eines Gases nennt man 1 kmol (Kilomol), das für alle idealen Gase denselben Rauminhalt V hat. Bei 0 °C und 1,013 bar ist $\tilde{V}_0 = 22{,}414\ \text{m}^3/\text{kmol}$ (*Molvolumen*).

Aus der molaren Masse $\tilde{M}$ errechnet sich die Dichte: $\varrho = \tilde{M}/\tilde{V}_0$.

Eigenschaften von Gasen siehe Tabelle 1.1.

Beispiel:
Wie groß ist die Dichte von Sauerstoff bei 0 °C und 1,013 bar?

Dichte $\varrho_n = \tilde{M}/\tilde{V}_0 = 32/22{,}4 = 1{,}43\ \text{kg/m}^3$.

1.2 Zustandsgleichung

Aus der Gleichung 1.3 folgt, daß der Wert $p \cdot v/T$ für alle Zustände eines Gases der gleiche ist. Man nennt diesen Wert die Gaskonstante R (J/(kg · K)).

Werte von R für verschiedene Gase siehe Tabelle 1.1.

$$\frac{p \cdot v}{T} = R \quad \text{oder}$$

$$p \cdot v = R \cdot T \qquad \text{(Gl. 1.4)}$$

Dies ist die *Zustandsgleichung* der Gase, bezogen auf 1 kg.

Bezogen auf eine beliebige Gasmasse M mit dem Volumen V lautet die Zustandsgleichung:

$$p \cdot V = M \cdot R \cdot T \qquad \text{(Gl. 1.5)}$$

Bezieht man diese Gleichung auf 1 mol, also auf $\tilde{M}$ kg eines Gases, so lautet sie:

$$p \cdot \tilde{V}_0 = \tilde{M} \cdot R \cdot T \quad \text{oder} \quad \tilde{V}_0 = \frac{\tilde{M} \cdot R \cdot T}{p}$$

Da das Molvolumen $\tilde{V}_0$ für alle idealen Gase bei konstantem Druck und konstanter Temperatur gleich ist, muß auch $\tilde{M} \cdot R$ für alle Gase den gleichen Wert haben. Man nennt $\tilde{M} \cdot R = \tilde{R}_0$ die allgemeine Gaskonstante, eine universelle Konstante der Physik. Ihr Wert ergibt sich mit dem Molvolumen eines idealen Gases, das bei Standardbedingungen $\tilde{V}_0 = 0{,}022\,414\ \mathrm{m}^3$ beträgt, als

$$\tilde{R}_0 = \frac{p \cdot \tilde{V}_0}{T} = \frac{101\,325 \cdot 0{,}022\,414}{273{,}15}$$

$$\tilde{R}_0 = 8{,}314\left(\frac{\mathrm{J}}{\mathrm{mol \cdot K}}\right) = 8\,314\left(\frac{\mathrm{J}}{\mathrm{kmol \cdot K}}\right)$$

Tabelle 1.1 Gaskonstante, Dichte und spezifische Wärmekapazität von Gasen

Gas	Symbol	Molekulare Masse $\tilde{M}$	Molares Normvolumen $\mathrm{m}^3/\mathrm{kmol}$ $\tilde{V}_0$	Gaskonstante R J/(kg · K)	Dichte bei 0 °C, 1,013 bar ϱ_n kg/m³	Dichteverhältnis Luft = 1	Spez. Wärmekap. bei 0 °C c_p kJ/(kg · K)	c_v kJ/(kg · K)	$\varkappa = c_p/c_v$
Azetylen	C_2H_2	26,04	22,23	319,5	1,171	0,906	1,51	1,22	1,26
Ammoniak	NH_3	17,03	22,06	488,2	0,772	0,597	2,05	1,56	1,31
Argon	Ar	39,95	22,39	208,2	1,784	1,380	0,52	0,32	1,65
Chlorwasserstoff	HCl	36,46	22,20	228,0	1,642	1,270	0,81	0,58	1,40
Ethan	C_2H_6	30,07	22,19	276,5	1,356	1,049	1,73	1,44	1,20
Ethylchlorid	C_2H_5Cl	64,50	–	128,9	2,880	2,228			1,16
Ethylen	C_2H_5	28,03	22,25	296,6	1,261	0,975	1,61	1,29	1,25
Helium	He	4,003	22,43	2 077,0	0,178	0,138	5,24	3,16	1,66
Kohlendioxid	CO_2	44,01	22,26	188,9	1,977	1,529	0,82	0,63	1,30
Kohlenoxid	CO	28,01	22,40	296,8	1,250	0,967	1,04	0,74	1,40
Luft (CO_2)-frei	–	28,96	22,40	287,1	1,293	1,000	1,00	0,72	1,40
Methan	CH_4	16,04	22,36	518,3	0,717	0,555	2,16	1,63	1,32
Methylchlorid	CH_3Cl	50,48	–	164,7	2,307	1,784	0,73	0,57	1,29
Sauerstoff	O_2	32,00	22,39	259,8	1,429	1,105	0,91	0,65	1,40
Schwefeldioxid	SO_2	64,06	21,86	129,8	2,931	2,267	0,61	0,48	1,27
Stickoxid	NO	30,01	22,39	277,1	1,340	1,037	1,00	0,72	1,39
Stickoxydul	N_2O	44,01	22,25	188,9	1,978	1,530	0,89	0,70	1,27
Stickstoff	N_2	28,01	22,40	296,8	1,250	0,967	1,04	0,74	1,40
Wasserstoff	H_2	2,016	22,43	4 124,0	0,0899	0,0695	14,38	10,26	1,41
Wasserdampf	H_2O	18,02	(21,1)	461,5	(0,804)	(0,621)	1,93	1,45	1,33

Einige technische Gase

	Zusammensetzung in Vol. %							$\tilde{M}$	ϱ_n	R
	CO	H_2	CH_4	C_2H_6	C_2H_4	CO_2	$O_2 + N_2$			
Koksofengas	5,4	56,8	23,9	0,6	1,6	2,2	9,7	11,29	0,504	736,8
Stadtgas	1,0	63,6	17,6	–	1,9	13,2	2,7	11,65	0,52	714,0
Wassergas	40,0	50,0	0,3	–	–	5,0	4,7	16,04	0,716	518,6
Koks-Generatorgas	29,0	11,0	0,3	–	–	5,0	54,7	31,16	1,391	266,9
Gichtgas	31,0	2,3	0,3	–	–	9,0	57,4	32,66	1,458	254,7
Erdgas	–	–	90,5	2,5	–	0,4	6,6	17,38	0,776	478,6

Mit der allgemeinen Gaskonstante $\tilde{R}_0$ und der Substanzmenge n läßt sich die allgemeine Zustandsgleichung formulieren:

$$p \cdot V = n \cdot \tilde{R}_0 \cdot T \qquad \text{(Gl. 1.6)}$$

Beispiel:
Luft hat bei 0 °C und Atmosphärendruck (1,013 bar = 1,013 · 10^5 Pa) eine Dichte von 1,293 kg/m³. Daraus errechnet man die Gaskonstante:

$$R = \frac{p \cdot v}{T} = \frac{p}{\varrho_n \cdot T} = \frac{101\,300}{1{,}293 \cdot 273} = 287 \left(\frac{\text{J}}{\text{kg} \cdot \text{K}}\right)$$

Beispiel:
Wie groß ist die Gaskonstante von Sauerstoff?

$$R = \frac{\tilde{R}_0}{\tilde{M}} = \frac{8\,314}{32} = 259{,}8 \left(\frac{\text{J}}{\text{kg} \cdot \text{K}}\right)$$

Beispiel:
Wieviel CO_2 befindet sich in einer 10-l-Flasche bei 20 °C und 75 bar?

$$M = \frac{p \cdot V}{R \cdot T} = \frac{75 \cdot 10^5 \cdot 0{,}01}{188{,}9 \cdot 293} = 135\,(\text{kg})$$

Gase, die den obigen Gesetzen genau folgen, nennt man vollkommene oder *ideale Gase*. Die wirklichen Gase folgen den Gesetzen nur angenähert, und zwar desto genauer, je geringer die Drücke sind.

Bei Luft, Wasserstoff und anderen Gasen ist für Drücke bis 20 bar die Abweichung $\approx$ 1%, für Drücke in der Nähe der Verflüssigung sind die Abweichungen größer.

1.3 Normzustand

Ein Gas befindet sich nach DIN 1343 im Normzustand, wenn es die Temperatur 0 °C und den Druck 1,013 bar hat. Es sind jedoch auch andere Bezugszustände im Gebrauch.

Normvolumen ist das Volumen eines Gases im Normzustand. Es dient dazu, volumenmäßige Mengenangaben von Gasen und Dämpfen miteinander vergleichbar zu machen.

Normdichten verschiedener Gase siehe Tabelle 1.1.

Hat ein Gas bei ϑ °C und p bar das Volumen V, ist das Normvolumen

$$V_n = \frac{273}{273 + \vartheta} \cdot \frac{p}{1{,}013} \cdot V \quad \text{oder}$$

$$V_n = 269{,}5 \cdot \frac{p \cdot V}{T} \qquad \text{(Gl. 1.7)}$$

1.4 Gasmischungen

Die Summe der Teildrücke p_1, p_2, ... einer Mischung von Gasen ist gleich dem Gesamtdruck p:

$$p_{ges} = p_1 + p_2 + \ldots \qquad \text{(Gl. 1.8)}$$

☐ *Gesetz von Dalton*

Teildruck:

$$p_1 = m_1 \cdot \frac{R_1}{R_m} \cdot p = r_1 \cdot p \qquad \text{(Gl. 1.9)}$$

m_1 Masseanteil
r_1 Raumanteil

Die Dichte einer Gasmischung ist:

$$\varrho_m = r_1 \cdot \varrho_1 + r_2 \cdot \varrho_2 + \ldots \qquad \text{(Gl. 1.10)}$$

ϱ_1, ϱ_2 Dichten der Einzelgase

Masseanteil des Einzelgases:

$$m_1 = r_1 \cdot \frac{\varrho_1}{\varrho_m} = r_1 \cdot \frac{R_m}{R_1} = r_1 \cdot \frac{M_1}{M_m} \qquad \text{(Gl. 1.11)}$$

Raumanteil des Einzelgases:

$$r_1 = m_1 \cdot \frac{\varrho_m}{\varrho_1} = m_1 \cdot \frac{R_1}{R_m} = m_1 \cdot \frac{M_m}{M_1} = \frac{p_1}{p} \qquad \text{(Gl. 1.12)}$$

Beispiel:
Der Raumanteil r_1 des Sauerstoffes in der Luft ist 21 (Vol.-%). Dann ist der Masseanteil:

$$m_1 = r_1 \cdot \frac{R_m}{R_1} = 21 \cdot \frac{287}{259{,}8} = 23{,}2 \ (\text{Mass.-\%})$$

Tabelle 1.2 Zusammensetzung, molare Masse, Gaskonstante, Normdichte und molares Normvolumen der Luft und des Luftstickstoffes [1.1]

trockene Luft	Volumenanteile		Masseanteile	
1. Stickstoff	0,78084		0,75510	
2. Argon	0,00934		0,01289	
3. Neon	0,00002		0,00001	
4. Kohlendioxid	0,00032		0,00049	
5. Sauerstoff	0,20948		0,23151	
6. Luftstickstoff (Bestandteile 1. bis 4.)	0,79052		0,76849	
Luftstickstoff	Volumenanteile		Masseanteile	
1. Stickstoff	0,98775		0,98258	
2. Argon	0,01182		0,01677	
3. Neon	0,00003		0,00001	
4. Kohlendioxid	0,00040		0,00064	
	Wasserdampf	trockene Luft	Luftstickstoff	
molare Masse	18,0152	28,965	28,1609	kg/kmol
spez. Gaskonstante	0,46144	0,28689	0,29510	kJ/kg K
Normdichte	0,80389	1,2930	1,2570	kg/m³
molares Normvolumen	22,41	22,401	22,403	m³/kmol

R_m Gaskonstante der Luft = 287 $\left(\frac{J}{kg \cdot K}\right)$

R_1 Gaskonstante von O_2 = 259,8 $\left(\frac{J}{kg \cdot K}\right)$

Beispiel:

Trockene Luft ist ein Gemisch aus N_2, O_2, Ar, CO_2 und Ne, deren Molanteile in Tabelle 1.2 angegeben sind, sowie einiger anderer Gase (Kr, He, H_2, Xe, O_3) in vernachlässigbar kleiner Menge. Es ist die Gaskonstante zu ermitteln.

Die Molmasse der trockenen Luft errechnet man aus den Molanteilen r_i und den Molmassen $\tilde{M}_i$ der 5 Komponenten:

$$\tilde{M} = \Sigma(r_i \cdot \tilde{M}_i)$$
$$= 0{,}78084 \cdot 28{,}0134 + 0{,}20948 \cdot 31{,}9988 + 0{,}00934 \cdot 39{,}948 + 0{,}00032 \cdot 44{,}010 + 0{,}00002 \cdot 20{,}179$$

$$\tilde{M} = \Sigma(r_i \cdot \tilde{M}_i) = 28{,}9647 \text{ (kg/kmol)}$$

Damit erhalten wir für ihre Gaskonstante:

$$R = \frac{\tilde{R}_0}{\tilde{M}} = \frac{8\,314{,}51}{28{,}9647} = 287{,}06\left(\frac{J}{kg \cdot K}\right)$$

Beispiel:

Von einem Rauchgas mit $\vartheta = 250\ °C$, p = 800 mbar und den Raum-Anteilen $N_2 = 78\%$, $O_2 = 3{,}8\%$, $CO_2 = 13{,}2\%$, $H_2O = 5\%$ soll die Dichte ϱ bestimmt werden.

	$\tilde{M}$	r_i	$\varrho_{i,n}$	$r_i \cdot \varrho_{i,n}$
N_2	28	0,780	1,250	0,975
O_2	32	0,038	1,429	0,054
CO_2	44	0,132	1,964	0,259
H_2O	18	0,050	0,803	0,040
			$\varrho_{m,n} =$	1,328

scheinbare molare Masse

$\tilde{M} = 22{,}4 \cdot \varrho_{m,n} = 29{,}75$ kg

$$R = \frac{\tilde{R}_0}{\tilde{M}} = \frac{8314{,}51}{29{,}75} = 279{,}5 \left(\frac{J}{kg \cdot K}\right)$$

$$\varrho = \frac{p}{R \cdot T} = \frac{0{,}8 \cdot 10^5}{279{,}5 \cdot 523} = 0{,}547\ (kg/m^3)$$

1.5 Spezifische Wärmekapazität

Man unterscheidet bei Gasen folgende spezifische Wärmekapazitäten:

c_p = spez. Wärmekapazität bei konstantem Druck bezogen auf 1 kg : (kJ/(kg · K))
c_v = spez. Wärmekapazität bei konstantem Volumen bezogen auf 1 kg : (kJ/(kg · K))

Das Verhältnis der spezifischen Wärmen $\varkappa = c_p/c_v$, das bei Berechnungen von Zustandsänderungen wichtig ist, beträgt nach Versuchswerten:

bei 1atomigen Gasen: $\varkappa = 1{,}67 = 5/3$
bei 2atomigen Gasen: $\varkappa = 1{,}40 = 7/5$
bei 3atomigen Gasen: $\varkappa = 1{,}33 = 8/6$

Tabelle 1.3
Wahre spezifische Wärmekapazität c_p von Gasen in kJ/(kg · K) bei 1,013 bar konstantem Druck

Temperatur [°C]	O_2	H_2	N_2	H_2O	CO_2	Luft
0	0,915	14,10	1,039	1,859	0,815	1,004
50	0,925	14,32	1,041	1,875	0,864	1,007
100	0,934	14,45	1,042	1,890	0,914	1,010
200	0,963	14,50	1,052	1,941	0,993	1,024
500	1,048	14,66	1,115	2,132	1,155	1,092
1 000	1,123	15,62	1,215	2,482	1,290	1,184
1 500	1,164	16,56	1,269	2,755	1,350	1,235
2 000	1,200	17,39	1,298	2,938	1,378	1,265

Gleichungen nach [1.2] im Bereich: $+25\ °C < \vartheta < 400\ °C$
für Luft: $-20\ °C < \vartheta < 200\ °C$

Gas	Approximationsgleichung	max. Fehler
O_2	$c_p = 0{,}907 + \frac{2{,}893535}{10^4} \cdot \vartheta - \frac{1{,}113131}{10^7} \cdot \vartheta^2 + \frac{3{,}474747}{10^{10}} \cdot \vartheta^3$	0,13 %
N_2	$c_p = 1{,}040 - \frac{1{,}050303}{10^4} \cdot \vartheta + \frac{9{,}369697}{10^7} \cdot \vartheta^2 - \frac{9{,}212121}{10^{10}} \cdot \vartheta^3$	0,20 %
H_2O	$c_p = 1{,}862 + \frac{2{,}858485}{10^4} \cdot \vartheta + \frac{6{,}148483}{10^7} \cdot \vartheta^2 - \frac{2{,}060606}{10^{10}} \cdot \vartheta^3$	0,06 %
CO_2	$c_p = 0{,}804 + \frac{1{,}570414}{10^3} \cdot \vartheta - \frac{3{,}588586}{10^6} \cdot \vartheta^2 + \frac{3{,}923232}{10^9} \cdot \vartheta^3$	0,58 %
SO_2	$c_p = 0{,}584 + \frac{9{,}173737}{10^4} \cdot \vartheta - \frac{1{,}629293}{10^6} \cdot \vartheta^2 + \frac{1{,}494949}{10^9} \cdot \vartheta^3$	0,32 %
CO	$c_p = 1{,}041 - \frac{1{,}626869}{10^4} \cdot \vartheta + \frac{1{,}477980}{10^6} \cdot \vartheta^2 - \frac{1{,}680808}{10^9} \cdot \vartheta^3$	0,08 %
Luft	$c_p = 1{,}006256 + \frac{2{,}120536}{10^5} \cdot \vartheta + \frac{4{,}180195}{10^7} \cdot \vartheta^2 - \frac{1{,}521916}{10^{10}} \cdot \vartheta^3$	0,05 %

Tabelle 1.4 a Stoffdaten von trockener Luft [1.3]

Handelsname:	Luft (trocken) bei p = 1,01325 bar
Chemische Charakterisierung:	–
Hersteller/Lieferant:	–

Siedebeginn
bei 1,01325 bar: –194,0 °C n. DIN 51 356
Fließgrenze (Pourpoint): – °C n. DIN ISO 3016

Obere Anwendungsgrenzen
Zulässige Vorlauftemperatur: °C
Zulässige Filmtemperatur: °C

Untere Anwendungsgrenzen (Anhaltswerte)
Füllen und Anfahren bei $\nu = 300\ mm^2/s$: °C
Wirtschaftlicher Betrieb bei $\nu = 5\ mm^2/s$: °C

Physikalische Ergänzungsdaten
Farbzahl: (–) n. DIN ISO 2049
Molmasse: 28,96 kg/kmol
Oberflächenspannung: N/m bei °C
Spez. elektr. Widerstand: Ωcm bei °C
Heizwert: kJ/kg n. DIN 5499

Stoff-Ergänzungsdaten
Flammpunkt: °C n. DIN 51 758
Zündtemperatur: °C n. DIN 51 794
Neutralisationszahl: mgKOH/g n. DIN 51 558 T 1
Gehalt an Asphalt: Mass.-% n. DIN 51 595
Koksrückstand: Mass.-% n. DIN 51 551
Aschegehalt: Mass.-% n. DIN EN 7
Wassergehalt: Mass.-% n. DIN ISO 3733
Schwefelgehalt: Mass.-% n. DIN 51 400 T 6
Korrosionswirkung
auf Kupfer: (–) n. DIN 51 759

Weitere Ergänzungsdaten
Krit. Temperatur: –140,63 °C
Krit. Druck: 37,66 bar
Krit. Dichte: 313 kg/m^3
Tripelpunkttemp.: –213,15 °C

Stamm-Stoffdaten Herstellerangaben (Stützstellen) mit * gekennzeichnet					Aus den Stammfunktionen berechnet					
Temperatur ϑ °C	Dichte ϱ kg/m^3	Wahre sp. Wärmekap. c kJ/(kg · K)	Kinemat. Viskosität ν mm^2/s	Wärmeleitfähigkeit λ W/(m · K)	Vol. spez. Wärmekap. C $kJ/(m^3 \cdot K)$	Spez. Enthalpie h kJ/kg	Dynam. Viskosität η mPa · s	Temp.-leitfähigkeit a mm^2/s	Vol. ausd.-koeffizient β 1/K	Prandtlzahl Pr –
–60	1,64	1,007	8,6	0,019	1,65	–60,4	0,014	11,8	3,42E-03	0,730
–40	1,50	1,007	10,1	0,021	1,51	–40,2	0,015	14,0	3,42E-03	0,726
–20	1,38	1,007	11,8	0,023	1,39	–20,1	0,016	16,3	3,43E-03	0,722
0	1,28	1,006	13,5	0,024	1,28	0,0	0,017	18,9	3,41E-03	0,717
20	1,19	1,007	15,4	0,026	1,20	20,1	0,018	21,5	3,66E-03	0,715
40	1,11	1,007	17,3	0,027	1,12	40,3	0,019	24,3	3,42E-03	0,712
60	1,05	1,009	19,3	0,029	1,05	60,4	0,020	27,1	3,42E-03	0,710
80	0,99	1,010	21,4	0,030	1,00	80,6	0,021	30,1	3,42E-03	0,708
100	0,93	1,012	23,5	0,031	0,94	100,8	0,022	33,3	3,42E-03	0,707
120	0,89	1,014	25,8	0,033	0,90	121,1	0,023	36,5	3,42E-03	0,706
140	0,84	1,016	28,1	0,034	0,86	141,4	0,024	39,8	3,42E-03	0,705
160	0,80	1,019	30,5	0,035	0,82	161,8	0,025	43,2	3,42E-03	0,705
180	0,77	1,022	32,9	0,037	0,79	182,2	0,025	46,7	3,42E-03	0,705
200	0,74	1,026	35,5	0,038	0,76	202,7	0,026	50,3	3,42E-03	0,705
220	0,69	1,029	38,1	0,039	0,71	223,2	0,026	55,1	3,61E-03	0,691
240	0,66	1,033	40,8	0,040	0,68	243,8	0,027	59,1	3,64E-03	0,689
260	0,64	1,037	43,5	0,042	0,66	264,5	0,028	62,7	3,57E-03	0,694
280	0,62	1,041	46,3	0,043	0,65	285,3	0,029	66,3	3,52E-03	0,699
300	0,61	1,046	49,2	0,044	0,64	306,2	0,030	69,4	3,42E-03	0,709
320	0,59	1,049	52,1	0,045	0,62	327,1	0,031	73,2	3,41E-03	0,712
340	0,57	1,054	55,1	0,046	0,60	348,1	0,032	76,9	3,38E-03	0,717
360	0,55	1,059	58,2	0,048	0,58	369,3	0,032	81,6	3,41E-03	0,713
380	0,54	1,063	61,3	0,049	0,57	390,5	0,033	84,8	3,34E-03	0,723
400	0,52	1,069	64,5	0,050	0,55	411,8	0,033	90,4	3,42E-03	0,714
420	0,51	1,073	67,7	0,051	0,54	433,2	0,034	93,9	3,38E-03	0,721
440	0,49	1,078	71,0	0,052	0,52	454,7	0,035	99,4	3,44E-03	0,714
460	0,46	1,083	74,4	0,053	0,50	476,3	0,035	105,9	3,55E-03	0,702

Tabelle 1.4 b

Handelsname: **Luft** (trocken) bei p = 1,01325 bar

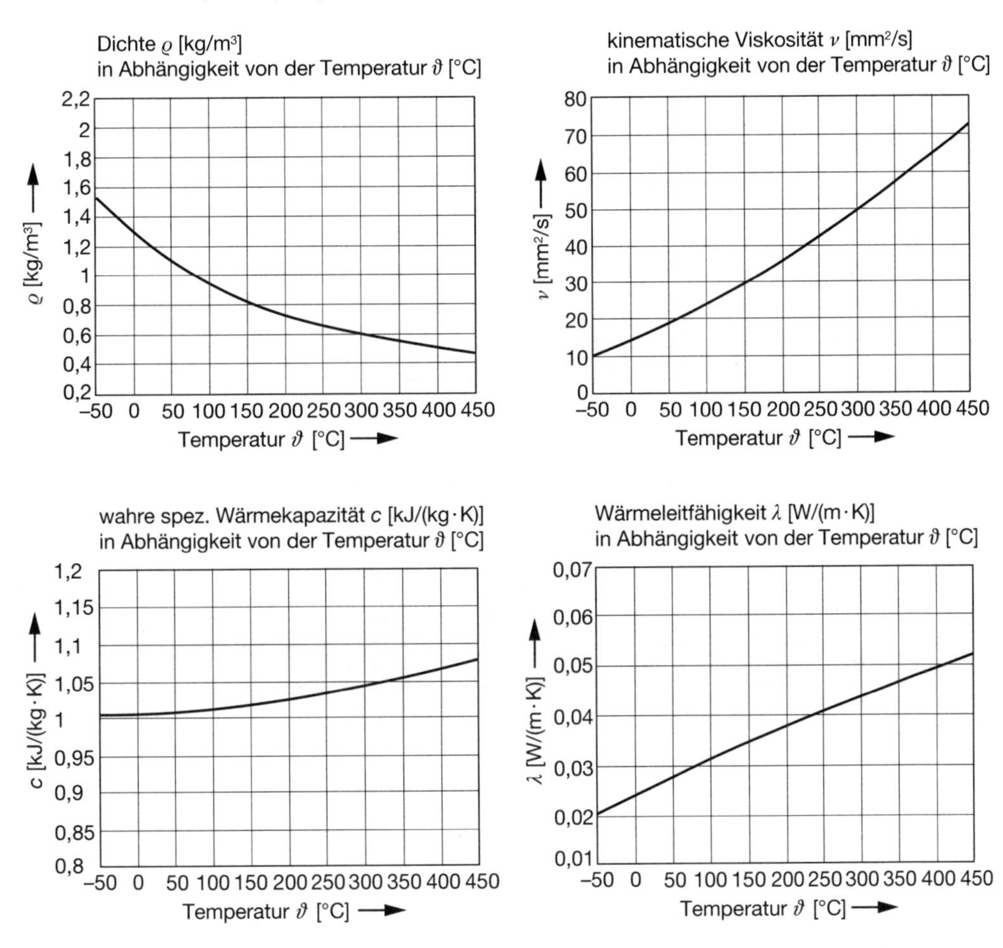

Gleichungen und Konstanten für die Stammfunktionen:

$$\varrho, c, \nu, \lambda(\vartheta) = a_0 + a_1 \cdot \vartheta + a_2 \cdot \vartheta^2 + a_3 \cdot \vartheta^3 + \ldots + a_n \cdot \vartheta^n$$

	Dichte ϱ kg/m³	wahre spez. Wärmekapazität c kJ/(kg·K)	kinematische Viskosität ν mm²/s	Wärme-leitfähigkeit λ W/(m·K)
a_0	1,29	1,006	13,54	2,40E–02
a_1	–4,63E–03	1,77E–05	8,90E–02	7,65E–05
a_2	1,09E–05	4,61E–07	1,10E–04	–4,28E–08
a_3	–1,03E–08	–2,92E–10	–3,49E–08	3,18E–11

Temperatur ϑ in °C einsetzen

In Tabelle 1.3 (siehe Seite 15) sind die spezifischen Wärmekapazitäten von verschiedenen Gasen aufgeführt.

In Tabelle 1.4 sind die Stoffwerte von trockener Luft aufgeführt.

1.6 Barometerstand und Ortshöhe über dem Meeresspiegel

Liegt der Aufstellungsort einer Anlage sehr hoch, ist zur Ermittlung der Stoffdaten mit dem mittleren absoluten Druck der Ortshöhe zu rechnen (Tabelle 1.5).

Beispiel:
In einer Höhe von 1 300 m über NN (Normal Null) beträgt die Lufttemperatur $\vartheta = 23$ °C, die Gaskonstante $R = 287$ J/(kg · K). Mit welcher Dichte ist zu rechnen?

Aus Tabelle 1.5 entnimmt man $p =$ 867 mbar.

$$\varrho = \frac{p}{R \cdot T} = \frac{0{,}867 \cdot 10^5}{287 \cdot 296} = 1{,}02\ (\mathrm{kg/m^3})$$

Tabelle 1.5 Barometerstand in Abhängigkeit von der Ortshöhe über NN

Ortshöhe [m]	Druck, abs. [mbar]	Ortshöhe [m]	Druck, abs. [mbar]
0	1 013	1 600	836
100	1 002	1 700	825
200	990	1 800	815
300	978	1 900	805
400	966	2 000	796
500	955	2 200	776
600	944	2 400	756
700	932	2 600	738
800	921	2 800	719
900	910	3 000	701
1 000	899	3 200	684
1 100	888	3 400	666
1 200	877	3 600	649
1 300	867	3 800	633
1 400	856	4 000	616
1 500	846		

2 Feuchte Luft und *h*-*x*-Diagramm

2.1 Feuchte Luft

Feuchte Luft ist ein Gemisch aus *trockener* Luft und Wasserdampf. Beide Komponenten verhalten sich wie ideale Gase.

Normale Luft enthält immer eine mehr oder weniger große Wasserdampfmenge in unsichtbarer Form, die einen bestimmten Dampfdruck ausübt. Die Dampfmenge, die 1 m^3 Luft aufnehmen kann, ist begrenzt und von der Temperatur abhängig. Je höher die Temperatur, desto größer die Dampfmenge, die aufgenommen werden kann. Bei der größtmöglichen Dampfmenge ist der Wasserdampfdruck gleich dem Siededruck bei der entsprechenden Temperatur. Wird mehr Wasserdampf zugeführt als dem Sättigungswert entspricht, schlägt sich der überschüssige Dampf in Form von *Nebel* (= kleinste Wassertröpfchen) nieder.

Der Gesamtdruck p_{ges} setzt sich aus den Partialdrücken der Luft p_L und p_D zusammen.

$$p_{ges} = p_L + p_D \qquad \text{(Gl. 2.1)}$$

Der Partialdruck des Wasserdampfes p_D erreicht bei gegebener Temperatur ϑ als Maximalwert den zu ϑ gehörigen Sättigungsdruck p''_D.

2.1.1 Relative Feuchte φ

$$\varphi = \frac{p_D}{p''_D} \qquad \text{(Gl. 2.2)}$$

Tabelle 2.1 Dampfdruck p'', Wassergehalt x_s, Enthalpie h'', Dichte ϱ_f von wassergesättigter Luft bei 1000 mbar sowie Verdampfungsenthalpie Δh_v

ϑ °C	p''_D mbar	x_s g/kg	h'' kJ/kg	ϱ kg/m³	Δh_v kJ/kg
−20	1,03	0,64	−18,5	1,38	2839
−19	1,13	0,71	−17,4	1,37	2839
−18	1,25	0,78	−16,4	1,36	2839
−17	1,37	0,85	−15,0	1,36	2838
−16	1,50	0,94	−13,8	1,35	2838
−15	1,65	1,03	−12,5	1,35	2838
−14	1,81	1,13	−11,3	1,34	2838
−13	1,98	1,23	−10,0	1,34	2838
−12	2,17	1,35	− 8,7	1,33	2837
−11	2,37	1,48	− 7,4	1,33	2837
−10	2,59	1,62	− 6,0	1,32	2837
− 9	2,83	1,77	− 4,6	1,32	2836
− 8	3,09	1,93	− 3,2	1,31	2836
− 7	3,38	2,11	− 1,8	1,31	2836
− 6	3,68	2,30	− 0,3	1,30	2836
− 5	4,01	2,50	+ 1,2	1,30	2835
− 4	4,37	2,73	+ 2,8	1,29	2835
− 3	4,75	2,97	+ 4,4	1,29	2835

Tabelle 2.1 (Fortsetzung)

ϑ °C	p''_D mbar	x_s g/kg	h'' kJ/kg	ϱ kg/m³	Δh_v kJ/kg
− 2	5,17	3,23	+ 6,0	1,28	2834
− 1	5,62	3,52	+ 7,8	1,28	2834
0	6,11	3,82	9,5	1,27	2500
1	6,56	4,11	11,3	1,27	2498
2	7,05	4,42	13,1	1,26	2496
3	7,57	4,75	14,9	1,26	2493
4	8,13	5,10	16,8	1,25	2491
5	8,72	5,47	18,7	1,25	2489
6	9,35	5,87	20,7	1,24	2486
7	10,01	6,29	22,8	1,24	2484
8	10,72	6,74	25,0	1,23	2481
9	11,47	7,22	27,2	1,23	2479
10	12,27	7,73	29,5	1,22	2477
11	13,12	8,27	31,9	1,22	2475
12	14,01	8,84	34,4	1,21	2472
13	15,00	9,45	37,0	1,21	2470
14	15,97	10,10	39,5	1,21	2468
15	17,04	10,78	42,3	1,20	2465
16	18,17	11,51	45,2	1,20	2463
17	19,36	12,28	48,2	1,19	2460
18	20,62	13,10	51,3	1,19	2458
19	21,96	13,97	54,5	1,18	2456
20	23,37	14,88	57,9	1,18	2453
21	24,85	15,85	61,4	1,17	2451
22	26,42	16,88	65,0	1,17	2448
23	28,08	17,97	68,8	1,16	2446
24	29,82	19,12	72,8	1,16	2444
25	31,67	20,34	76,9	1,15	2441
26	33,60	21,63	81,3	1,15	2439
27	35,64	22,99	85,8	1,14	2437
28	37,78	24,42	90,5	1,14	2434
29	40,04	25,94	95,4	1,14	2432
30	42,41	27,52	100,5	1,13	2430
31	44,91	29,25	106,0	1,13	2427
32	47,53	31,07	111,7	1,12	2425
33	50,29	32,94	117,6	1,12	2422
34	53,18	34,94	123,7	1,11	2420
35	56,22	37,05	130,2	1,11	2418
36	59,40	39,28	137,0	1,10	2415
37	62,74	41,64	144,2	1,10	2413
38	66,24	44,12	151,6	1,09	2411
39	69,91	46,75	159,5	1,08	2408

Tabelle 2.1 (Fortsetzung)

ϑ °C	p''_D mbar	x_s g/kg	h'' kJ/kg	ϱ kg/m³	Δh_v kJ/kg
40	73,75	49,52	167,7	1,08	2406
41	77,77	52,45	176,4	1,08	2403
42	81,98	55,54	185,5	1,07	2401
43	86,39	58,82	195,0	1,07	2398
44	91,00	62,26	205,0	1,06	2396
45	95,82	65,92	215,6	1,05	2394
46	100,85	69,76	226,7	1,05	2391
47	106,12	73,84	238,4	1,04	2389
48	111,62	78,15	250,7	1,04	2386
49	117,36	82,70	263,6	1,03	2384
50	123,35	87,52	277,3	1,03	2382
51	128,60	92,62	291,7	1,02	2379
52	136,13	98,01	306,8	1,02	2377
53	142,93	103,73	322,9	1,01	2375
54	150,02	109,80	339,8	1,00	2372
55	157,41	116,19	357,7	1,00	2370
56	165,09	123,00	376,7	0,99	2367
57	173,12	130,23	396,8	0,99	2365
58	181,46	137,89	418,0	0,98	2363
59	190,15	146,04	440,6	0,97	2360
60	199,17	154,72	464,5	0,97	2358
61	208,6	163,95	489,9	0,96	2356
62	218,4	173,80	517,0	0,95	2353
63	228,5	184,22	545,6	0,95	2350
64	239,1	195,55	576,4	0,94	2348
65	250,10	207,44	609,2	0,93	2345
66	261,5	220,13	643,9	0,93	2343
67	273,3	233,92	681,5	0,92	2341
68	285,6	248,66	721,7	0,91	2338
69	298,3	264,42	764,6	0,90	2336
70	311,6	281,54	811,1	0,90	2333
71	325,3	299,89	861,0	0,89	2331
72	339,6	319,85	915,1	0,88	2328
73	354,3	341,30	973,3	0,87	2326
74	385,5	364,67	1036,6	0,86	2323
75	385,50	390,20	1105,7	0,85	2320
80	473,60	559,61	1563,0	0,81	2309
85	578,00	851,90	2351,0	0,76	2295
90	701,10	1459,00	3983,0	0,70	2282
95	845,20	3396,00	9190,0	0,64	2269
100	1013,0			0,58	2257

Tabelle 2.2 Zustandsdaten feuchter Luft mit: p 1000 mbar, p_D Dampfdruck in mbar, x Wassergehalt in g/kg tr. Luft, h Enthalpie feuchter Luft in kJ/(1 + x) kg

ϑ °C		Relative Luftfeuchtigkeit in %									
		10	20	30	40	50	60	70	80	90	100
0	p_D	0,61	1,22	1,83	2,44	3,06	3,67	4,28	4,89	5,50	6,11
	x	0,38	0,76	1,14	1,52	1,91	2,29	2,67	3,06	3,44	3,82
	h	0,95	1,90	2,85	3,80	4,75	5,70	6,65	7,60	8,55	9,55
1	p_D	0,66	1,31	1,97	2,62	3,28	3,94	4,59	5,25	5,90	6,56
	x	0,41	0,82	1,23	1,63	2,05	2,46	2,87	3,28	3,69	4,11
	h	2,02	3,05	4,07	5,07	6,12	7,15	8,18	9,20	10,2	11,3
2	p_D	0,71	1,41	2,12	2,82	3,53	4,23	4,94	5,64	6,35	7,05
	x	0,44	0,88	1,32	1,76	2,20	2,64	3,09	3,53	3,97	4,42
	h	3,10	4,20	5,30	6,40	7,50	8,60	9,73	10,8	11,9	13,1
3	p_D	0,76	1,51	2,27	3,03	3,79	4,54	5,30	6,06	6,81	7,57
	x	0,47	0,94	1,42	1,89	2,37	2,84	3,31	3,79	4,26	4,75
	h	4,17	5,34	6,55	7,73	8,93	10,1	11,3	12,5	13,7	14,9
4	p_D	0,81	1,63	2,44	3,25	4,07	4,88	5,69	6,50	7,32	8,13
	x	0,50	1,02	1,52	2,03	2,54	3,05	3,56	4,07	4,59	5,10
	h	5,25	6,55	7,81	9,09	10,4	11,6	12,9	14,2	15,5	16,8
5	p_D	0,87	1,74	2,61	3,48	4,36	5,23	6,10	6,97	7,84	8,72
	x	0,54	1,08	1,63	2,17	2,72	3,27	3,82	4,37	4,92	5,47
	h	6,35	7,71	9,09	10,4	11,8	13,2	14,6	16,0	17,3	18,7
6	p_D	0,93	1,87	2,81	3,74	4,68	5,61	6,55	7,48	8,42	9,35
	x	0,58	1,17	1,75	2,34	2,92	3,51	4,10	4,69	5,28	5,87
	h	7,45	8,93	10,4	11,9	13,3	14,8	16,3	17,8	19,3	20,7
7	p_D	1,00	2,00	3,00	4,00	5,00	6,00	7,00	8,00	9,00	10,01
	x	0,62	1,25	1,87	2,50	3,13	3,75	4,38	5,02	5,65	6,29
	h	8,55	10,1	11,7	13,3	14,9	16,4	18,0	19,6	21,2	22,8
8	p_D	1,07	2,14	3,22	4,29	5,36	6,43	7,50	8,58	9,65	10,72
	x	0,67	1,33	2,01	2,68	3,35	4,03	4,70	5,38	6,06	6,29
	h	9,68	11,3	13,1	14,7	16,4	18,1	19,8	21,5	23,2	25,0
9	p_D	1,15	2,29	3,44	4,59	5,74	6,88	8,03	9,18	10,32	11,47
	x	0,72	1,43	2,15	2,87	3,59	4,31	5,04	5,76	6,49	7,22
	h	10,8	12,6	14,4	16,2	18,0	19,8	21,7	23,5	25,3	27,2
10	p_D	1,23	2,45	3,68	4,91	6,14	7,36	8,59	9,82	11,04	12,27
	x	0,77	1,53	2,30	3,07	3,84	4,61	5,39	6,17	6,94	7,73
	h	11,9	13,9	15,8	17,7	19,7	21,6	23,6	25,5	27,5	29,5
11	p_D	1,31	2,62	3,94	5,25	6,56	7,87	9,18	10,5	11,8	13,12
	x	0,82	1,63	2,46	3,28	4,11	4,93	5,76	6,60	7,43	8,27
	h	13,1	15,1	17,2	19,3	21,4	23,4	25,5	27,6	29,7	31,8
12	p_D	1,40	2,80	4,20	5,60	7,01	8,41	9,81	11,2	12,6	14,0
	x	0,87	1,75	2,62	3,50	4,39	5,28	6,16	7,05	7,94	8,84
	h	14,2	16,4	18,6	20,8	23,1	25,3	27,5	29,8	32,0	34,3
13	p_D	1,50	3,00	4,50	6,00	7,50	9,00	10,5	12,0	13,5	15,0
	x	0,93	1,87	2,81	3,75	4,70	5,65	6,60	7,55	8,51	9,45
	h	15,3	17,7	20,1	22,5	24,9	27,3	29,7	32,1	34,5	36,9
14	p_D	1,60	3,20	4,80	6,40	8,00	9,60	11,2	12,8	14,4	16,0
	x	1,00	2,00	3,00	4,01	5,02	6,03	7,05	8,06	9,06	10,1
	h	16,5	19,1	21,6	24,1	26,7	29,2	31,8	34,4	37,0	39,5
15	p_D	1,70	3,40	5,11	6,81	8,52	10,2	11,9	13,6	15,3	17,0
	x	1,06	2,12	3,19	4,26	5,34	6,41	7,49	8,58	9,66	10,8
	h	17,7	20,4	23,1	25,8	28,5	31,2	33,9	36,7	39,4	42,0
16	p_D	1,81	3,63	5,45	7,27	9,09	10,9	12,7	14,5	16,4	18,2
	x	1,13	2,27	3,41	4,56	5,71	6,85	8,00	9,15	10,3	11,5
	h	18,9	21,7	24,6	27,5	30,4	33,3	36,2	39,1	42,1	45,1

Tabelle 2.2 (Fortsetzung)

ϑ °C		Relative Luftfeuchtigkeit in %									
		10	20	30	40	50	60	70	80	90	100
17	p_D	1,94	3,87	5,81	7,74	9,68	11,6	13,6	15,5	17,4	19,4
	x	1,21	2,42	3,63	4,85	6,08	7,30	8,58	9,79	11,0	12,3
	h	20,1	23,1	26,2	29,3	32,4	35,5	38,7	41,8	44,8	48,1
18	p_D	2,06	4,12	6,19	8,25	10,3	12,4	14,4	16,5	18,6	20,6
	x	1,28	2,57	3,87	5,17	6,47	7,81	9,09	10,4	11,8	13,1
	h	21,2	24,5	27,8	31,1	34,3	37,8	41,0	44,3	47,9	51,2
19	p_D	2,20	4,39	6,59	8,78	11,0	13,2	15,4	17,6	19,8	22,0
	x	1,37	2,74	4,13	5,51	6,92	8,32	9,73	11,1	12,6	14,0
	h	22,5	25,9	29,5	33,0	36,5	40,1	43,7	47,1	50,9	54,5
20	p_D	2,34	4,67	7,01	9,35	11,7	14,0	16,4	18,7	21,0	23,4
	x	1,46	2,92	4,39	5,87	7,36	8,83	10,4	11,9	13,3	14,9
	h	23,7	27,4	31,1	34,9	38,7	42,4	46,4	50,2	53,7	57,8
21	p_D	2,49	4,97	7,46	9,94	12,4	14,9	17,4	19,9	22,4	24,9
	x	1,55	3,11	4,67	6,24	7,81	9,41	11,0	12,6	14,3	15,9
	h	24,9	28,9	32,9	36,4	40,8	44,9	48,9	53,0	57,3	61,4
22	p_D	2,64	5,28	7,93	10,6	13,2	15,9	18,5	21,1	23,8	26,4
	x	1,65	3,30	4,97	6,66	8,32	10,1	11,7	13,4	15,2	16,9
	h	26,2	30,4	34,6	38,9	43,1	47,7	51,7	56,0	60,6	64,9
23	p_D	2,81	5,62	8,42	11,25	14,0	16,8	19,7	22,5	25,3	28,1
	x	1,75	3,52	5,28	7,06	8,83	10,6	12,5	14,3	16,2	18,0
	h	27,4	32,0	36,4	41,0	45,5	50,0	54,8	59,4	64,2	68,8
24	p_D	2,98	5,96	8,95	11,9	14,9	17,9	20,9	23,9	26,8	29,8
	x	1,86	3,73	5,62	7,49	9,41	11,3	13,3	15,2	17,1	19,1
	h	28,7	33,5	38,3	43,1	47,9	52,8	57,8	62,7	67,5	72,6
25	p_D	3,17	6,33	9,50	12,7	15,8	19,0	22,2	25,3	28,5	31,7
	x	1,98	3,96	5,97	8,00	9,99	12,1	14,1	16,2	18,3	20,4
	h	30,0	35,1	40,2	45,4	50,4	55,8	60,9	66,3	71,6	76,9
26	p_D	3,36	6,72	10,1	13,4	16,8	20,2	23,5	26,9	30,2	33,6
	x	2,10	4,21	6,35	8,45	10,6	12,8	15,0	17,2	19,4	21,6
	h	31,3	36,7	42,2	47,5	53,0	58.6	64,2	69,8	75,4	81,1
27	p_D	3,56	7,13	10,7	14,3	17,8	21,4	24,9	28,5	32,1	35,6
	x	2,22	4,47	6,73	9,02	11,3	13,6	15,9	18,3	20,6	23,0
	h	32,7	38,4	44,2	50,0	55,8	61,7	67,5	73,7	79,5	85,7
28	p_D	3,78	7,56	11,3	15,1	18,9	22,7	26,4	30,2	34,0	37,8
	x	2,36	4,74	7,11	9,54	12,0	14,5	16,9	19,4	21,9	24,4
	h	34,0	40,1	46,1	52,3	58,6	65,0	71,1	77,5	83,9	90,3
29	p_D	4,00	8,00	12,0	16,0	20,0	24,0	28,0	32,0	36,0	40,0
	x	2,50	5,02	7,55	10,1	12,7	15,3	17,9	20,6	23,2	25,9
	h	35,4	41,8	48,3	54,8	61,4	68,1	74,7	81,6	88,3	95,1
30	p_D	4,24	8,48	12,7	17,0	21,2	25,4	29,7	33,9	38,2	42,4
	x	2,65	5,32	8,00	10,8	13,5	16,2	19,0	21,8	24,7	27,5
	h	36,8	43,6	50,4	57,6	64,5	71,4	78,6	85,7	93,1	100,3
31	p_D	4,49	8,98	13,5	18,0	22,5	26,9	31,4	35,9	40,4	44,9
	x	2,81	5,64	8,51	11,4	14,3	17,2	20,2	23,2	26,2	29,2
	h	38,2	45,4	52,8	60,2	67,6	75,0	82,7	90,3	98,0	105,7
32	p_D	4,75	9,51	14,3	19,0	23,8	28,5	33,3	38,0	42,8	47,5
	x	2,97	5,97	9,02	12,1	15,2	18,3	21,4	24,6	27,8	31,1
	h	39,6	47,3	55,1	63,0	70,9	78,8	86,8	95,0	103,2	111,3
33	p_D	5,03	10,1	15,1	20,1	25,1	30,2	35,2	40,2	45,3	50,3
	x	3,14	6,35	9,54	12,8	16,0	19,4	22,7	26,1	29,5	32,9
	h	41,0	49,3	57,4	65,8	74,0	82,7	91,1	99,9	108,6	117,3

Tabelle 2.2 (Fortsetzung)

ϑ °C		Relative Luftfeuchtigkeit in %									
		10	20	30	40	50	60	70	80	90	100
	p_D	5,32	10,6	16,0	21,3	26,6	31,9	37,2	42,5	47,9	53,2
34	x	3,33	6,66	10,1	13,5	17,0	20,5	24,0	27,6	31,3	34,9
	h	42,5	51,1	59,9	68,6	77,6	86,5	95,5	104,2	114,2	123,7
	p_D	5,62	11,2	16,9	22,5	28,1	33,7	39,4	45,0	50,6	56,2
35	x	3,52	7,05	10,7	14,3	18,0	21,7	25,5	33,2	33,2	37,0
	h	44,0	53,1	62,4	71,7	81,2	90,7	100,4	120,2	120,2	129,9
	p_D	5,94	11,9	17,8	23,8	29,7	35,6	41,6	47,8	53,5	59,4
36	x	3,72	7,49	11,3	15,2	19,0	23,0	27,0	31,2	35,2	39,3
	h	45,5	55,2	65,0	75,0	84,8	95,0	105,3	115,6	126,4	136,9
	p_D	6,27	12,6	18,8	25,1	31,4	37,6	43,9	50,2	56,5	62,7
37	x	3,92	7,94	11,9	16,0	20,2	24,3	28,6	32,9	37,3	41,6
	h	47,1	57,4	67,6	78,1	88,9	99,4	110,5	121,5	132,8	143,9
	p_D	6,62	13,2	19,9	26,5	33,1	39,7	46,4	53,0	59,6	66,2
38	x	4,15	8,32	12,6	16,9	21,3	25,7	30,3	34,8	39,4	44,1
	h	48,7	59,4	70,4	81,4	92,8	104,1	115,9	127,5	139,3	151,4
	p_D	6,99	14,0	21,0	28,0	35,0	42,0	49,0	56,0	63,0	69,9
39	x	4,38	8,83	13,3	17,9	22,6	27,3	32,1	36,9	41,8	46,8
	h	50,3	61,7	73,2	85,1	97,1	109,2	121,6	133,9	146,5	159,4
	p_D	7,38	14,8	22,1	29,5	36,9	44,3	51,6	59,0	66,4	73,8
40	x	4,62	9,34	14,1	18,9	23,8	28,8	33,8	39,0	44,2	49,5
	h	51,9	64,0	76,3	88,7	101,3	114,1	127,0	140,4	153,8	167,7
	p_D	7,78	15,6	23,3	31,1	38,9	46,7	54,4	62,2	70,0	77,8
41	x	4,88	9,86	14,8	20,0	25,2	30,5	35,8	41,3	46,8	52,5
	h	53,6	66,4	79,1	92,5	105,9	119,6	133,3	147,4	161,6	176,3
	p_D	8,20	16,4	24,6	32,8	41,0	49,2	57,4	65,6	73,8	82,0
42	x	5,14	10,4	15,7	21,1	26,6	32,2	37,9	43,7	49,6	55,5
	h	55,3	68,8	82,5	96,4	110,6	125,0	139,7	154,7	169,9	185,3
	p_D	8,64	17,3	25,9	34,6	43,2	51,8	60,5	69,1	77,8	86,4
43	x	5,42	11,0	16,5	22,3	28,1	34,0	40,1	46,2	52,5	58,8
	h	57,0	71,4	85,6	100,5	115,5	130,7	146,5	162,2	178,5	194,7
	p_D	9,10	18,2	27,3	36,4	45,5	54,6	63,7	72,8	81,9	91,0
44	x	5,71	11,5	17,5	23,5	29,7	35,9	42,3	48,8	55,5	62,3
	h	58,7	73,7	89,2	104,7	120,7	136,8	153,2	170,0	187,3	204,9
	p_D	9,58	19,2	28,7	38,3	47,9	57,5	67,1	76,7	86,2	95,8
45	x	6,02	12,2	18,4	24,8	31,3	38,0	44,7	51,7	58,7	65,9
	h	60,6	76,5	92,5	109,1	125,9	143,2	160,5	178,6	196,7	215,3
	p_D	10,1	20,2	30,3	40,3	50,4	60,5	70,6	80,7	90,8	100,8
46	x	6,35	12,8	19,4	26,1	33,0	40,1	47,3	54,6	62,1	69,8
	h	62,4	79,1	96,2	113,5	131,3	149,7	168,3	187,2	206,6	226,2
	p_D	10,6	21,2	31,8	42,4	53,1	63,7	74,3	84,9	95,5	106,1
47	x	6,66	13,5	20,4	27,5	34,9	42,3	49,9	57,7	65,7	73,8
	h	64,2	81,9	99,8	118,2	137,3	156,5	176,1	196,3	217,0	238,0
	p_D	11,2	22,3	33,5	44,6	55,8	67,0	78,1	89,3	100,4	111,6
48	x	7,05	14,2	21,6	29,0	36,8	44,7	52,7	61,0	69,4	78,1
	h	66,3	84,8	103,9	123,1	143,3	163,7	184,5	206,0	227,7	250,2
	p_D	11,7	23,5	35,2	46,9	58,7	70,4	82,2	93,9	105,7	117,4
49	x	7,36	15,0	22,7	30,6	38,8	47,1	55,7	64,5	73,5	82,7
	h	68,1	87,9	107,8	128,3	149,5	171,0	193,3	216,1	239,5	263,3
	p_D	12,3	24,7	37,0	49,3	61,7	74,0	86,3	98,7	111,0	123,3
50	x	7,75	15,8	23,9	32,3	40,9	49,7	58,8	68,1	77,7	87,5
	h	70,1	91,0	112,0	133,8	156,1	178,9	202,5	226,6	251,5	276,9

Den Sättigungsdruck p''_D erhält man aus Tabelle 2.1 oder errechnet ihn [2.1] (p''_D in Pa, ϑ_L in °C):

$$p''_D = 611 \cdot \exp\left(\frac{7{,}257}{10^2} \cdot \vartheta_L - \frac{2{,}937}{10^4} \cdot \vartheta_L^2 + \frac{9{,}810}{10^7} \cdot \vartheta_L^3 - \frac{1{,}901}{10^9} \cdot \vartheta_L^4\right) \quad \text{(Gl. 2.3)}$$

gültig für:
$= 0\ °C < \vartheta_L < 100\ °C$; Fehler $< 0{,}02\%$

$$p''_D = 611 \cdot \exp\left(\frac{7{,}142753}{10^2} \cdot \vartheta_L - \frac{2{,}600931}{10^4} \cdot \vartheta_L^2 + \frac{6{,}432223}{10^7} \cdot \vartheta_L^3 \frac{7{,}410232}{10^9} \cdot \vartheta_L^4\right) \quad \text{(Gl. 2.4)}$$

gültig für:
$100\ °C < \vartheta_L < 200\ °C$; Fehler $< 0{,}03\%$

Taupunkt ist diejenige Temperatur, bis zu der man ungesättigte feuchte Luft abkühlen muß, bis sie gesättigt ist.

Bestimmung der Sattdampftemperatur (Taupunktstemperatur) [2.2] (ϑ_T in °C, p''_D in Pa; Fehler $\leq 0{,}2\%$:

$$\vartheta_T = \frac{3\,864{,}005}{18{,}657 - \ln\left(\frac{p''_D}{100}\right)} - 229{,}218 \quad \text{(Gl. 2.5)}$$

2.1.2 Absolute Feuchte x

Da wechselnde Massen von Wasserdampf in der Luft vorhanden sind, bezieht man die Feuchte auf die Masse von 1 kg trockener Luft.

Sind je kg trockener Luft x kg Dampf beigemischt, so ist die Masse der Mischung $(1 + x)$ kg.

Aus den Gasgesetzen ergibt sich:

Wasserdampf: $p_D \cdot V = M_D \cdot R_D \cdot T$ (Gl. 2.6)

Luft: $p_L \cdot V = M_L \cdot R_L \cdot T$ (Gl. 2.7)

Durch Gleichsetzen des Volumens erhält man:

$$\frac{M_D}{M_L} = \frac{p_D}{p_L} \cdot \frac{R_L}{R_D}$$

Die absolute Feuchte (Wassergehalt) ist definiert als:

$x = \frac{M_D}{M_L}$ und somit:

$$x = \frac{p_D}{p_L} \cdot \frac{R_L}{R_D} \quad \text{(Gl. 2.8)}$$

Mit den Gaskonstanten:

$R_D = 461{,}4 \left(\frac{J}{kg \cdot K}\right)$ und $R_L = 287{,}1 \left(\frac{J}{kg \cdot K}\right)$

erhält man:

$$x = \frac{287{,}1}{461{,}4} \cdot \frac{p_D}{p_L} = 0{,}6222 \cdot \frac{p_D}{p_L} \quad \text{(Gl. 2.9)}$$

und schließlich mit: $p_L = p_{ges} - p_D$

$$x = 0{,}6222 \cdot \frac{p_D}{p_{ges} - p_D} \left(\frac{\text{kg Wasser}}{\text{kg tr. Luft}}\right) \quad \text{(Gl. 2.10)}$$

Die absolute Feuchte gesättigter Luft (φ = 100%) wird mit x_s bezeichnet (Tabelle 2.1 u. 2.2).

Beispiel:
Gesättigte Luft von 15 °C und 1 000 mbar hat nach Tabelle 2.1 einen Dampfdruck vom 17,0 mbar.

Wassergehalt:

$$x_s = 0{,}6222 \cdot \frac{17}{1\,000 - 17} = 10{,}76 \text{ g/kg tr. Luft}$$

2.1.3 Dichte feuchter Luft ϱ_f

$$\varrho_f = \varrho_L + \varrho_D \quad \text{(Gl. 2.11)}$$

mit: $\varrho_i = \frac{p_i}{R_i \cdot T}$ (Gl. 2.12)

wird: $\varrho_L = \frac{p_L}{R_L \cdot T} = 3{,}483 \cdot \frac{p_L}{T}$ (Gl. 2.13)

und $\varrho_D = \frac{p_D}{R_D \cdot T} = 2{,}167 \cdot \frac{p_D}{T}$ (Gl. 2.14)

daraus folgt:

$\varrho_f = 3{,}483 \cdot \frac{p_L}{T} + 2{,}167 \cdot \frac{p_D}{T}$ (Gl. 2.15)

und mit: $p_L = p_{ges} - p_D$

$\varrho_f = 3{,}483 \cdot \frac{p_{ges}}{T} - 1{,}316 \cdot \frac{p_D}{T}$ (Gl. 2.16)

Anmerkung:
Feuchte Luft ist also immer leichter als trockene Luft bzw. das spezifische Volumen v_f feuchter Luft, mit

$v_f = \frac{1}{\varrho_f}$ (Gl. 2.17)

ist immer größer als das spezifische Volumen v_L trockener Luft.

2.2 *h-x*-Diagramm für feuchte Luft

2.2.1 Wärmeinhalt

Für wärmetechnische Berechnungen mit feuchter Luft benötigt man den Wärmeinhalt (Enthalpie *h*) bei den verschiedenen Temperaturen und Wassergehalten. Die Enthalpie der Luft-Wasserdampf-Mischung ist gleich der Summe der Enthalpien der Bestandteile bezogen auf (1 + *x*) kg und ϑ_B.

$h_{1+x} = h_L + x \cdot h_D \quad \left(\frac{\text{kJ}}{(1+x)\text{kg}}\right)$ (Gl. 2.18)

$h_{1+x} = c_{p,L} \cdot \Delta\vartheta_{L,B} + x \cdot (\Delta h_{V,B} + c_{p,D} \cdot \Delta\vartheta_{L,B})$ (Gl. 2.19)

Als Nullpunkt (Bezugstemperatur ϑ_B) wird gewählt:

$\vartheta_B = 0\,°C$

x = 0 (Wasser im flüssigen Zustand)

$\Delta\vartheta_{L,B}$ ist die Temperaturdifferenz der Luft zwischen Lufttempertur ϑ_L und Bezugstemperatur ϑ_B.

$\Delta\vartheta_{L,B} = \vartheta_L - \vartheta_B$ (Gl. 2.20)

Mit $\vartheta_B = 0$ °C wird $\Delta\vartheta_{L,B} = \vartheta_L$ und ist somit korrekt in der Einheit Kelvin (K) anzugeben.

2.2.1.1 Ungesättigte Luft

Damit lautet die Enthalpiegleichung für die feuchte Luft ($0 < x < x_s$):

$h_{1+x} = c_{p,L} \cdot \vartheta_L + x \cdot (\Delta h_{V,B} + c_{p,D} \cdot \vartheta_L)$ (Gl. 2.21)

2.2.1.2 Übersättigte Luft

- **Bei Nebel** ($\vartheta_L > 0$ °C)
  Im Bereich übersättigter Luft ($x > x_s$) und $\vartheta_L > 0$ °C liegt zusätzlich Flüssigkeitsnebel vor mit der Masse ($x - x_s$).

$h_{1+x} = c_{p,L} \cdot \vartheta_L + x_s \cdot (\Delta h_{V,B} + c_{p,D} \cdot \vartheta_L) + (x - x_s) \cdot c_{p,W} \cdot \vartheta_L$ (Gl. 2.22)

- **Bei Eisnebel** ($\vartheta_L \leq 0$ °C)
  Befindet sich das übersättigte Gemisch im Eisnebel, d. h. $\vartheta_L \leq 0$ °C, ist der zusätzliche Anteil von Erstarrungs- und Eiswärme zu berücksichtigen.

$h_{1+x} = c_{p,L} \cdot \vartheta_L + c_s \cdot (\Delta h_{V,B} + c_{p,D} \cdot \vartheta_L) + (x - x_s) \cdot (\Delta h_{Sch,B} + c_{p,Eis} \cdot \vartheta_L)$ (Gl. 2.23)

Es gilt überschlägig:

$c_{p,W}$ $= 4{,}190$ kJ/(kg · K)
$c_{p,D}$ $= 1{,}861$ kJ/(kg · K)
$c_{p,L}$ $= 1{,}006$ kJ/(kg · K)
$c_{p,Eis}$ $\approx 2{,}090$ kJ/(kg · K)
$\Delta h_{V,B}$ $= 2\,501$ kJ/kg
$\Delta h_{Sch,B}$ $= -344$ kJ/kg*

* Da die Enthalpie für Wasser von 0 °C = 0 gesetzt wird, hat Eis eine negative Enthalpie.

2.2.2 Aufbau vom *h*-*x*-Diagramm (Bild 2.1)

Zur Erleichterung der Rechnungen mit feuchter Luft und zur übersichtlichen Darstellung von Zustandsänderungen dient das *h*-*x*-Diagramm von Mollier (1923).

Das Diagramm ergibt sich aus den vorausgegangenen Gleichungen. Es ist ein schiefwinkliges Koordinatensystem, das auf der schräg nach rechts unten laufenden Abszissenachse die *x*-Werte (Entropie) und auf der Ordinatenachse h_{1+x}-Werte (Wärmeinhalt) enthält. Zum leichteren Ablesen der *x*-Achse ist eine waagrechte Hilfsachse vorhanden.

In das Diagramm ist die Sättigungskurve für den Gesamtdruck p_{ges} eingetragen, die das Diagramm in ein Gebiet ungesättigter Luft und gesättigter Luft (Nebelgebiet) aufteilt.

Die Isothermen sind im ungesättigten Gebiet schwach ansteigende Geraden, die an der Sättigungskurve nach rechts unten *umknicken*.

Weiter sind eingetragen die relative Luftfeuchte φ, die Dichte ϱ_f und der Dampfdruck p_D der Luft.

2.2.3 Zustandsänderungen im *h*-*x*-Diagramm

2.2.3.1 Mischung von Luftströmen (Bild 2.2)

Zwei Massenströme von trockener Luft $\dot{M}_{L,1}$ und $\dot{M}_{L,2}$ mit je einem Wassergehalt von x_1 und x_2 werden miteinander vermischt.

Es entsteht ein Massenstrom $\dot{M}_{L,3}$ trockener Luft mit dem Wassergehalt x_3.

Massenbilanz:

$$\dot{M}_{L,1} + \dot{M}_{L,2} = \dot{M}_{L,3} \qquad \text{(Gl. 2.24)}$$

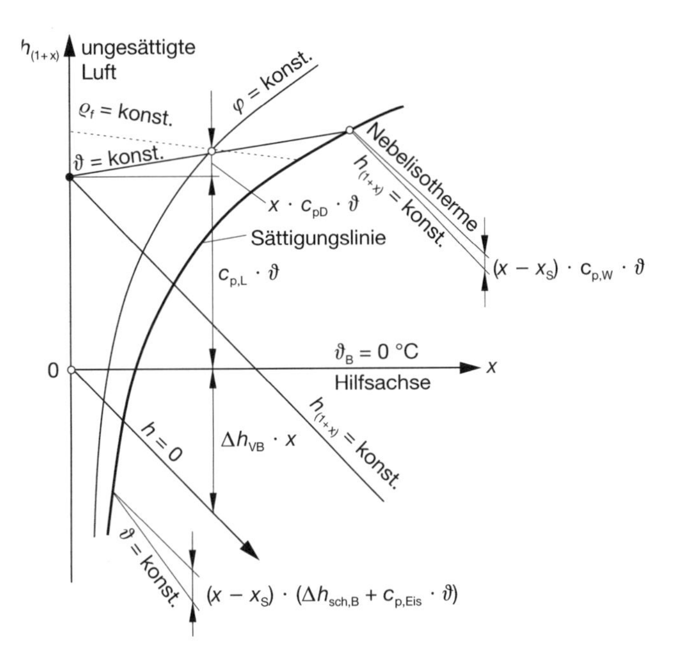

Bild 2.1
Aufbau des *h*, *x*-Diagramms

Bilanz des Wassergehalts:

$$x_1 \cdot \dot{M}_{L,1} + x_2 \cdot \dot{M}_{L,2} = x_3 \cdot \dot{M}_{L,3} \qquad \text{(Gl. 2.25)}$$

Aus beiden Gleichungen erhält man:

$$x_3 = \frac{x_1 \cdot \dot{M}_{L,1} + x_2 \cdot \dot{M}_{L,2}}{\dot{M}_{L,1} + \dot{M}_{L,2}} \qquad \text{(Gl. 2.26)}$$

Die Enthalpie der Mischung ist:

$$h_1 \cdot \dot{M}_{L,1} + h_2 \cdot \dot{M}_{L,2} = h_3 \cdot \dot{M}_{L,3} \qquad \text{(Gl. 2.27)}$$

Mit Gleichung 2.24 ergibt sich:

$$h_3 = \frac{h_1 \cdot \dot{M}_{L,1} + h_2 \cdot \dot{M}_{L,2}}{\dot{M}_{L,1} + \dot{M}_{L,2}} \qquad \text{(Gl. 2.28)}$$

Die Darstellung erfolgt nun im h-x-Diagramm durch Bezug der Einzelmassenströme auf den Gesamtmassenstrom der Mischung:

$$\dot{m}^*_{L,1} = \frac{\dot{M}_{L,1}}{\dot{M}_{L,3}} \qquad \text{(Gl. 2. 29)}$$

$$\dot{m}^*_{L,2} = \frac{\dot{M}_{L,2}}{\dot{M}_{L,3}} \qquad \text{(Gl. 2. 30)}$$

Mit $\dot{m}^*_{L,2} = 1 - \dot{m}^*_{L,1}$ erhält man den Wassergehalt der Mischung:

$$x_3 = \dot{m}^*_{L,1} \cdot x_1 + (1 - m^*_{L,2}) \cdot x_2 \qquad \text{(Gl. 2.31)}$$

und schließlich:

$$\frac{x_2 - x_3}{x_3 - x_1} = \frac{x_2 \cdot \dot{m}^*_{L,1} - x_1 \cdot \dot{m}^*_{L,1}}{\left(1 - \dot{m}^*_{L,1}\right) \cdot x_2 - \left(1 - \dot{m}^*_{L,1}\right) \cdot x_1} = \frac{\dot{m}^*_{L,1}}{1 - \dot{m}^*_{L,1}}$$

$$\frac{x_2 - x_3}{x_3 - x_1} = \frac{\dot{m}^*_{L,1}}{\dot{m}^*_{L,2}} = \frac{\dot{M}_{L,1}}{\dot{M}_{L,2}} \qquad \text{(Gl. 2.32)}$$

Teilt man also den Abstand zwischen x_1 und x_2 bzw. die Strecke 1–2 im Verhältnis der Luftmassenströme, erhält man den Zustand der Mischung.

Die Mischung zweier Luftströme $\dot{M}_{L,1}$ und $\dot{M}_{L,2}$ liegt somit auf der geraden Verbindungslinie von Pkt. 1 und Pkt. 2, wobei sich der Mischungspunkt 3 aus dem trockenen Luftmassenstromverhältnis ergibt:

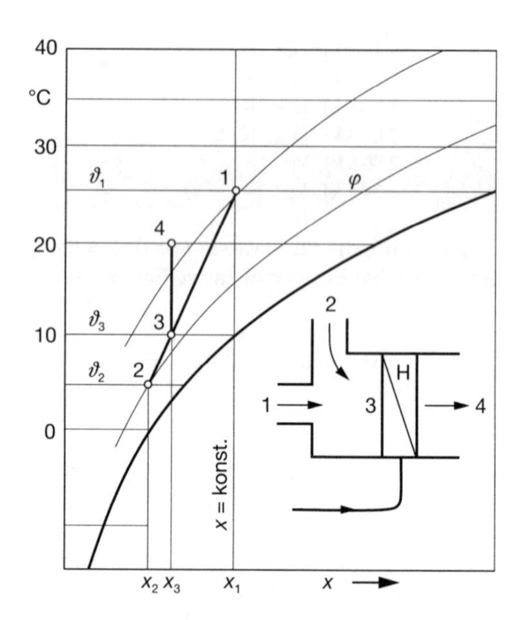

Bild 2.2 Zustandsänderung der Luft bei Mischung von zwei Luftmassenströmen und danach erfolgter Erwärmung

$$\frac{\dot{M}_{L,2}}{\dot{M}_{L,1}} = \frac{1-3}{3-2} \qquad \text{(Gl. 2.33)}$$

2.2.3.2 Erwärmung von Luft (ohne Feuchtezugabe) (Bild 2.2)

Zustandsänderung bei x = konst., im h-x-Diagramm auf einer Senkrechten nach oben (z.B. von Pkt. 3 nach Pkt. 4 durch den Erhitzer H).

$$\dot{Q} = \dot{M}_L \cdot (h_4 - h_3) \qquad \text{(Gl. 2.34)}$$

$$\dot{Q} = \dot{M}_L \cdot (c_{c,L} \cdot (\vartheta_4 - \vartheta_3) + x \cdot c_{p,D} \cdot (\vartheta_4 - \vartheta_3)) \qquad \text{(Gl. 2.35)}$$

2.2.3.3 **Kühlung von Luft** (Bild 2.3)

Es sind 2 Fälle zu unterscheiden:

- ☐ Die Kühlflächentemperatur liegt **oberhalb des Taupunktes** der Luft (Bild 2.3, Pkt. 2′):
  Bei Oberflächenkühlern erfolgt die Zustandsänderung der Luft von 1 nach 3′ längs der Senkrechten durch den Zustandspunkt der Luft. Der Schnittpunkt der Senkrechten mit der Sättigungslinie ist der Taupunkt der Luft, der jedoch nicht erreicht wird.
  Da kein Wasser oder Wasserdampf hinzugefügt wird, verläuft die Kühlung auf x = konst. (trockene Kühlung).
- ☐ Die Kühlflächentemperatur liegt **unterhalb des Taupunktes** der Luft (Bild 2.3, Pkt. 2):
  Die Zustandsänderung der Luft kann man sich in diesem Fall als Mischung der zu kühlenden Luft (Pkt. 1) mit der an der Kühloberfläche haftenden Grenzschicht (Pkt. 2) vorstellen, wobei die Grenzschicht gesättigte Luft von der Kühlflächentemperatur enthält, die als konstant angenommen ist. Der Mischpunkt 3 liegt daher auf der geraden Verbindungslinie beider Zustandspunkte. Im Gegensatz zur trokkenen Kühlung findet bei dieser nassen Kühlung eine Wasserausscheidung statt, deren Menge durch die Differenz der x-Werte $\Delta x = (x_1 - x_3)$ je kg Luft gegeben ist.

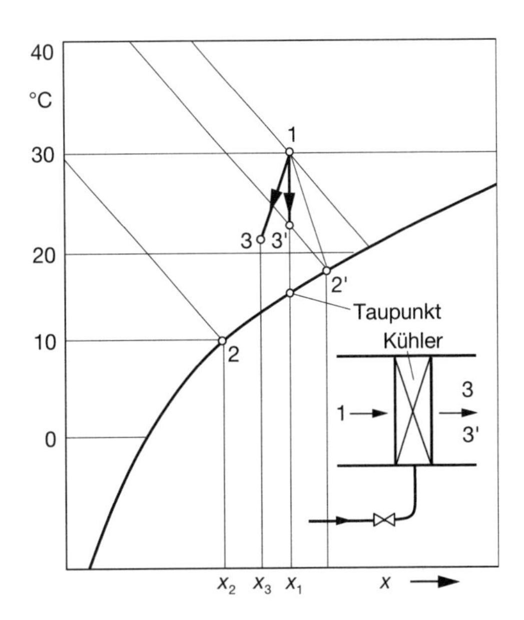

Bild 2.3 Zustandsänderung bei Kühlung der Luft

Bestimmung der Austrittsfeuchte x_a beim Kühler mit $\vartheta_k < \vartheta_{E,T}$

Nach dem Strahlensatz gilt (Bild 2.4):

$$\frac{h_A - h_K}{h_E - h_K} = \frac{x_A - x_K}{x_E - x_K} \quad \text{(Gl. 2.36)}$$

$$\frac{x_E - x_K}{h_E - h_K} = \frac{x_A - x_K}{h_E - h_K} = \frac{\Delta x}{\Delta h} \quad \text{(Gl. 2.37)}$$

mit:

$$h_A = c_{p,L} \cdot \vartheta_A + x_A \cdot (\Delta h_{V,B} + c_{p,D} \cdot \vartheta_A)$$

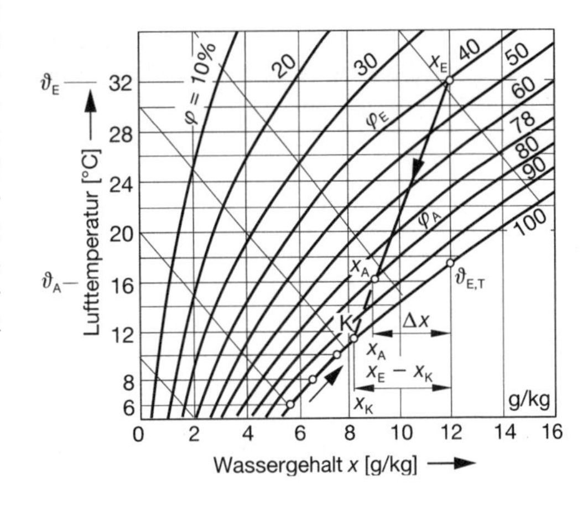

Bild 2.4 Zustandsänderung von Luft mit (ϑ_E; φ_E) an einer kalten Wand (K). (Gültig für Le = 1)

wird

$$x_A - x_K = (h_A - h_K) \cdot \frac{\Delta x}{\Delta h} \quad \text{(Gl. 2.38)}$$

$$x_A = x_K + (c_{p,L} \cdot \vartheta_A + x_A \cdot (\Delta h_{V,B} + c_{p,D} \cdot \vartheta_A - h_k) \cdot \frac{\Delta x}{\Delta h}$$

$$x_A - x_A \cdot (\Delta h_{V,B} + c_{p,D} \cdot \vartheta_A) \cdot \frac{\Delta x}{\Delta h}$$
$$= x_K + c_{p,L} \cdot \vartheta_A \cdot \frac{\Delta x}{\Delta h} - h_K \cdot \frac{\Delta x}{\Delta h}$$

$$x_A \cdot (1 - (\Delta h_{V,B} + c_{p,D} \cdot \vartheta_A)) \cdot \frac{\Delta x}{\Delta h}$$
$$= x_K + c_{p,L} \cdot \vartheta_A \cdot \frac{\Delta x}{\Delta h} - h_K \cdot \frac{\Delta x}{\Delta h}$$

$$x_A = \frac{x_K + c_{p,L} \cdot \vartheta_A \cdot \frac{\Delta x}{\Delta h} - h_K \cdot \frac{\Delta x}{\Delta h}}{1 - (\Delta h_{V,B} + c_{p,D} \cdot \vartheta_A) \cdot \frac{\Delta x}{\Delta h}} \quad \text{(Gl. 2.39)}$$

mit:

$$\frac{\Delta x}{\Delta h} = \frac{x_E - x_K}{h_E - h_K}$$

2.2.3.4 Entfeuchtung (*S*/*T*-Faktor)

Der Anteil sensibler Wärme zur totalen Wärme wird als *S*/*T*-Faktor bezeichnet (Bild 2.5).

$$\frac{S}{T} = \frac{\text{sensible Wärme}}{\text{totale Wärme}}$$

Beispiel:
Feuchte Luft wird in einem Oberflächenkühler mit 3 °C konstanter Oberflächentemperatur von 20 °C, 50% rel. Feuchte auf 10 °C abgekühlt.

Um wieviel nimmt die Enthalpie der Luft ab, und wieviel Wasser wird ausgeschieden?

Man liest aus dem *h*-*x*-Diagramm unmittelbar ab:

$$\Delta h = h_1 - h_2 = 38{,}7 - 24{,}5 = 14{,}2 \text{ kJ/kg}$$

$$\Delta x = x_1 - x_2 = 3{,}7 - 5{,}8 = 1{,}5 \text{ g/kg tr. Luft}$$

$$\frac{S}{T} = \frac{38{,}7 - 28}{38{,}7 - 24{,}5} = \frac{10{,}7}{14{,}2} = 0{,}75$$

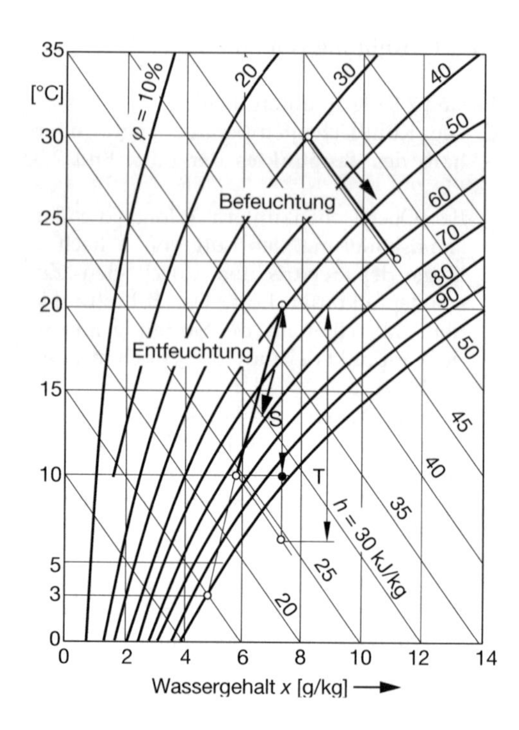

Bild 2.5 *S*/*T*-Faktor

2.2.3.5 Befeuchtung von Luft (Bild 2.6)

Die Befeuchtung der Luft erfolgt gewöhnlich in der Weise, daß man Wasser in besonderen Befeuchtungsdüsen fein zerstäubt, so daß die zerstäubte Wassermenge teilweise verdunstet, d. h. von der Luft aufgenommen wird.

Eine andere Methode besteht darin, daß man Wasserdampf direkt in die Luft einleitet.

Werden je kg Raumluft dx kg Wasser oder Dampf aufgenommen, so gilt für die Zunahme der Enthalpie der Luft:

$$dh = h_W \cdot dx$$

oder

$$\frac{dh}{dx} = h_W \quad \text{(Gl. 2.40)}$$

h_W Enthalpie des Wassers oder Dampfes

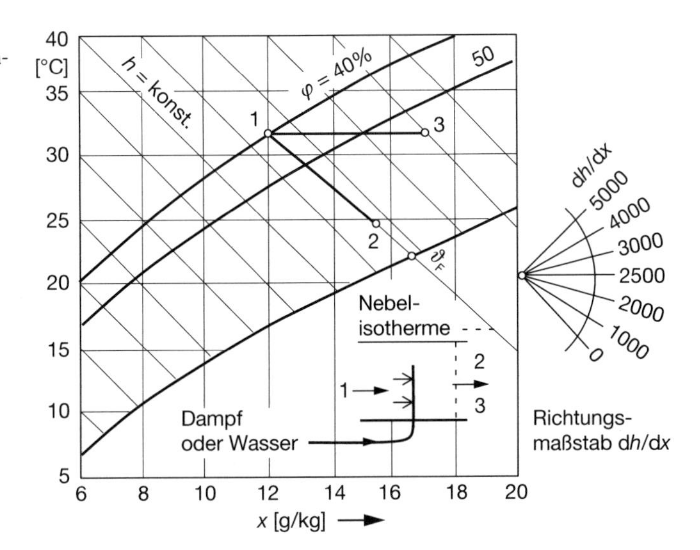

Bild 2.6
Zustandsänderungen bei Befeuchtung der Luft.
ϑ_F = Feuchtkugeltemperatur
1 – 2 → Wassereindüsung,
1 – 3 → Dampfeindüsung

Die Richtung der Zustandsänderung der Luft hängt also von der Enthalpie des Wassers oder des Dampfes ab.

Im h-x-Diagramm sind die dh/dx-Werte durch einen Randmaßstab, bezogen auf den Nullpunkt oder einen Richtungsmaßstab, dargestellt. Bei Zufuhr von Wasser oder Dampf mit der Enthalpie h_W erfolgt also die Zustandsänderung der Luft in Richtung $dh/dx = h_W$, wobei die Richtung parallel zum Randmaßstab an den Anfangszustand der Luft anzutragen ist.

Bei Zerstäubung von Wasser vereinfacht sich die Gleichung zu $dh/dx = 4{,}19 \cdot \vartheta_W$, wobei ϑ_W die Wassertemperatur ist. Die Zustandsänderung verläuft dabei ziemlich parallel zu den h-Linien, auch wenn die Wassertemperatur erheblich über der Lufttemperatur liegt, und die Luft immer abgekühlt wird (Linie 1 → 2).

Bei Befeuchtung mit Dampf dagegen liegt die Zustandsänderung der Luft mehr oder weniger parallel zu den Isothermen, je nachdem welche Enthalpie der Dampf besitzt. Bei Befeuchtung von Dampf mit beispielsweise 100 °C, tritt bei normaler Lufttemperatur nur eine Temperaturerhöhung von 0,5...1,0 K ein (Linie 1 → 3).

2.2.3.6 Adiabate Zustandsänderung

Eine solche Zustandsänderung liegt dann vor, wenn beim Wärme- und Wasseraustausch zwischen Luft und Wasser die zur Verdunstung erforderliche Wärme ausschließlich von der Luft geliefert wird. Die ist z.B. der Fall bei einem Luftwäscher, bei dem umlaufendes Wasser zerstäubt wird.

Ist die verdunstete Wassermenge dx, so ist die zu deren Verdunstung erforderliche, von der Luft gelieferte Wärme $dx \cdot h_V$. Die vom Wasser an die Luft abgegebene Wärme ist demgegenüber $dh_W = dx \cdot (h_V + h_W)$.

Die Enthalpieänderung der Luft ist demnach:

$$dh = dx \cdot (h_v \cdot h_w) - dx \cdot h_v = dx \cdot h_w$$

oder:

$$\frac{dh}{dx} = c_w \cdot \vartheta_w = 4{,}19 \cdot \vartheta_w \qquad \text{(Gl. 2.41)}$$

c_W spez. Wärmekapazität von Wasser $= 4{,}19$ kJ/(kg · K)

Die Zustansänderung erfolgt also im h-x-Diagramm in Richtung $dh/dx = 4{,}19 \cdot \vartheta_W$. Die sich bei diesem Vorgang einstellende Wassertemperatur nennt man die Feuchtkugeltemperatur, weil sie mit großer Annäherung durch ein in der Luft bewegtes befeuchtetes Thermometer angezeigt wird. Man nennt sie auch Kühlgrenze, da sie die tiefste Temperatur ist, bis zu der Wasser mit nicht gesättigter Luft abgekühlt werden kann. Zu einem gegebenen Luftzustand findet man die Feuchtkugeltemperatur ϑ_f oder die Kühlgrenze, indem man diejenige Nebelisotherme über die Sättigungskurve hinaus verlängert, die durch den Luftzustandspunkt geht.

Da die Steigung $dh/dx = 4{,}19 \cdot \vartheta_W$ bei niedrigen Wassertemperaturen $\vartheta_W = \vartheta_f$ sehr nahe bei $dh/dx = 0$ liegt, sind die Linien h = konst. mit den Nebelisothermen nahezu parallel. Daher genügt es für viele technischen Rechnungen mit feuchter Luft, beide Linien zusammenfallen zu lassen.

2.2.3.7 Handelsübliches *h*-*x*-Diagramm

In den Bildern 2.7, 2.8 und 2.9 sind übliche *h*-*x*-Diagramme für feuchte Luft zusammengestellt.

Nachfolgend einige Beispiele zur Anwendung vom *h*-*x*-Diagramm.

Beispiel:
Nach Bild 2.10 soll Luft von $\vartheta_1 = +15$ °C; $\varphi_1 = 0{,}6$ auf $\vartheta_2 = +28$ °C; $\varphi_2 = 0{,}4$ gebracht werden.

Nach der zeichnerischen Auftragung verläuft die Richtung der Zustandsänderung von 1 nach 2 parallel zur Richtung von 7 200 im Randmaßstab, also $\Delta h : \Delta x = 7200$. Wird in dem Beispiel nach $\Delta x = x_2 - x_1 = 9{,}3 - 6{,}4 = 2{,}9$ g/kg trockener Luft abgelesen, so sind $\Delta x = 7200 \cdot \Delta x = 7200 \cdot 0{,}0029$ (in **kg**/kg trockener Luft!) $= 21$ kJ/$(1 + x)$ kg feuchter Luft bei dem Vorgang an Wärme zuzuführen. Dieser Wert für Δh muß sich auch aus der Ablesung $h_2 - h_1 = 52 - 31 = 21$ kJ/$(1 + x)$ kg feuchter Luft ergeben.

Beispiel:
Erwärme 1 kg Luft von $\vartheta_1 = 10$ °C; φ_1 = rund 40% auf $\vartheta_2 = +\ 20$ °C *ohne* Abzug oder Zugabe von Wasser.

Aus Bild 2.2 erhält man (entsprechend Zustandsänderung von 3 nach 4 in Bild 2.11):
Relative Feuchte $\varphi_2 \approx 0{,}05 \approx 5\%$

Wärmeinhalt
$h_1 = -\ 8{,}4$ kJ/$(1 + x)$ kg feuchter Luft

Wärmeinhalt
$h_2 = +22$ kJ/$(1 + x)$ kg feuchter Luft

Zuzuführende Wärmemenge $= h_2 - h_1 = 22 + 8{,}4 = 30$ kJ/$(1 + x)$ kg feuchter Luft (ohne Verluste).

Umgekehrt kann auch die Endtemperatur der Luft mit dem Diagramm bestimmt werden, wenn die auf 1 kg entfallende Wärmemenge bekannt ist.

Beispiel:
3 000 m³/h Umluft von $\vartheta_2 = +21$°C; $\varphi_2 = 63\%$ werden zum Einsparen von Heizkosten bei einer Luftheizung mit 1000 m³/h Außenluft von $\vartheta_1 = -\ 10$ °C; $\varphi_1 = 50\%$ gemischt und sollen anschließend auf $\vartheta_1 = +\ 18$ °C erwärmt werden (Prinzip siehe Bild 2.12). Welche Werte φ, x und i hat der Einblasezustand?

Vereinfachend wird $\varrho_{2\,\text{tr. L.}} = 1{,}2$ kg/m³ und $\varrho_{1\,\text{tr. L.}} \approx 1{,}34$ kg/m³ benutzt, so daß

$$\dot{M}_2\ (3\,000\ \text{m}^3/\text{h}) = \text{rund } 3\,000 \cdot 1{,}2 \approx 3\,600\ \text{kg/h},$$

$$\dot{M}_1\ (1\,000\ \text{m}^3/\text{h}) = \text{rund } 1\,000 \cdot 1{,}34 \approx 1\,340\ \text{kg/h},$$

Aus *h*-*x*-Diagramm (Bild 2.12)
$h_2 = 47$ kJ/$(1 + x)$ kg feuchter Luft
$h_1 = -8$ kJ/$(1 + x)$ kg feuchter Luft

$$h_M = \frac{1\,340 \cdot (-8) + 3\,600 \cdot 47}{1\,340 + 3\,600}$$

$$= 32\ \text{kJ}/(1 + x)\ \text{kg feuchter Luft.}$$

Schnittpunkt der *h*-Linie 32 mit der Verbindungsgeraden 1–2 ergibt in Bild 2.7 Mischungspunkt *M*, dessen weitere Zustandsgrößen nun abzulesen sind: $\vartheta_M \approx +$ 13 °C; $\varphi_M = 0{,}82$; $x_M = 0{,}82$; $x_M = 7{,}6$ kg/kg

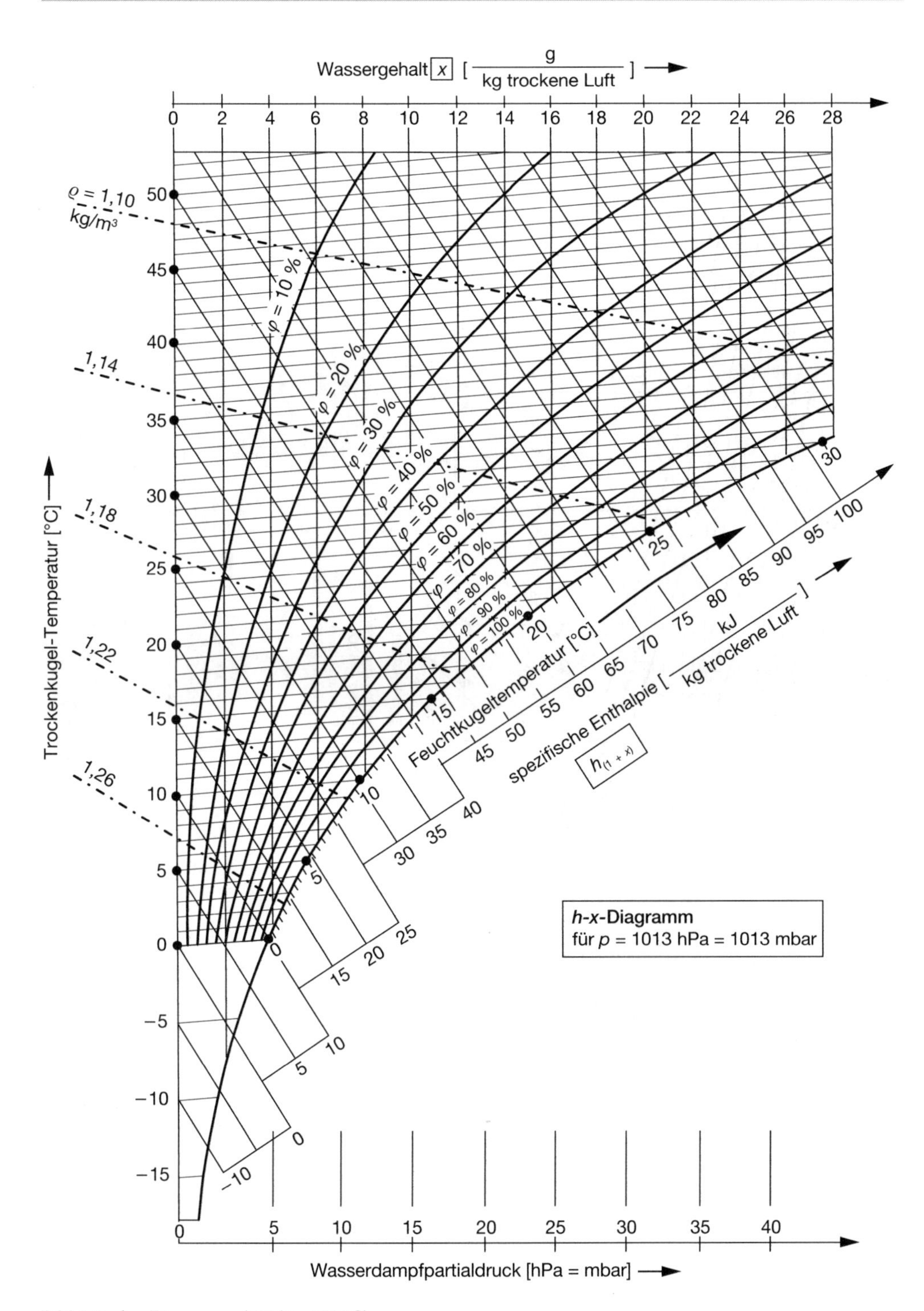

Bild 2.7 *h-x*-Diagramm (–18 bis +50 °C)

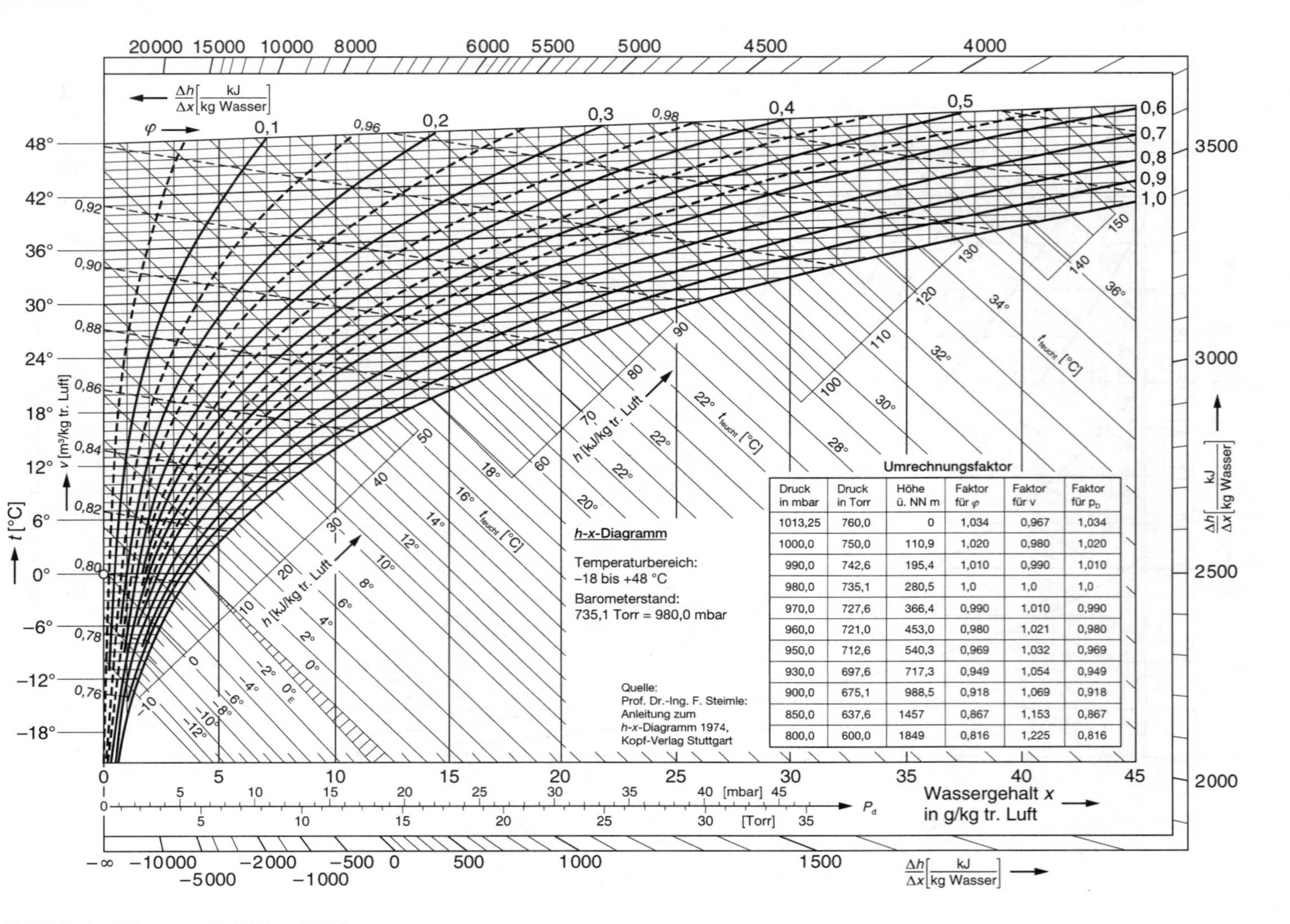

Druck in mbar	Druck in Torr	Höhe ü. NN m	Faktor für φ	Faktor für v	Faktor für p_D
1013,25	760,0	0	1,034	0,967	1,034
1000,0	750,0	110,9	1,020	0,980	1,020
990,0	742,6	195,4	1,010	0,990	1,010
980,0	735,1	280,5	1,0	1,0	1,0
970,0	727,6	366,4	0,990	1,010	0,990
960,0	721,0	453,0	0,980	1,021	0,980
950,0	712,6	540,3	0,969	1,032	0,969
930,0	697,6	717,3	0,949	1,054	0,949
900,0	675,1	988,5	0,918	1,069	0,918
850,0	637,6	1457	0,867	1,153	0,867
800,0	600,0	1849	0,816	1,225	0,816

Bild 2.8 *h-x*-Diagramm (−18 bis +48 °C)

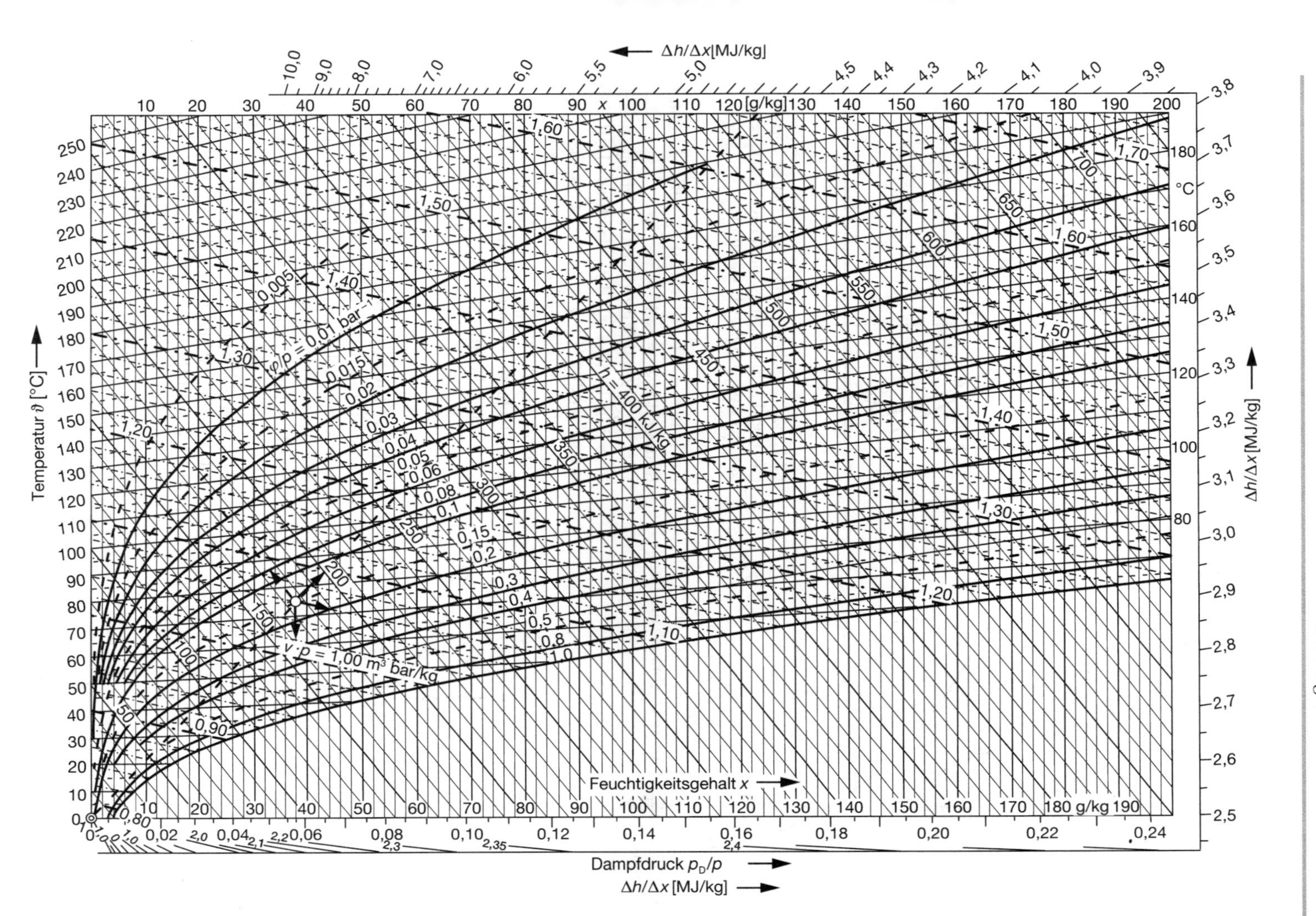

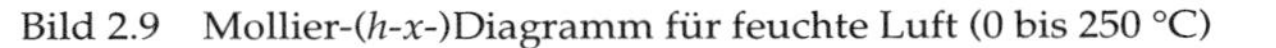
Bild 2.9 Mollier-(*h-x*-)Diagramm für feuchte Luft (0 bis 250 °C)

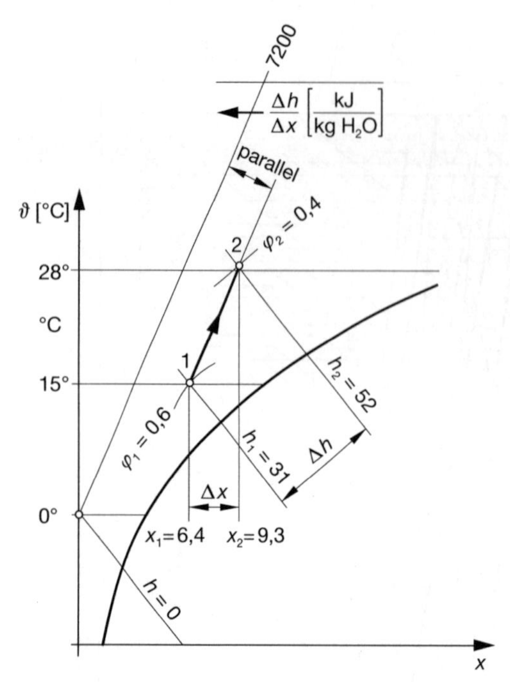

Bild 2.10 Beispiel für den Gebrauch des Randmaßstabes.

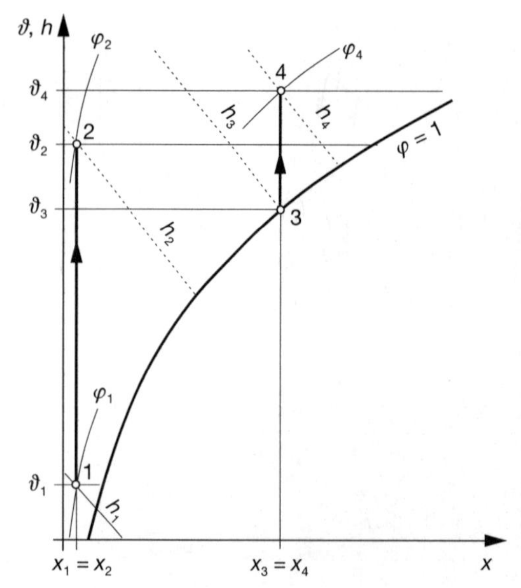

Bild 2.11 Erwärmungsvorgänge bei feuchter Luft

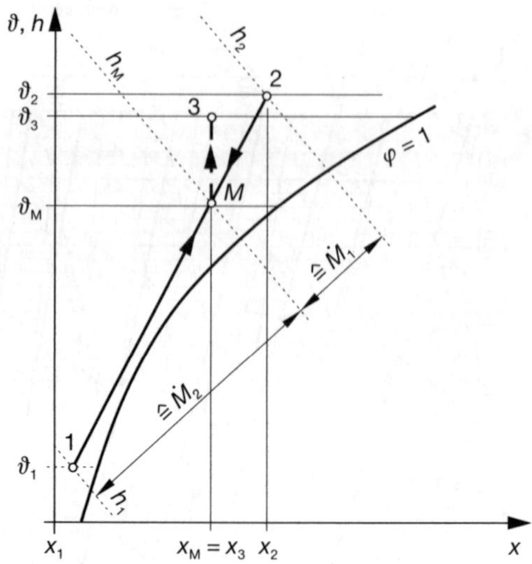

Bild 2.12 Mischen feuchter Luft. Der gestrichelt eingezeichnete Vorgang von M nach 3 ist eine nach der Mischung erfolgte Erwärmung.

trockener Luft. Erwärmung auf Einblasetemperatur $\vartheta_3 = +18$ °C:
$x_3 = x_M = 7{,}6$ g/kg trockener Luft; $\varphi_3 = 58\%$; $h_3 \approx 37{,}8$ kJ/$(1+x)$ kg feuchter Luft; Erhitzerleistung/$(1+x)$ kg feuchter Luft $= h_3 - h_M = 37{,}8 - 32{,}2 = 5{,}6$ kJ/$(1+x)$ kg feuchter Luft.
Erforderliche Wärmestrom $= (\dot{M}_1 + \dot{M}_2) \cdot 5{,}6$

$$= \frac{(1\,340 + 3\,600)}{3\,600} \cdot 5{,}6 = 7{,}7 \text{ kW}.$$

Beispiel für Luftkühlung:
In einem Raum, der nur gekühlte Luft von einem Oberflächenkühler mit $\vartheta_0 = +6$ °C erhält, wird die Luft mit $\vartheta_r = +25$ °C. Die relative Feuchte φ_r soll 0,46 nicht überschreiten. Der Feuchtigkeitsgewinn im Raum beträgt $\Delta x = 0{,}5$ g/kg trockener Luft. Der momentane Außenzustand ist $\vartheta_a = +30$ °C; $\varphi_a = 0{,}45$. Die Luftkühlanlage wird vor dem Kühler mit Umluftanteilen zum Einsparen von Kühlleistung gefahren (Bild 2.13).

Gesucht:

a) Stelle den Vorgang im *h*-*x*-Diagramm dar.

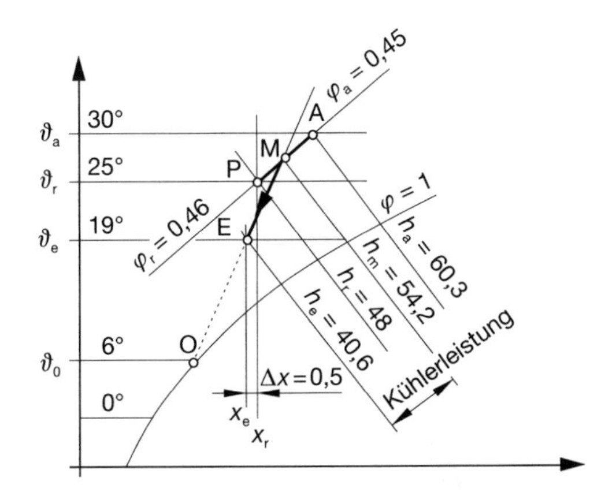

Bild 2.13
Luftkühlung mit Umluftanteilen für einen Raum

b) Wieviel Gewichts-% Umluft sind erforderlich?

c) Theoretische Leistung der Oberflächenkühlers je kg trockener Luft ohne Verluste?

Lösung:
Zu a) Es ist wie folgt vorzugehen: Zunächst lege man die gegebenen Zustandspunkte *O*, *R*, *A* und *E* im h-x-Diagramm fest. *E* ist durch die Temperatur von 19 °C und $\Delta x = 0,5$ geringer als x_r gegeben.

Es ist bekannt, daß der Mischpunkt *M* auf der Verbindungs-(Mischungs-)geraden *RA* liegt. Die Lage des Mischpunktes *M* erhält man nun, indem man *O* und *E* durch eine Gerade verbindet und diese bis zum Schnittpunkt mit *RA* über *E* hinaus verlängert.

Zu b) Aus dem h-x-Diagramm ist nun in h-Werten die Proportion zu entnehmen.

$$\frac{\overline{MA}}{\overline{RA}} = \frac{60,3 - 54,2}{60,3 - 48} = \frac{6,1}{12,3} = 0,49$$

$$= 49 \text{ Massen-\% Umluft.}$$

Zu c) Aus h-x-Diagramm: $h_m = 54,2$; $h_e = 40,6$.

Kühlerleistung: $\Delta h_k = 54,2 - 40,6 = 13,6$ kJ/(1 + x) kg feuchter Luft. Diese Kühlerleistung Δh_k muß, mit der Luftmenge $\dot{M}$ in kg/h multipliziert, den gesamten Wärmeanfall $\dot{Q}$ des Raumes in kW kompensieren. Ist $\dot{Q}$ bekannt, so kann auch die erforderliche Luftmenge $\dot{M} = \dot{Q} : \Delta h_k$ in kg/h ermittelt werden.

Beispiel:
An der Außenwand (oder auch Decke) eines Raumes soll Kondensation (Schwitzwasserbildung) vermieden werden.

Gegeben: Tiefste Außentemperatur $\vartheta_a = -18$ °C; Wärmedurchgangskoeffizient $k = -1,56$ W/(m^2 · k) °C (Wandstärke 38 cm, beiderseitig verputzt, nach DIN 4701); Innentemperatur $\vartheta_i = +20$ °C; Wärmeübergangskoeffizient $a_i \approx 7$ (DIN 4701); zur Vermeidung von Schwitzwasser soll an der Wand φ_W = max. 0,9 sein.

Gesucht: Max. zulässige relative Feuchte im Raum φ_i?

Die Oberflächentemperatur der Wand ϑ_W an der Innenseite erhält man aus einer Wärmebilanz. Diese Bilanz besagt, daß die Wärmemenge infolge Wärmeübergang gleich der Wärmemenge infolge Wärmedurchgang sein muß:

$$\dot{Q} = a_i \cdot A \cdot (\vartheta_i - \vartheta_W) = k \cdot A \cdot (\vartheta_i - \vartheta_a)$$

$$\text{Hieraus: } \vartheta_W = \vartheta_i - \frac{k \cdot (\vartheta_i - \vartheta_a)}{\alpha_i}$$

$$\vartheta_W = +20 - \frac{1,34}{7}\left[20 - (-18)\right] \approx 12,8 \text{ °C}$$

Bei der Wandtemperatur ϑ_W = soll φ_W = max. 0,9 sein. Im h-x-Diagramm (Bild 2.7) ist nun dieser Zustand einzutragen. Der zugehörige max. zulässige Raumluftzustand muß senkrecht über dem Punkt ϑ_W, φ_W liegen und die Raumtemperatur $\vartheta_i = +20$ °C aufweisen. Damit ist auch $\varphi_i \approx$ max. $0,55 \approx 50\%$ gegeben. Bei Abkühlung dieser Luft an der Wand auf + 12,8 °C würde sich nämlich $\varphi_W = 0,9$ ergeben. Eine relative Feuchte von φ_i über 55% kann bei stark besetztem Raum oder starker Feuchteentwicklung (z. B. Küchen) auch im Winter leicht eintreten, wobei sich Schwitzwasser bilden würde. Abhilfe: Verminderung des k-Wertes durch eine stärkere Wand oder zusätzliche Isolierung.

Beispiel:
Welche Temperatur ϑ_2 und welche anderen Werte nimmt erwärmte Luft vom Zustand $\vartheta_1 = +\ 32$ °C; $\varphi_1 = 0{,}1$ nach einer Befeuchtungsstrecke mit reichlicher Zerstäubung von Umlaufwasser an?

Nach Bild 2.7, entsprechend Vorgang 1 nach 2 in Bild 2.14 wird: Luft- und Wassertemperatur $= \vartheta = +\ 14{,}2$ °C bei $\varphi_2 = 1$; ferner $h_i = h_2 =$ konst. $= 39{,}5$ kJ feuchter Luft; $x_1 \approx 3$ g/kg, $x_2 \approx 10$ g/kg trockener Luft; Wasseraufnahme der Luft $\Delta x = x_2 - x_1 = 7$ g/kg trockener Luft.

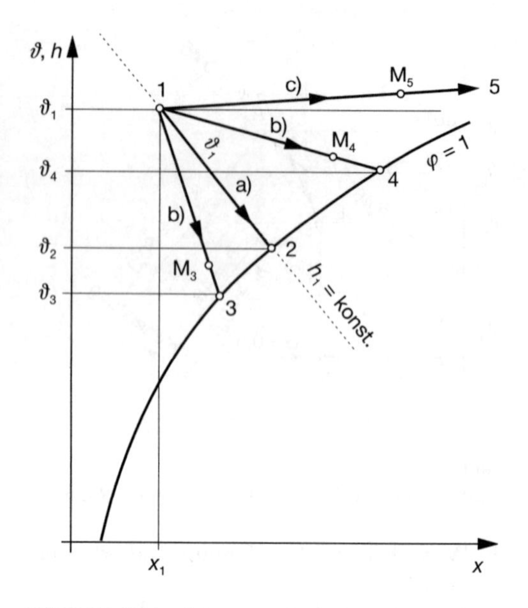

Bild 2.14 Befeuchtung von Luft
1 – 2 = Zerstäuben von Umlaufwasser
1 – 3 = Zerstäuben von dauernd gekühltem Wasser
1 – 4 = Zerstäuben von dauernd erwärmtem Wasser
1 – 5 = Einführen von Wasserdampf

3 Luftvolumenstrombestimmung

3.1 Allgemeines

Den Luftvolumenstrom erhält man aus Vorgaben oder aus Bilanzen wie sie im Anlagenbau gegeben sind:

- ☐ z. B.: den für eine Verbrennung notwendigen Luftvolumenstrom aus der Bilanz der Heizenergie mit dem Luftüberschuß zur stöchiometrischen Verbrennungsluftmenge,
- ☐ bei der Ermittlung des Volumenstromes z. B. in raumlufttechnischen Anlagen.

Dazu muß die zeitliche Zunahme des schädlichen oder lästigen Einflusses im Raum sowie seine höchstzulässige Einwirkung auf die Raumluft, d.h. auf die durchgesetzte Luft, bekannt sein.

Zu den schädlichen oder lästigen Einflüssen im Raum zählen z. B.:
Luftverschlechterung durch Fremdeinwirkung,
Aufheizung der Raumluft durch freiwerdende Wärme,
Erhöhung der Raumluftfeuchte,
Luftverschlechterung bei Personenansammlungen in geschlossenen Räumen.

3.2 ... bei Luftverschlechterung durch Fremdeinwirkung

Eine Luftverschlechterung kann durch gesundheitsschädliche oder lästige Gase, Stäube, Dämpfe, Geruchsstoffe usw. eintreten, wie sie bei Fabrikationsprozessen entsteht. Die Lüftungsanlage hat die Aufgabe, die Konzentration dieser Stoffe in der Raumluft so weit zu senken, daß für das Personal keine Gefahr oder Belästigung mehr besteht. Aus der Bilanzgleichung erhält man den benötigten Luftvolumenstrom:

$$\dot{V} = \frac{K}{MAK - k_a} \ (\mathrm{m^3/h}) \qquad \text{(Gl. 3.1)}$$

K Zunahme des schädlichen Einflusses in $\mathrm{cm^3/h}$ bei gasförmigen Stoffen bzw. in mg/h bei staubförmigen Stoffen

MAK max. zulässiger schädlicher Einfluß der Innenluft in $\mathrm{cm^3/m^3}$ bzw. $\mathrm{mg/m^3}$ **(maximale Arbeitsplatz-Konzentration)** s. Tabelle 3.1

k_a schädlicher Einfluß der Außenluft (Frischluft)

3.3 ... bei Raumaufheizung durch freiwerdende Wärme

Eine Aufheizung des Raumes tritt bei Maschinen oder elektrischen Geräten auf, z. B. durch die Verlustwärme bei Energieumformen (z. B. Elektromotoren, Transformatoren, Generatoren, Gleichrichtern, elektrische Beleuchtung), in vielen Fällen auch durch die Nutzleistung von Maschinen selbst, wenn diese auf meist mechanischem Wege letztlich in Reibungswärme (z. B. bei Spinnereimaschinen, Nähmaschinen) und/oder in Formänderungsarbeit (z. B. bei Werkzeugmaschinen, Tiefziehpressen, Strangpressen) umgewandelt wird.

Die Lüftungsanlage soll die Temperaturerhöhung im Raum auf einen zulässigen Wert senken. Die durchgesetzte Luft dient also als Wärmeträger. Damit die Luft Wärme aufnehmen kann, muß die Temperatur der Zuluft niedriger sein als die gewünschte Raumtemperatur. Soll die Abluft den Raum mit höchstens Außentemperatur verlassen, oder soll die Raumtemperatur niedriger als die Außentemperatur sein, muß die Zuluft gekühlt werden.

Tabelle 3.1 Maximale Arbeitsplatz-Konzentration gesundheitsschädlicher Stoffe (MAK-Werte, Auszug) nach dem Stand von 1986 [1])

Stoff	Chemische Formel	MAK[4] ppm	MAK[4] mg/m³
Ethanol	$C_2H_5 \cdot OH$	1 000	1 900
Ameisensäure	HCOOH	2	9
Ammoniak	NH_3	50	35
Arsenwasserstoff	AsH_3	0,05	0,2
Asbestfeinstaub [3])	–	–	2
Azeton	$CH_3 \cdot CO \cdot CH_3$	1 000	2 400
Benzol [3])	C_6H_6	5	16
Blei	Pb	–	0,1
Brom	Br_2	0,1	0,7
Bromwasserstoff	HBr	5	17
Butan	C_4H_{10}	1 000	2 350
Cadmiumoxid [2])	CdO	–	0,1
Calciumoxid	CaO	–	5
Chlor	Cl_2	0,5	1,5
Chlorbenzol	$C_6H_5 \cdot Cl$	50	230
Chlordioxid	CiO_2	0,1	0,3
Chlormethan	$CH_3 \cdot Cl$	50	105
Chloroform [3]) (Trichlormetan)	$CHCl_3$	10	50
Chlorwasserstoff	HCI	5	7
Cyanwasserstoff (Blausäure)	HCN	10	11
DDT	$C_6H_4Cl_2CH \cdot CCl_3$	–	1
Diethylether	$C_2H_5 \cdot O \cdot C_2H_5$	400	1 200
Dichloridfluormethan (R 12)	CF_2Cl_2	1 000	5 000
Dichlormethan [2])	CH_2Cl_2	100	360
Dichlorfluormethan (R 21)	$CHFCl_2$	10	45
1,2-Dichlor-1,1,2,2-tetrafluorethan (R 114)	$CF_2Cl \cdot CF_2Cl$	1 000	7 000
Eisenoxid (Feinstaub)	Fe_2O_3; FeO	–	6
Essigsäure	$CH_3 \cdot COOH$	10	25
Fluor	F_2	0,1	0,2
Fluorwasserstoff	HF	3	2
Formaldehyd [2])	HCHO	1	1,2
Hexan	C_6H_{14}	50	180
Hydrazin [3])	$NH_2 \cdot NH_2$	0,1	0,13
Jod	J_2	0,1	1

Stoff	Chemische Formel	MAK[4] ppm	MAK[4] mg/m³
Kohlendioxid	CO_2	5 000	9 000
Kohlenmonoxid	CO	30	33
Kupfer (Rauch)	Cu	–	0,1
Kupfer (Staub)	Cu	–	1
Magnesiumoxid (Rauch)	MgO	–	6
Methanol	$CH_3 \cdot OH$	200	260
Naphthalin	$C_{10}H_8$	10	50
Nikotin	–	0,07	0,5
Nitrobenzol	$C_6H_5(NO_2)$	1	5
Nitroglyzerin	$C_3H_5(ONO_2)_3$	0,05	0,5
Ozon	O_3	0,1	0,2
Phenol	$C_6H_5 \cdot OH$	5	19
Phosgen	$COCl_2$	0,1	0,4
Phosphor (gelb)	P	–	0,1
Phosphorpentachlorid	PCl_5	2,5	1
Phosphorwasserstoff	PH_3	0,1	0,15
Propan	C_3H_8	1 000	1 800
Quarz	SiO_2	–	0,15
Quecksilber	Hg	0,01	0,1
Salpetersäure	HNO_3	10	25
Schwefeldioxid	SO_2	2	5
Schwefelkohlenstoff	CS_2	10	30
Schwefelsäure	H_2SO_4	–	1
Schwefelwasserstoff	H_2S	10	15
Selenwasserstoff	H_2Se	0,05	0,2
Stickstoffdioxid	NO_2	5	9
Styrol	$C_6H_5 \cdot CH = CH_2$	100	420
Terpentinöl	–	100	560
Tetrachlorkohlenstoff	CCl_4	10	65
Toluol	$C_6H_5 \cdot CH_3$	100	375
Trichlorfluormethan (R 11)	$CFCl_3$	1 000	5 600
Vanadium (Oxid-Staub)	V_2O_5	–	0,05
Wasserstoffperoxid	H_2O_2	1	1,4

[1]) Techn. Regeln für gefährliche Arbeitsstoffe (TRgS 900 von 11.86): MAK-Werte der Deutschen Forschungsgemeinschaft
[2]) Krebsverdächtig, daher sind entsprechende Vorsichtsmaßnahmen angeraten.
[3]) Krebserregend, daher sind besondere Maßnahmen notwendig, damit eine Exposition so gering wie möglich wird.
[4]) $1 \text{ ppm} \mathrel{\hat=} \frac{\tilde{M}}{\tilde{V}_0} \text{ mg/m}_n^3$ Beispiel: $1 \text{ ppm CO} \mathrel{\hat=} \frac{28{,}01}{22{,}4} = 1{,}25 \text{ mg/m}_n^3$

Aus der Bilanzgleichung erhält man

$$\dot{V} = \frac{(\dot{Q}_1 \pm \dot{Q}_2) \cdot 3\,600}{c_p \cdot \varrho \cdot (\vartheta_i - \vartheta_a)} \qquad \text{(Gl. 3.2)}$$

$\dot{V}$ Luftvolumenstrom in m^3/h
$\dot{Q}_1$ Verlustleistung oder Nutzleistung in kW
$\dot{Q}_2$ Wärmeveränderung des Raumes in kW: Wärmeverluste, besonders bei niedrigen Außentemperaturen;
Vorzeichen: –
oder
Wärmezunahme z.B. bei intensiver Sonneneinstrahlung; Vorzeichen: +
$c_p \cdot \varrho$ volumenbezogene Wärmekapazität der Luft $\approx 1{,}3\ kJ/m^3\,K$
ϑ_i maximal zulässige Ablufttemperatur in °C
ϑ_a Zulufttemperatur in °C

Bei elektrischen Maschinen und bei Transformatoren läßt sich der Wärmestrom $\dot{Q}_1$ aus der Nennleistung P (in kW) und dem Wirkungsgrad η genügend genau errechnen:

$$\dot{Q}_1 = \left[P_1 \cdot \left(\frac{1}{\eta_1} - 1\right) + P_2 \cdot \left(\frac{1}{\eta_2} - 1\right) + \ldots\right] (kW) \qquad \text{(Gl. 3.3)}$$

Für die Überschlagsrechnung:
Zur Abführung des Wärmestromes von 1 kW ist bei einer Temperaturerhöhung der Luft von 10 K ein Volumenstrom von 300 m^3/h notwendig. Bei anderen Temperaturdifferenzen ist zu beachten, daß Volumenstrom und Temperaturdifferenz umgekehrt proportional sind.

3.4 . . . bei Luftverschlechterung von Personenansammlungen in geschlossenen Räumen

Eine Verschlechterung der Luft in Aufenthalts- und Versammlungsräumen durch Personen infolge Anreicherung der Raumluft mit Geruchsstoffen, CO_2 und Wasser soll durch eine Lüftungsanlage ausgeglichen werden. Ferner ist die von den Personen abgegebene körperliche Wärme abzuführen.

Als Mindestwerte für die Außenluftrate (s. Tabelle 3.2) gelten die Außenlufttemperaturen zwischen 0 °C und + 26 °C:
20 m^3/h je Person bei Räumen mit Rauchverbot
30 m^3/h je Person bei Räumen mit Raucherlaubnis.

Bei niedrigeren und höheren Außenlufttemperaturen dürfen die Luftraten herabgesetzt werden, um unwirtschaftlich große Erhitzer und (oder) Kühler zu vermeiden.

Tabelle 3.2 Mindestaußenluftraten

Außenlufttemperatur °C	Mindesaußenluftrate bei Räumen	
	ohne Raucherlaubnis m^3/h je Person	**mit** Raucherlaubnis m^3/h je Person
– 20	8	12
– 15	10	15
– 10	13	20
– 5	16	24
0 . . . 26	20	30
< 26	15	23

Bei dichter Raumbelegung nimmt man als Wärmeabgabe an:
115 W je Person bei nicht körperlicher Betätigung oder in Ruhe,
230 W je Person bei mittelschwerer Arbeit.
Diese Werte sind mit in die Wärmebilanz einzubeziehen.

3.5 . . . mit Luftwechselzahlen

Fehlen die zur Aufstellung der Bilanzgleichungen benötigten Werte oder lassen sich diese nur sehr unsicher ermitteln, so können die Außenluftmengen auch mit Hilfe von Luftwechselzahlen berechnet werden. Diese aufgrund von Erfahrungen festgelegten Luftwechselzahlen geben den benötigten Luftwechsel je Stunde (*LW/h*) für die meisten in der Praxis vorkommenden Räumlichkeiten an.

$\dot{V} = J \cdot LW/h$ (Gl. 3.4)

$\dot{V}$ Außenluftrate in m^3/h
J Raumvolumen in m^3

Übliche Luftwechselzahlen können aus Tabelle 3.3 entnommen werden.

Tabelle 3.3 Übliche Luftwechselzahlen

Art des Raumes	Luftrate m^3/h je Person	Luftwechsel LW/h	Bemerkung
I. Arbeits- und Aufenthaltsräume Akkuräume	–	5...8...10	oben und unten absaugen
Büros, private öffentliche	30...40 30...40	5...7 4...6...8	im Sommer *LW* bis 14, möglichst drehzahlregelbare Ventilatoren, z.B. geräuscharme Axialventilatoren, einsetzen
Bibliotheken	–	4...8	bei alten und besonders wertvollen Buchbeständen prüfen, ob Klimatisierung ratsam
Entnebelungsanlagen	–	15...25...50	Bilanz anstreben, u. U. höherer *LW* erforderlich; Zuluft über Raumheizgeräte
Entqualmung von Schaltanlagen	–	30...60	
Färbereien	–	10...20	mögl. örtlich absaugen, ggf. wie Entnebelungsanlage behandeln
Filmateliers	–	5...20	*LW* vom Wärmegewinn durch die Lampen abhängig; damit rechnen
Garagen	–	5...8...15	3 m^3 Luft/s und Kfz-Motor; Ex-Schutz [G 3] für Ventilator u. Motor
Gaststätten, Nichtraucher Raucher	20...30 30...40	4...6...10 6...8...14	
Geschäftsräume	20...30	8	im Sommer 10 ... 12 anstreben
Gießereien	–	8...15	Verlustwärme beachten
Härtereien	–	bis 100	*LW* richtet sich nach anfallender Verlustwärme
Kasinos, Kantinen	20...40	5...6...8	
Kinos, kleine Theater	20...30	5...6...8	
Kirchen	–	3...5	bestimmter *LW* meist nicht erforderlich, da genügend Luftraum je Person; üblich: Luftheizung mit ständigem Frischluftanteil
Küchen	–	bis 20	möglichst über Hauben absaugen

Tabelle 3.3 (Fortsetzung)

Art des Raumes	Luftrate m³/h je Person	Luftwechsel *LW/h*	Bemerkung
Lackierereien, Handbetrieb Spritzereien	–	10 ... 15 ... 20 25 ... 50	gilt bei Entlüftung des Raumes; **bei Spritzkabinen**: Absaugegeschwindigkeit im größten Querschnitt: 0,5 m/s; generell: Ex-Schutz erforderlich, Zündgruppe je nach Art des Lösungsmittels
Laboratorien (Digestorienabsaugung)	–	100 ... 150	Explosions- und Korrosionsgefahr beachten, für Zuluft sorgen
Läden	–	4 ... 6 ... 8	
Lichtpausereien	–	10 ... 15 ... 20	*LW* im Sommer: bis 50. Verlustwärme der Maschinen mögl. gesondert abführen
Maschinenräume	–	10 ... 40	*LW* richtet sich vor allem nach der anfallenden Verlustwärme
Montagehallen	10 ... 40	4 ... 6 ... 8 ... 10	bei Schweißarbeiten oder bei Luftheizung $LW = 7$
Museen	–	4 ... 6 ... 8	für einzelne Räume evtl. Klimatisierung erforderlich
Schulen Kinder bis 10 Jahre über 10 Jahre	 20 ... 30 25 ... 40	4 ... 6 ... 8	
Schweißereien	–	20 ... 30	am Entstehungsort der Schwaden absaugen, Wärmehaushalt beachten
Sendehäuser, Aufnahme- und Sprechräume	–	6 ... 8 ... 10	geräuscharme Lüftung!
Telefonzentralen	–	6 ... 8 ... 10	Zuluft filtern
Überdruckanlagen (zur Verhinderung des Eindringens von Staub) dichter Bau leichter Bau	– –	3 ... 5 8 ... 10	
Versammlungsräume	20 ... 30 ... 40	6 ... 8 ... 10	
Warenhäuser	–	6 ... 8	
Waschanstalten	–	10 ... 15 ... 25	ggf. wie Entnebelungsanlage behandeln
Wasch- und Umkleideräume, Aborte	–	8 ... 10	
Werkstätten ohne Luftverschlechterung mit Luftverschlechterung	 20 ... 30 30 ... 40	 3 ... 6 ... 8 10 ... 20	allgemeine Raumlüftung; auf evtl. anfallende Verlustwärme von Maschinen achten
Wohnräume	30 ... 40	3 ... 4 ... 7	

Tabelle 3.3 (Fortsetzung)

Art des Raumes	Luftrate m³/h je Person	Luftwechsel *LW/h*	Bemerkung
II. Badeanstalten Dampfbad	–	3...4	Stets erwärmte Zuluft zuführen; angegebene *LW*-Zahlen sind Mindestwerte, ggf. behandeln wie Entnebelungsanlage; mit *LW* 10...20 in allen Fällen leichten Unterdruck halten
Heißluftbad	–	3...4	
Medizinische Bäder	–	8...10	
Schwimmhalle	–	1	
Wannen- und Brausebäder		2...4	
III. Krankenhäuser (s. DIN 1946, 4) Baderäume	150 m³/h Bad –	5...8...10	Badeanstalten
Chirurgische Abteilung	75	5...8	
Flure	–	3...5	
Infektionsabteilung	75 bis [170]	5...8...[10]	bei Epidemien und Endemien [ ]; in allen Fällen Abluft über Elektro- oder Bakterienfilter
Innere Abteilung	60	5...8	
Kinder-Station	35...70	5...8...10	
Operationsräume	–	5...8...10	Klimaanlage, Bakterienfilter!
Warte-, Aufenthalts- und Umkleideräume	–	5...10	
Wöchnerinnen	100	5...8	auf Zugfreiheit besonders achten
Zahnarzt		6...8	
IV. Privathäuser Aborte	–	6...8...10	Unterdruck halten
Bad	–	bis 8	Unterdruck halten, regelbarer Ventilator
Eßzimmer	–	2...4	
Flure und Treppenhäuser		2...3	
Küche	–	25...30	Unterdruck halten
Schlafzimmer	20	1	im Sommer höher
Speisekammer	–	2...3	
Waschküche		6...8	Unterdruck halten
Wohnzimmer	30...40	2...4	
V. Sonstiges Eisenbahn, Reisebus	–	8...15...40	
Tresore	–	4...8	
Straßentunnel			überschläglich 4 m³ Luft/s im Tunnel befindlichen Wagen; beachten: Tunnellänge, Art, Wagenzahl

4 Luftleitungen

4.1 Allgemeines

Kanäle und Rohre dienen zur Förderung der Luft. Sie stellen einen wesentlichen Bestandteil der Anlage (Kosten) und sollten daher sorgfältig geplant und ausgeführt werden.

Da Luftleitungen leicht verschmutzen, sind an geeigneten Stellen *Reinigungsöffnungen* vorzusehen.

Anforderungen an das Material:
innen glatt, nicht staubansammelnd und leicht zu reinigen, ferner dauerhaft, nicht hygroskopisch, unbrennbar, korrosionsbeständig, leicht und luftdicht.

Die sinnbildliche Darstellung wird in Bild 4.1 dargestellt.

Grafische Symbole		
Grundreihe	Nebenreihe	Anwendungsbeispiele
Luftleitung (LL)		
Luftleitung, allgemein	Luftleitung mit zusätzlicher Qualitätsanforderung (DIN 30 600, Reg.-Nr 06093)	Kanal (Zeichnung); Rundrohr (Zeichnung); L90 Kanal mit zusätzlicher Qualitätsanforderung (Zeichnung) (z.B. Feuerwiderstandsklasse L90 nach DIN 4102 Teil 6); L90 L90 Kanal mit zusätzlicher Qualitätsanforderung, alternativ (Zeichnung); Flexibles Rundrohr, Schlauch (Zeichnung)

Bild 4.1 Sinnbildliche Darstellung von Luftleitungen nach DIN 1946 T1 (10.88)

4.2 Wahl der Geschwindigkeit

Für Luftleitungen sind genügend große Querschnitte zu wählen, damit Luftgeschwindigkeit und somit auch der Luftwiderstand klein werden.

Die Luftgeschwindigkeit errechnet man nach der Formel:

$$w = \frac{\dot{V}}{A} \quad [\text{m/s}] \qquad \text{(Gl. 4.1)}$$

$\dot{V}$ Volumenstrom in m^3/s
A durchströmter Querschnitt in m^2
w Luftgeschwindigkeit in m/s

In den Tabellen 4.1 und 4.2 sind die üblichen Geschwindigkeiten in Kanälen bzw. die Geschwindigkeit im Raum aufgeführt.

Ergänzend zu Tabelle 4.2 sind in Bild 4.2 die Luftgeschwindigkeiten im Raum in Abhängigkeit von der Raumlufttemperatur und der Behaglichkeit dargestellt.

Zusätzlich zeigt Tabelle 4.3 die Erfassungsgeschwindigkeiten beim Absaugen und Tabelle 4.4 Richtwerte für die Transportluftgeschwindigkeit beim pneumatischen Transport.

Tabelle 4.1
Richtwerte für Luftgeschwindigkeiten in Kanälen

1,5...2,0 m/s	im Verteilungskanal mit Zuluft- oder Abluftgittern wegen geringer Änderung des Kanalwiderstands über die Länge
...4...5 m/s	für Nebenleitungen von Komfortanlagen (Zu- und Abluft)
...6...(8) m/s	für Hauptkanäle der Zu- und Abluft von Komfortanlagen
bis 8 m/s	für Nebenleitungen und Industrieanlagen
8...12 m/s	**für Hauptkanäle von Industrieanlagen**
über 12 m/s	nur für Förderanlagen
20...25 m/s	für Rohre von Hochdruck-Klimaanlagen (nur mit Schalldämmung!) und Feststofftransport

4.3 Material von Luftleitungen

4.3.1 Stahlblech und Al-Blech

Stahlblech ist das geeignetste Material, meist verzinkt, gelegentlich *Schwarzblech* mit Anstrich;
Querschnitte rechteckig oder rund;
Längsnähte gefalzt, Quernähte (Stöße) gebördelt, mit Winkeleisenverbindung, mit losen Flanschen, mit punktgeschweißten profilierten Flanschen, mit Sickenschnellen oder Schiebern;
Runde Rohre auch mit spiralförmig um das Rohr laufendem Falz (*Winkelfalzrohre*);
diese Rohre gelegentlich auch mit flachovalem Querschnitt;
Verbindung durch Muffen oder Steckverbindungen;
Dichtung durch Klebebänder oder Gummi;
Krümmer bei kleinen Durchmessern gepreßt, bei größeren gefalzt oder gebördelt;
Aufhängung mittels Rohrschellen oder Flacheisen- und Winkeleisenkonstruktion;
Blechdicken siehe Tabelle 4.5;
für Sonderausführungen Kanäle aus verbleitem Blech (bei säurehaltigen Gasen), Aluminium- oder Kupferblech.

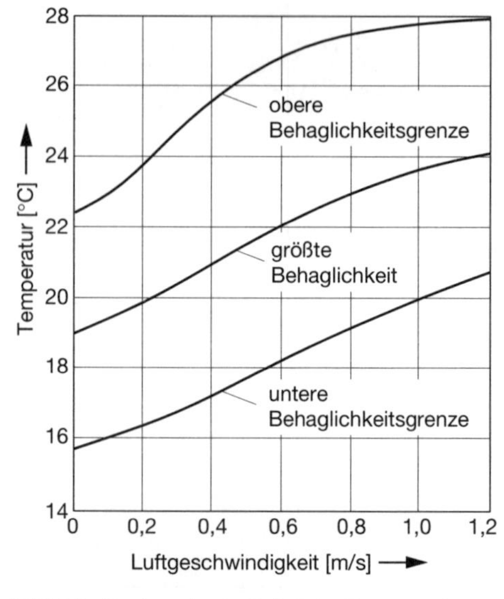

Bild 4.2 Luftgeschwindigkeit im Raum und Behaglichkeit (n. Rietschel/Gröber/Bradtke)

Tabelle 4.2 Luftgeschwindigkeit in Kanälen und in Räumen

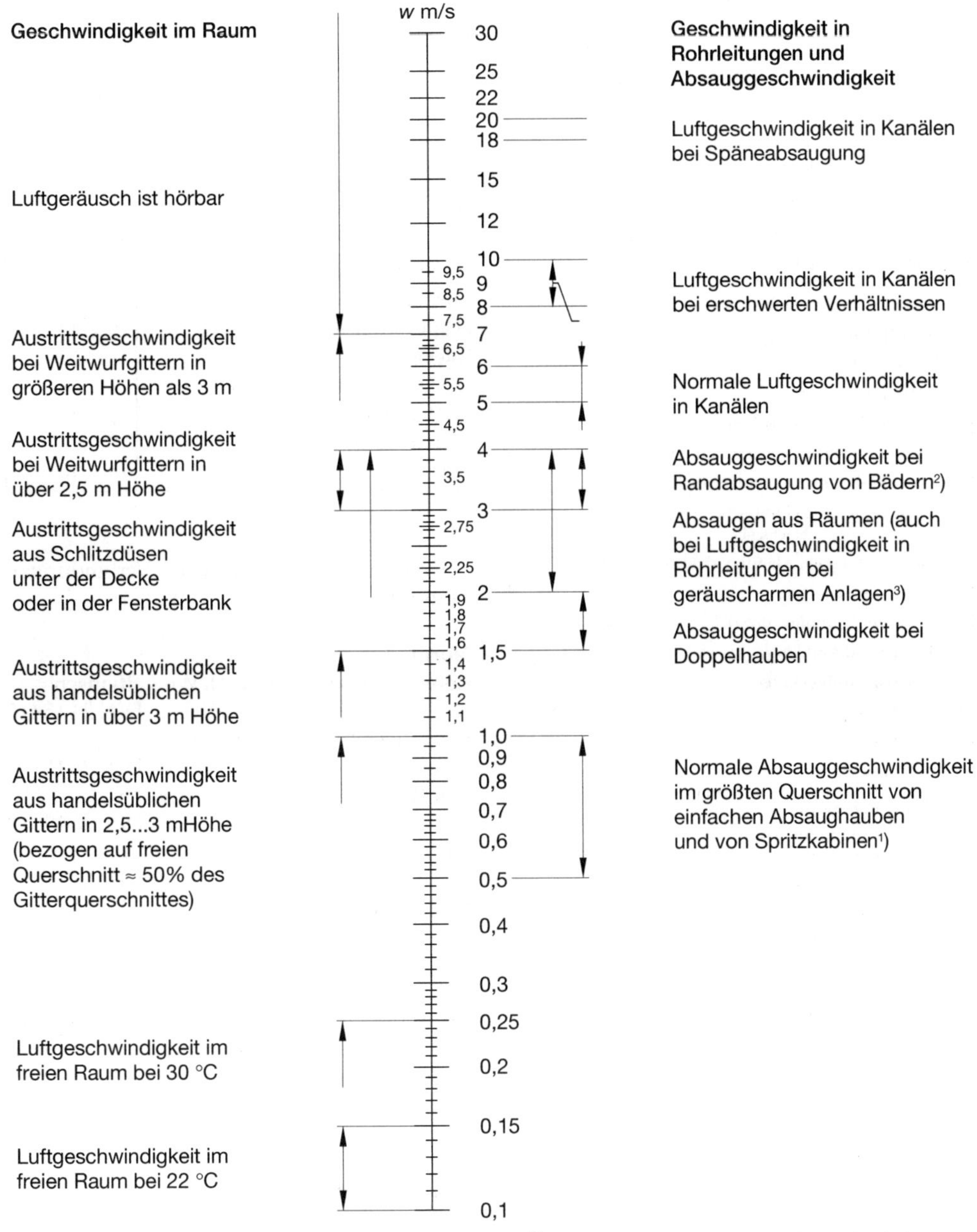

[1]) Bei aufsteigenden Dämpfen, Schmiedefeuer, warmen Ölbädern usw. Bei schweren Dämpfen höhere Geschwindigkeit oder Doppelhauben anwenden.

[2]) Wirkung etwa 50 cm weit. Bei größeren Abmessungen des Bades müssen an der einen Seite Warmluft ausgeblasen und so die Dämpfe auf die Absaugeöffnung hingedrückt werden.

[3]) Geringe Verluste, also niedriger stat. Druck und daher niedrige Lüfterdrehzahl möglich.

Tabelle 4.3
Erfassungsgeschwindigkeiten beim Absaugen

Art der Arbeit		Erfassungsgeschwindigkeit w in m/s
1. Behälter	Entfetten	0,25
	Tauchen (Benzol)	0,75
	Beizen	0,4...0,5
	Plattieren	0,25...0,5
	Abschrecken	0,5
	Verdampfen	0,4...0,5
2. Einsacken	Papiersäcke	0,5
	Stoffsäcke	1,0
	Scheuerpulver	2,0
3. Farbspritzen		0,5...1,0
4. Fässer füllen		0,35...0,5
5. Flaschen reinigen		0,75...1,25
6. Förderband, Beladestellen		0,75...1,0
7. Getreide-Elevatoren oben und unten		2,5
8. Gießerei-Formkostenentleerung		1,0
9. Gießereisiebe	zylindrische Siebe	2,0
	Flachsiebe	1,0
10. Granit schneiden	Handbearbeitung	1,0
11. Handschmiedefeuer		1,0
12. Kalander (Gummiwalzen)		0,4...0,5
13. Kästen und Mühlen		0,75...1,0
14. Kernsandaufbereitung		0,5
15. Küchenherde		0,5...0,75
16. Laborabzüge (Digestorien)		0,5...0,75
17. Metallisieren		
giftige Stoffe (Blei, Kadmium usw.)		1,0
nichtgiftige Stoffe (Stahl, Aluminium usw.)		0,65
nichtgiftige Stoffe (Stahl usw.)		1,0
18. Mischer, Sand usw.		0,5...1,0
19. Öfen	Aluminium	0,75...1,0
	Messing	1,0...1,25
20. Pharmazeutische Überziehmaschinen		0,5...1,0
21. Quarzschmelzen		0,75...1,0
22. Sandstrahlen	in Kabinen	2,5
	in Räumen	0,3...0,5
23. Schleifarbeiten		
Schleifscheiben, auch tragbare		1,0...2,0
in Schwingrahmen (Pendelschleifmaschinen)		0,5...0,75
24. Schweißen		0,5...1,0
mit Lichtbogen		0,5
25. Silberlöten		0,5
26. Töpferei	Tauchrollen	2,5
	Geschirrbürsten	3,75
	Spritzmalerei	0,5...0,75
27. Verpackungsmaschinen		0,25...0,5

Tabelle 4.4
Richtwerte für Materialtransportanlagen

Material	Geschwindigkeit im Rohr in m/s
feinster Metallstaub	18...20
gröbere Metallspäne	20...24
feinster Holzstaub	14...16
Sägemehl feucht	22...24
feinster Sand	14...16
gröberer Sand	16...18
Textilfasern	10...12
Papierschnitzel	10...12
Steinstaub	18...20
Seifenstaub	16...18
Lederstaub	16...18
Gummistaub	18...20
Glasstaub	16...18

Verschiedene Arten von Verbindungen zeigt Bild 4.4.

Normung:
Rohre, Flansche (s. Bild 4), Winkelflansche DIN 24 154/5
Blechdicke für Rohre (Tabelle 4.6) DIN 24 151/3
Blechkanäle, Formstücke, Flansche DIN 24 190/3
Blechdicke für Kanäle (Tabelle 4.5) DIN 24 190/1
Wickelfalzrohre DIN 24 145
Blechkanäle, diverse Formstücke, 13 Teile DIN 24 147

Normung der Dichtheitsprüfung für Blechkanäle geschieht nach DIN 24 194 in 4 Klassen, die für die Abrechnung erforderlichen *Aufmaßregeln* sind in DIN 18 379 festgesetzt.

4.3.2 Kunststoffe

Kunststoffe werden ebenfalls zur Herstellung von Kanälen verwendet, insbesondere PVC, Polyethylen und Polypropylen, in Form von Platten, die geklebt oder mit Heißluftbrenner zu beliebigen Formen zusammengeschweißt

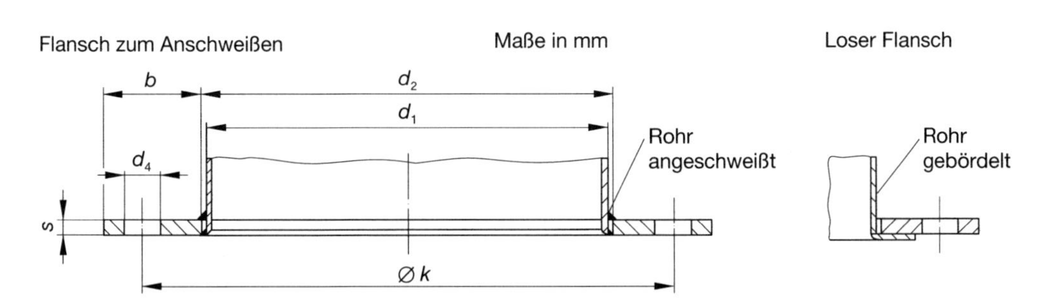

Bezeichnung eines Flachflansches der Reihe 4 (R4) von Nennweite 250 und Innendurchmesser d_2 = 256 mm
Flansch DIN 24154 R4 – 250 × 256

Nennweite	Rohr-Außendurchmesser d_1	Flansch						für Schrauben nach DIN 601		Gewicht (7,85 kg/dm³)
		Innendurchmesser d_2 für Flansche zum Anschweißen	Innendurchmesser d_2 für lose Flansche	Innendurchmesser d_2 zul. Abw.	Breite × Dicke $b \times s$	Lochkreisdurchmesser $k \pm 0{,}5$	Lochdurchmesser $d_4 \pm 0{,}5$	Anzahl	Gewinde	kg
63	66	68	72	+ 1	30 × 6	102	9,5	4	M 8	0,44
71	74	76	80			110				0,47
80	82	84	88			118				0,51
90	92	94	98			128				0,55
100	103	105	109			139				0,60
112	115	117	121			151				0,65
125	129	131	135			165				0,71
140	144	146	150	+ 1,5	35 × 6	182	11,5	8	M 10	0,93
160	162	164	168			200				1,02
180	181	183	187			219				1,12
200	203	205	209			241				1,24
224	227	229	233			265				1,36
250	254	256	260			292				1,50
280	286	288	292	+ 1,5	40 × 8	332	11,5	8	M 10	2,58
315	320	322	326			366				2,85
355	359	361	365			405				3,16
400	402	404	408			448		12		3,49
450	451	453	457			497				3,89
500	505	507	511			551				4,30
560	567	569	573	+ 2	50 × 8	629	14	16	M 12	6,10
630	636	638	642			698				6,78
710	713	715	719			775				7,53
800	799	801	805			861		24		8,4
900	896	898	902			958				9,3
1 000	1 005	1 007	1 011			1 067				10,4
1 120	1 128	1 130	1 134	+ 2	60 × 10	1 200	18	32	M 16	17,6
1 250	1 265	1 267	1 271			1 337				19,6
1 400	1 419	1 421	1 425			1 491				21,9
1 600	1 591	1 593	1 597			1 663		40		24,4
1 800	1 784	1 786	1 790			1 856				27,3
2 000	2 001	2 003	2 007			2 073				30,5

Fettgedruckte Nennweiten bevorzugen.

Bild 4.3 Flachflansche nach DIN 24 154, T 4

Tabelle 4.5 Wanddicken [mm] für Blechkanäle nach DIN 24 190 u. 24 191 (11. 1985).

Nennweite DN	Form F (gefalzt)		Form S (geschweißt)	
	Über-/Unterdruck		Über-/Unterdruck	
	1 000 Pa	2 500 Pa	2 500 Pa	6 300 Pa
100... 250	0,6	0,7	1,5	1,5
265... 530	0,6	0,7	1,5	2,0
560...1 000	0,8	0,9	1,5	2,0
1 060...2 000	1,0	1,1	2,0	3,0
2 120...4 000	1,1	1,2	3,0	4,0
4 250...8 000	–	–	4,0	5,0

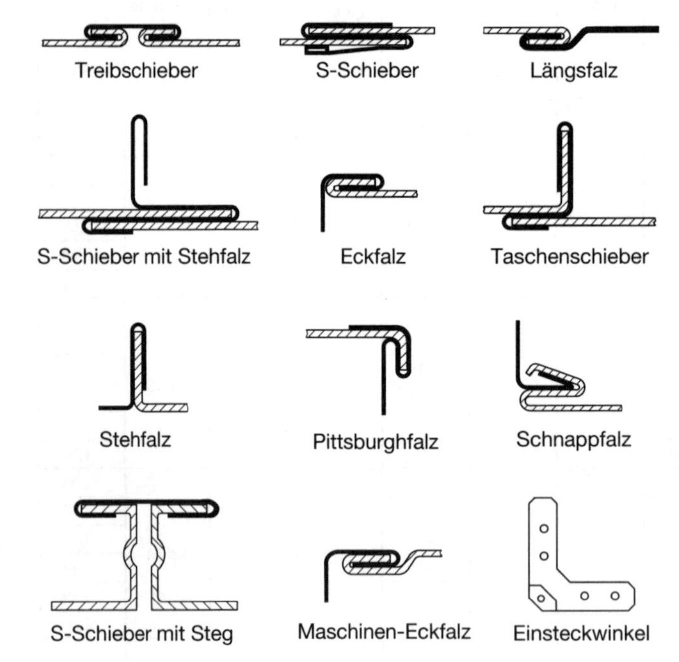

Bild 4.4
Verschiedenen Arten von Stoßverbindungen bei Blechkanälen.

werden können. Verbindungen bewerkstelligt man durch Schiebemuffen. Runde und vierkantige Rohre mit kleinen Abmessungen werden fertig ab Fabrik geliefert und sind korrosionsfest gegen fast alle aggressiven Gase und Dämpfe. Die Temperaturbeständigkeit liegt je nach Grundstoff bei 60...80 °C. Sie sind sehr teuer und bei Kälte leicht zerbrechlich.

Die Berechnung der Mindestwanddicke zeigt Bild 4.5.

4.3.3 Flexible Rohre und Schläuche

finden bei Lüftungs- und Klimaanlagen in großem Umfang Verwendung und sind eine wesentliche Erleichterung der Montage.

Die Durchmesser reichen bis etwa 400 mm. Sie sind auch in ovaler Form erhältlich. Besonders werden sie bei Abzweigungen von Hauptkanälen und zum Anschluß von Geräten an Rohrleitungen verwendet.

Es gibt viele verschiedene Konstruktionen,

Tabelle 4.6 Wanddicken [mm] für Rohre nach DIN Norm 24 151/3 (07.1966).

Nennweite DN	DIN 24 151			DIN 24 152		DIN 24 153			
	Anschweißrohre			Falzrohre		Bördelrohre			
	Reihe			Reihe		Reihe			
	2	3	4	0	1	1	2	3	4
63 ... 125	0,88	1	2	0,63	0,75	0,75	0,88	1	2
140 ... 250	1	1,25	2,5	0,75	0,88	0,88	1	1,25	2,5
280 ... 500	1,13	1,5	3	0,88	1	1	1,13	1,5	3
560 ... 1 000	1,25	2	4	1	1,13	1,13	1,25	2	4
1 120 ... 2 000	1,5	2,5	4	1,13	1,25	1,25	1,5	2,5	4

Reihe 0, 1 und 2 vorwiegend für Lüftung.
Reihe 3 für Absaugung und Entstaubung.
Reihe 4 für staub- und gasdichte Leitungen.

die sich u. a. bez. Material, Flexibilität und Wärmedammung unterscheiden:

- ☐ *Metallschläuche* aus spiralig gewickelten und verrillten Bändern, z. B. Aluminium, Spezialpapier, Kunststoff; auch mehrschichtig, z. B. Papier–Kunststoff–Papier.
- ☐ *Gummi-Spiralschläuche*, bestehend aus einer Drahtspirale, die vollkommen in Gummi gelegt ist, Kanäle innen glatt, schwer.
- ☐ *Kunststoffrohre* ähnlich den Metallschläuchen, jedoch aus Kunststoffbändern spiralig gewickelt.
- ☐ *Glasfaserrohre*, bestehend aus einer Drahtspirale mit Kunststoffolie und Glasfaserummantelung; sehr leicht.

Die Lieferung ist in Längen bis 30 m oder in gestauchter Form zum Ausziehen bei der Montage möglich.

Eine Verbindung wird untereinander oder mit Geräten durch Rohr- oder Schlauchschellen auf Steckmanschette aus Blech hergestellt.

Dichtheit erreicht man durch Umwickeln mit selbstklebendem Band oder Schrumpfmanschetten (flexible Kunstmanschette, die durch Erwärmen mit Brennerflamme schrumpft). Letztere ist besonders dicht, und wird auch bei Wickelrohren verwendet.

Die Normung geschieht nach DIN 24 146. Darin sind *Güteanforderungen* für 3 Ausführungsarten festgesetzt:

A halbflexibel
B mittelflexibel
C vollflexibel

Anforderungen betreffen Druckfestigkeit, Biegeradius, Durchhang, Leckverlust u.a.

Da Lüftungsleitungen aus unbrennbarem Material bestehen sollen, werden sie überwiegend aus Aluminiumfolie hergestellt.

Formstücke sind in DIN 24 147 genormt.

Wickelfalzrohre (Bild 4.6) aus verzinktem Band, werden bis zu einem Innendurchmesser von 2 000 mm hergestellt.

Zulässige Überdrücke:

Nennweite	**Überdruck [Pa]**
71 ... 280	6 300
315 ... 560	5 000
630 ... 900	4 000
1 000 ... 1 250	3 150
1 400 ... 2 000	2 500

Einbaubeispiele von Rohren und Formstükken findet man in DIN 24 147 (s. Bild 4.7)

Typische Zubehörteile von Luftleitungen sind in Bild 4.8 aufgeführt.

Die Mindestwanddicke s der Rohre werden nach der Gleichung

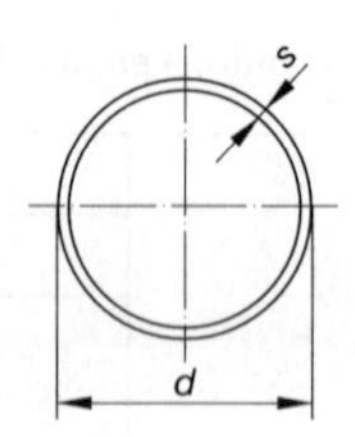

$$s = \frac{d}{200} \cdot \sqrt{p_e \cdot \frac{S_K \cdot 4 \cdot (1 - \mu^2)}{E_c}}$$

berechnet und auf 0,1 mm gerundet.

Hierin bedeuten:
- s Mindestwanddicke in mm
- d Rohraußendurchmesser in mm
- p_e Überdruck nach DIN 1314 in Pa
- S_K Sicherheit gegen elastisches Einbeulen: 3,0
- μ Querkontraktionszahl: 0,4
- E_c Kriechmodul nach 10^5 Stunden in N/mm^2 [1)]

	PVC-U	PP
20 °C	1700	375
40 °C	1200	285
60 °C	500	235

Bei der Berechnung wurde eine Rundheitsabweichung von 1,5% bezogen auf den durch Umfangsmessungen am Rohr errechneten Außendurchmesser berücksichtigt.

[1)] Werte nach DVS 2205 Blatt 1

Die Mindestwanddicke s der Bögen werden nach der Gleichung

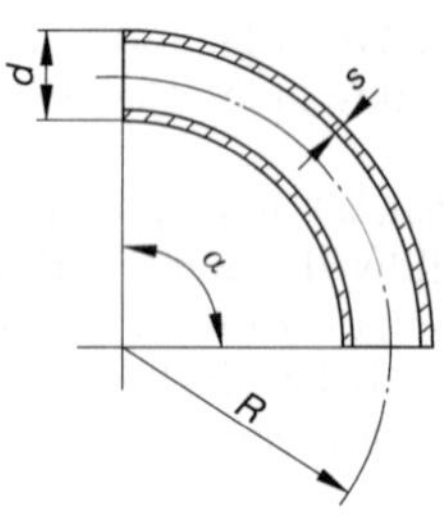

$$s = \frac{d}{1860} \cdot \left(p_e \cdot \frac{S_K \cdot R \cdot \alpha}{d \cdot E_c}\right)^{0,4}$$

berechnet.

Die Mindestwanddicken s der Kanäle werden nach der Gleichung

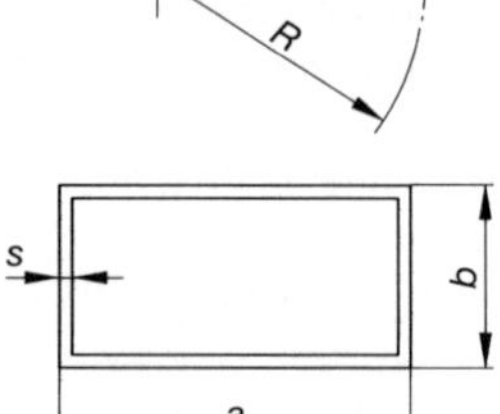

$$s = 0{,}0045 \cdot a \cdot \sqrt[3]{\left(\frac{47{,}1}{f} + 2{,}05\right) \cdot \frac{p_e}{E_c}}$$

berechnet, üblich ist ein Verhältnis der Kanalmaße $a/b = 2/1$

Hierin bedeuten:
- s Mindestwanddicke in mm
- a Maß der größten Kanalseite in mm
- f Durchbiegung der größten Kanalseite in % der Seitenlänge

Bild 4.5 Berechnungsgleichungen zur Bestimmung der Mindestwanddicken von Kunststoffrohren. Bögen und unversteiften Kanälen aus PVC-U sowie PP nach DIN 4740 und DIN 4741.

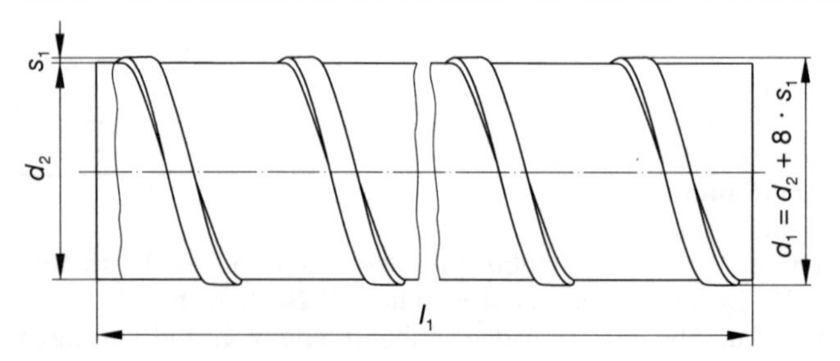

Bild 4.6 Wickelfalzrohr

Bezeichnung eines Wickelfalzrohres von Nennweite 200 und Länge l_1 = 6000 mm:

Wickelfalzrohr Din 24 145 – 200 × 6000

Einbaubeispiele

Steckverbindung:
Wickelfalzrohr–Formstück

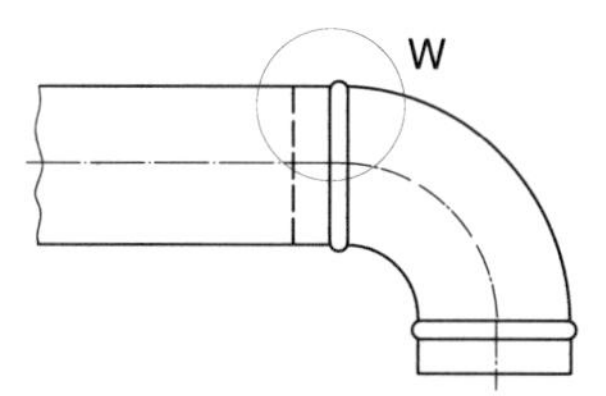

W 3:1
(im Schnitt dargestellt)

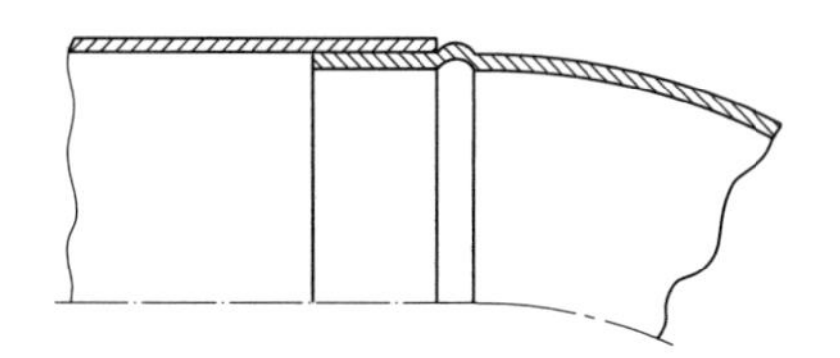

Steckverbindung:
Formstück–Formstück

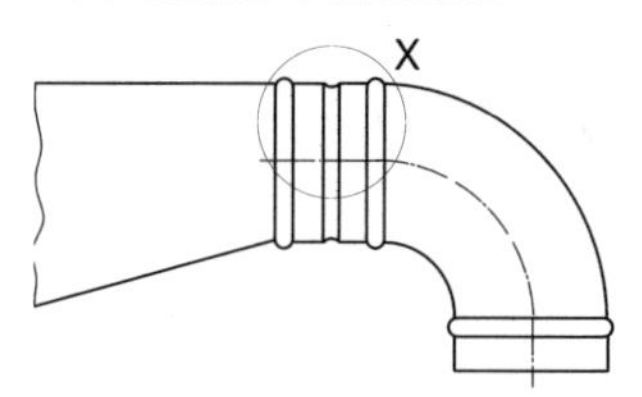

X 3:1
(im Schnitt dargestellt)

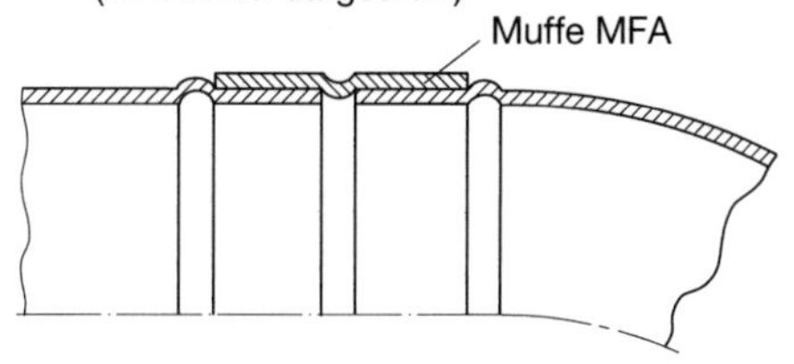

Flanschverbindung:
Wickelfalzrohr–Formstück

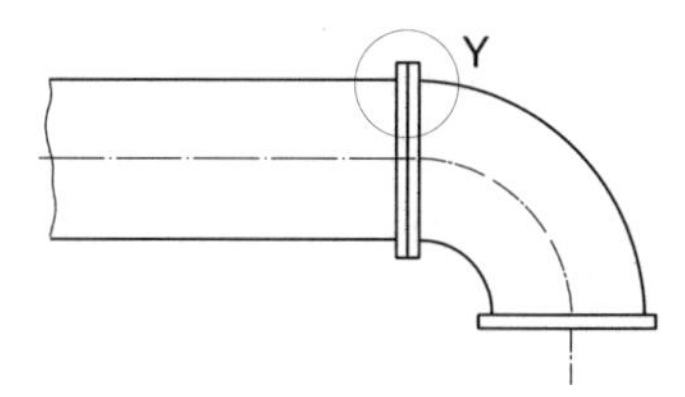

Y 3:1
(im Schnitt dargestellt)

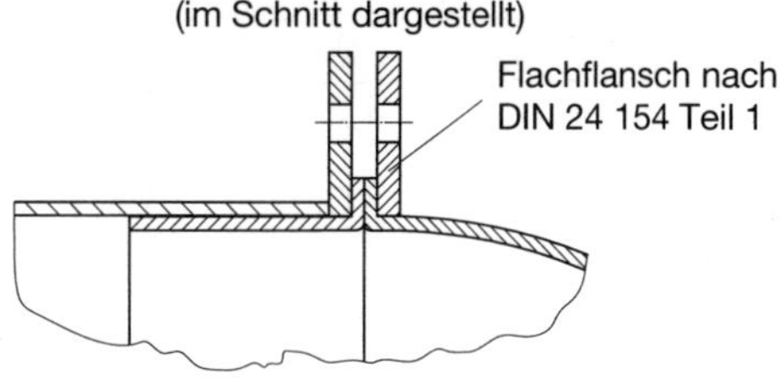

Flanschverbindung:
Formstück–Formstück

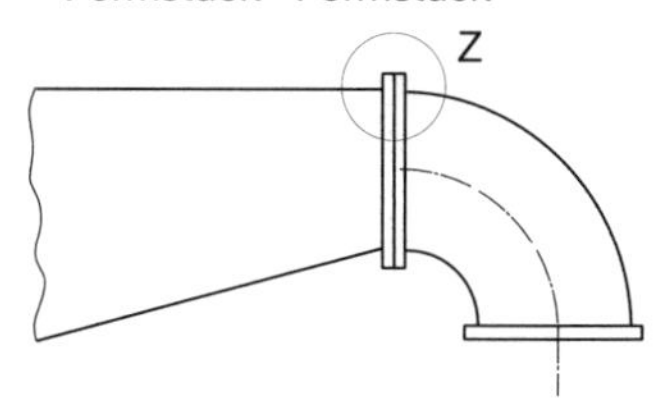

Z 3:1
(im Schnitt dargestellt)

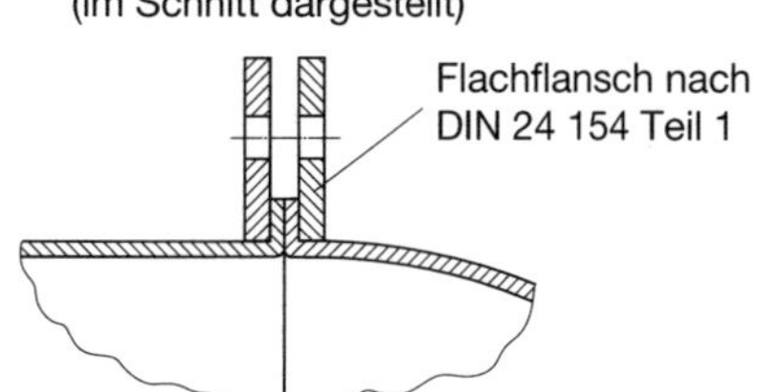

Bild 4.7 Einbaubeispiele von Rohren und Formstücken nach DIN 24 147 (6.93).

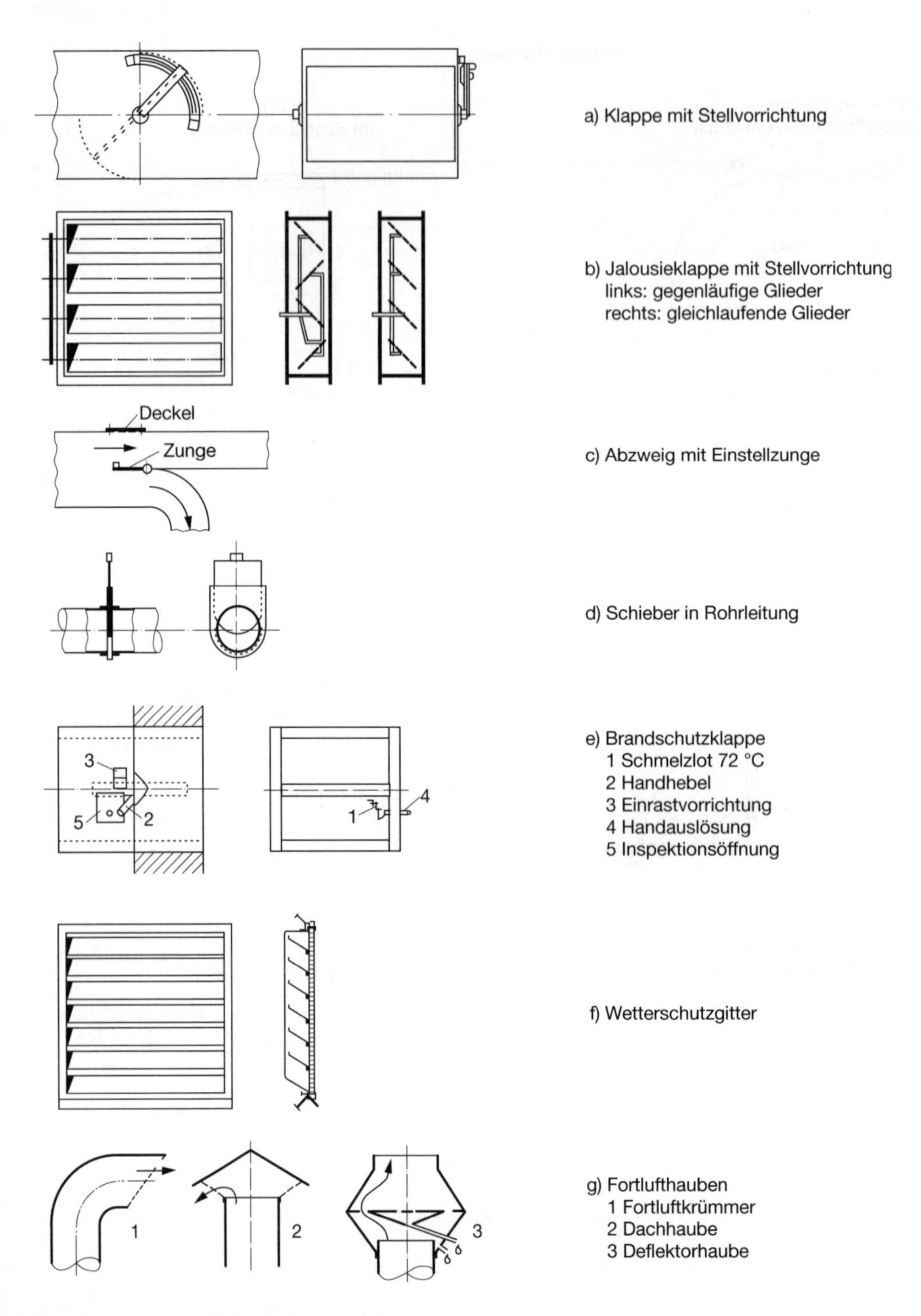

Bild 4.8 Typische Zubehörteile in Luftleitungen

5 Druckverlust

5.1 Allgemeines

Voraussetzung für einwandfreie Funktion und wirtschaftlichen Betrieb einer lufttechnischen Anlage sind u.a. auch die richtige Planung und Auslegung des Kanalnetzes, d.h. vor allem eine sichere Abschätzung der Druckverluste.

Die Druckverluste werden vor allem durch die vorgegebenen Kanallängen sowie die Wahl der Luftgeschwindigkeiten und der Kanalquerschnitte bestimmt. Auch die Festlegung von Übergangs- und Formstücken hat einen Einfluß auf den Druckverlust und damit auf die Betriebskosten. Die genaue Kenntnis der Druckverluste in Abhängigkeit vom Volumenstrom, die sogenannte *Anlagenkennlinie*, ist auch für eine optimale Auslegung bzw. Auswahl der Ventilatoren in der Anlage wichtig.

Die Strömung in lufttechnischen Anlagen darf grundsätzlich als inkompressibel, d.h. *dichtebeständig* angesehen werden. Die Genauigkeit der Abschätzung der Druckverluste steht und fällt mit der zuverlässigen Kenntnis der Widerstandsbeiwerte von geraden Rohrstücken und Formstücken.

Obwohl heute zahlreiche Berechnungsprogramme für Taschenrechner und PC am Markt sind, werden hier die einzelnen Berechnungsverfahren und die benötigten Parameter und Beiwerte nochmals detailliert behandelt.

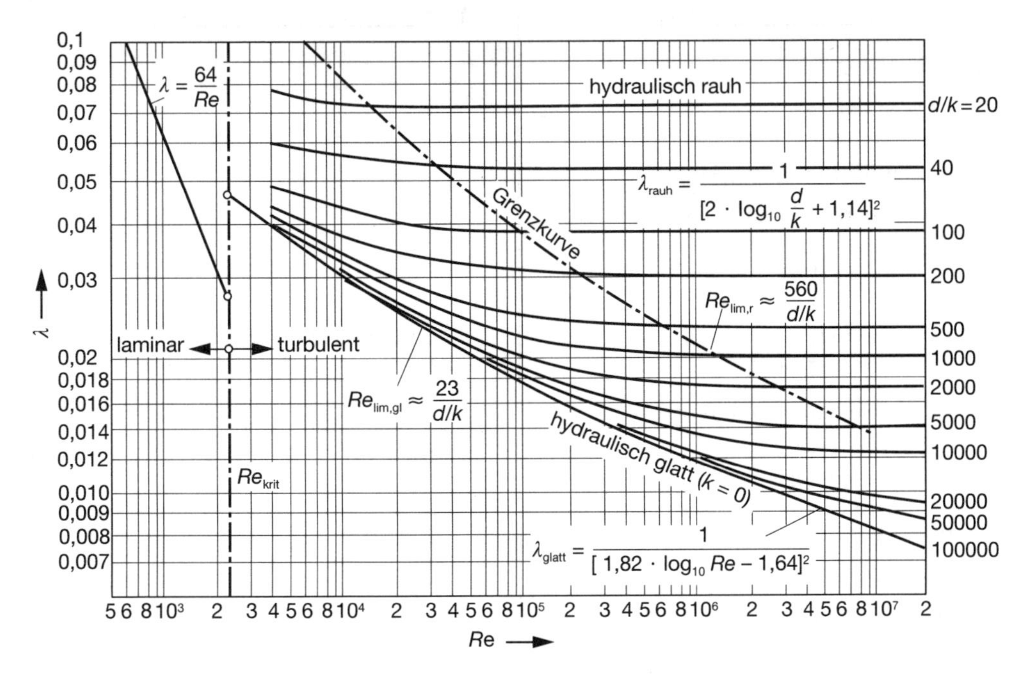

Bild 5.1 Rohrreibungszahl λ in Abhängigkeit von der Reynoldszahl und der relativen Rauhigkeit d/k, gültig für gestörte Strömung bei ausgebildetem Strömungsprofil.

5.2 Grundgleichung für den Druckverlust in geraden Rohrleitungen

Gerade Rohrstücke in lufttechnischen Anlagen haben i. a. einen Kreisquerschnitt oder einen Rechteckquerschnitt.

Die in Tabelle 5.1 gegenübergestellten Gleichungen zur Berechnung des Druckabfalls unterscheiden sich nur in der Verwendung des Rohr- bzw. hydraulischen Durchmessers.

Der Druckabfall berechnet sich nach folgender Beziehung:

$$\Delta p_V = \zeta_{ges} \cdot \frac{\varrho}{2} \cdot w^2 \qquad \text{(Gl. 5.1)}$$

mit: $$\zeta_{ges} = z \cdot \left(\lambda \cdot \frac{l_e}{d} + \zeta_b\right) \qquad \text{(Gl. 5.2)}$$

Tabelle 5.1 Berechnung des Reibungsdruckverlustes

Kreisquerschnitt	Rechteckquerschnitt
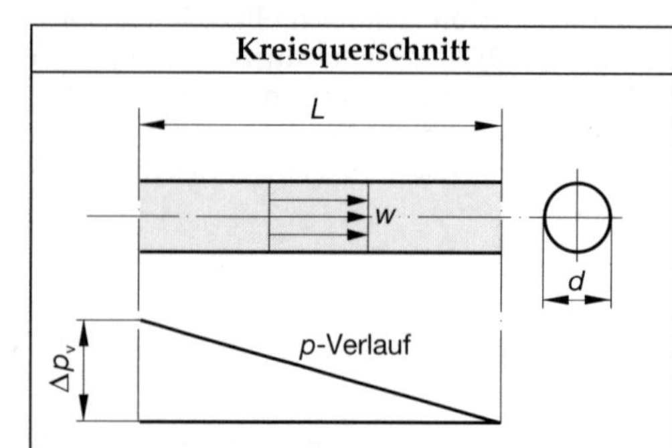	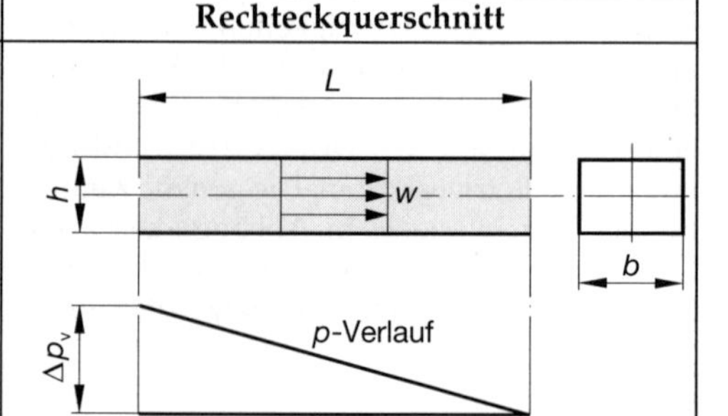
$\Delta p_V = \lambda \cdot \frac{L}{d} \cdot \frac{\varrho}{2} \cdot w^2$	$\Delta p_V = \lambda \cdot \frac{L}{d_h} \cdot \frac{\varrho}{2} \cdot w^2$
ϱ Luftdichte $\varrho = \frac{p}{R_i \cdot T}$	
w mittlere Strömungsgeschwindigkeit $w = \frac{\dot{V}}{d^2 \cdot \frac{\pi}{4}}$	$w = \frac{\dot{V}}{b \cdot h}$
L Rohrlänge d Rohrdurchmesser	d_h hydraulischer Durchmesser $d_h = \frac{4 \cdot A}{U} = \frac{4 \cdot b \cdot h}{2 \cdot (b+h)} = \frac{2 \cdot b \cdot h}{b+h}$
λ Rohrreibungszahl (Bild 5.1) $\lambda = f(Re, d/k)$	$\lambda = f(Re, d_h/k)$
Re Reynoldszahl $Re = \frac{w \cdot d}{\nu}$	$Re = \frac{w \cdot d_h}{\nu}$
ν kinematische Viskosität	
oder nach Colebrook u. White: $\frac{1}{\sqrt{\lambda}} = -2 \cdot \lg\left(\frac{2,51}{Re \cdot \sqrt{\lambda}} + \frac{k}{d} \cdot 0{,}269\right)$	

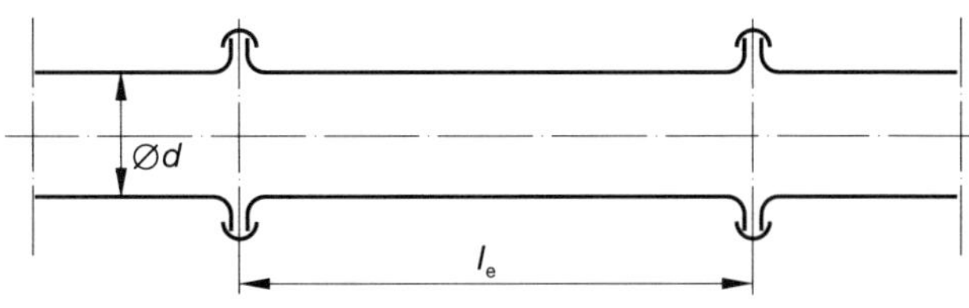

Bild 5.2
Runde Rohrleitung mit Falzverbindung

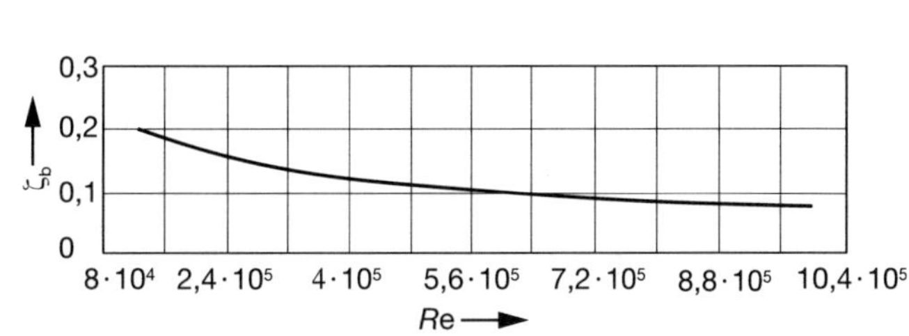

Bild 5.3
Widerstandsbeiwert der Falzverbindung

Der Beiwert λ muß korrigiert werden, wenn:

- ☐ Sicken, Falze oder Querschweißnähte vorhanden sind (Bild 5.2),
- ☐ die Länge l der Leitung unter ein bestimmtes Maß sinkt.

Vielfach wird in der Literatur der Wert $\lambda \cdot (l/d)$ bzw. $\lambda \cdot (l/d_h)$ als Widerstandsbeiwert ζ der Rohrleitung bezeichnet.

z Anzahl der Verbindungen
λ Rohrreibungszahl
l_e Längsabstand zweier nachfolgender Verbindungen
d Rohrinnendurchmesser
ζ_b Widerstandszahl der Falzverbindung nach Bild 5.3 [5.1]

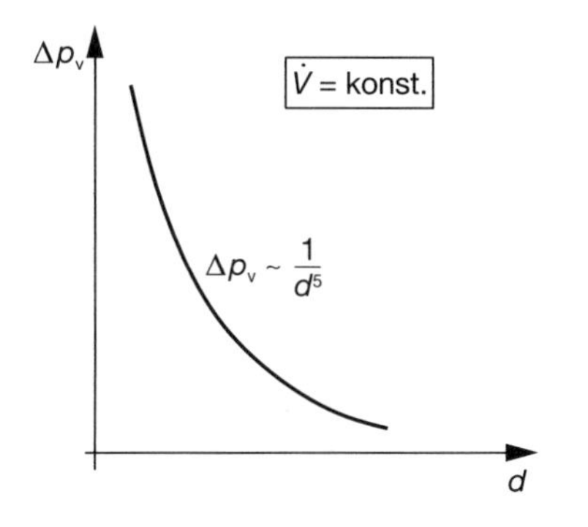

Bild 5.4 Druckverlust in Abhängigkeit des Kanaldurchmessers

Weitere Angaben über Rauhigkeitswerte, die Rohrreibungszahl λ und den Druckabfall in Winkelfalzrohren finden sich u. a. in [5.2].

Für Rohrleitungen mit Kreisquerschnitt wird noch auf zwei wichtige Zusammenhänge hingewiesen:

$$\Delta p_V = \lambda \cdot \frac{L}{d} \cdot \frac{\varrho}{2} \cdot w^2$$

mit: $$w = \frac{\dot{V}}{d^2 \cdot \frac{\pi}{4}}$$

$$\Delta p_V = \lambda \cdot \frac{L}{d} \cdot \frac{\varrho}{2} \cdot \frac{\dot{V}^2 \cdot 16}{d^4 \cdot \pi^2}$$

Nimmt man an, daß die Rohrreibungszahl λ unabhängig von der Reynoldszahl, d. h. unabhängig vom Volumenstrom ist, läßt sich obiger Ausdruck vereinfacht schreiben:

$$\Delta p_V = \text{konst.} \cdot \varrho \cdot \frac{L}{d^5} \cdot \dot{V}^2 \qquad \text{(Gl. 5.3)}$$

Der Druckverlust in einer Rohrleitung mit Kreisquerschnitt wächst linear mit der Dichte und der Rohrlänge sowie quadratisch mit dem Volumenstrom (Bild 5.4).

Er nimmt mit der 5. Potenz des Rohrdurchmessers ab (Bild 5.5).

Diese Aussage gilt auch für Toleranzen bzw. Unsicherheiten in den Angaben!

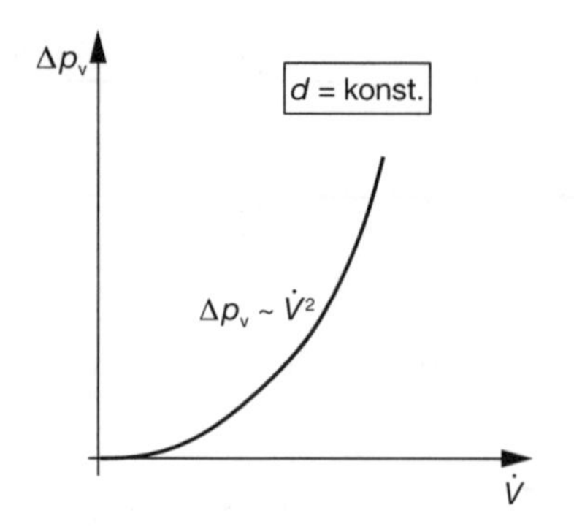

Bild 5.5 Druckverlust in Abhängigkeit vom Volumenstrom

5.3 Druckabfall in Formstücken

Das vereinfachte Widerstandsgesetz für Übergangs- und Formstücke, d. h. für sog. *Einzelwiderstände*, lautet:

$$\Delta p_V = \zeta \cdot \frac{\varrho}{2} \cdot w^2 \qquad \text{(Gl. 5.4)}$$

ζ Widerstandbeiwert

$\frac{\varrho}{2} \cdot w^2$ Staudruck an einer definierten Schnittstelle

Der Widerstandsbeiwert ζ hängt i. a. von der Makro- und Mikrogeometrie (Rauhigkeit), von der Reynoldszahl der Strömung sowie von den Zu- und Abströmbedingungen ab.

Als Beispiel ist der ζ-Wert von 90°-Krümmern mit Kreisquerschnitt in Bild 5.6 dargestellt (nach [5.4]). Die ζ-Werte könne u.a. aus [5.1 bis 5.6] entnommen werden.

Werden mehrere Rohreinbauelemente unmittelbar hintereinandergeschaltet, dürfen die ζ-Werte der einzelnen Elemente nicht einfach addiert werden, da die Zu- und Abströmverhältnisse nicht mehr denen der Versuchsbedingungen entsprechen, unter denen die ζ-Werte ermittelt wurden.

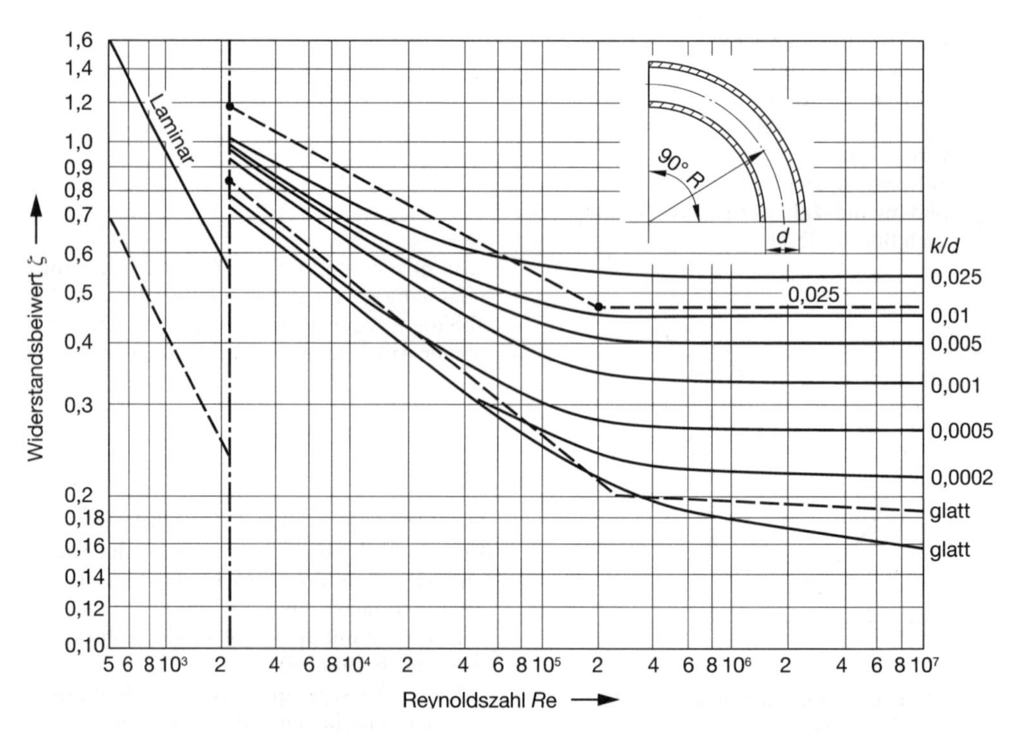

Bild 5.6 Gesamt-Widerstandsbeiwert eines Krümmers $R/d = 4$ —
$R/d = 1{,}5$ - - -

Bild 5.7
Veränderung des Widerstandsbeiwerts β_D von Diffusoren mit vorgeschalteten Bögen bei einem Querschnittsverhältnis A_1/A_2

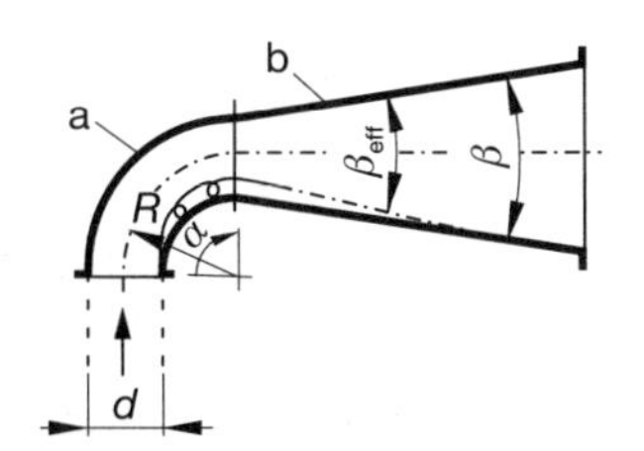

Störung des Geschwindigkeitsprofils am Diffusoreintritt
a vorgeschalteter Bogen mit dem Rohrdurchmesser d, dem Kümmungshalbmesser R und dem Bogenwinkel α
b Diffusor
β, β_{eff} geometrischer bzw. effektiver Öffnungswinkel

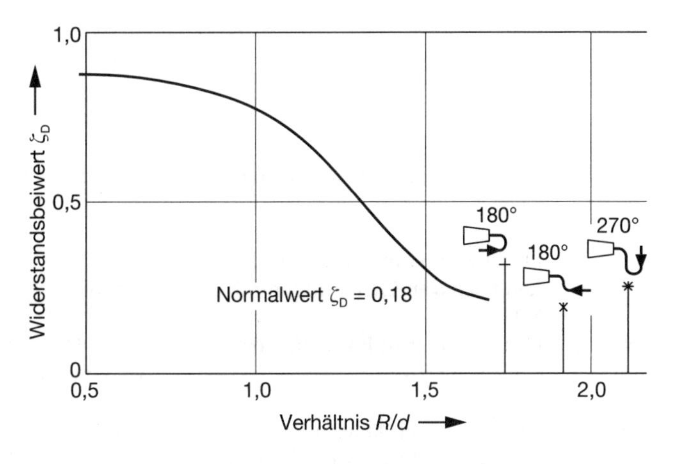

Veränderung des Widerstandsbeiwerts β_D von Diffusoren mit vorgeschalteten Bögen bei einem Querschnittsverhältnis $A_1/A_2 = 0,57$ und einem Öffnungswinkel $\beta = 11°$ bei Änderung des Verhältnisses R/d.
R, d Krümmungshalbmesser bzw. Rohrdurchmesser des Bogens

Für jede Kombination von Elementen müssen strenggenommen besondere Versuche zur Ermittlung des ζ-Wertes der Kombination durchgeführt werden.

In Bild 5.7 ist beispielsweise der Widerstandsbeiwert eines Diffusors mit vorgeschaltetem Krümmer dargestellt. Weitere Einzelheiten zum Thema kombinierte Strömungswiderstände finden sich u.a. in [5.7].

In den Tabellen 5.2 bis 5.7 sind die Widerstandsbeiwerte von lufttechnischen Anlagenbauelementen dargestellt ($Re > 10^4$).

5.4 Anlagenkennlinien

Betrachtet man den Druckverlauf in einer lufttechnischen Anlage (Bild 5.8), so erkennt man, daß der Gesamtdruckverlust Δp_{ges} die Summe aus Reibungsverlusten in geraden Rohrleitungsstücken und in Formstücken ist.

$$\Delta p_{ges} = \Sigma\, \Delta p_{Rohr} + \Sigma\, \Delta p_{Formstück} \quad \text{(Gl. 5.5)}$$

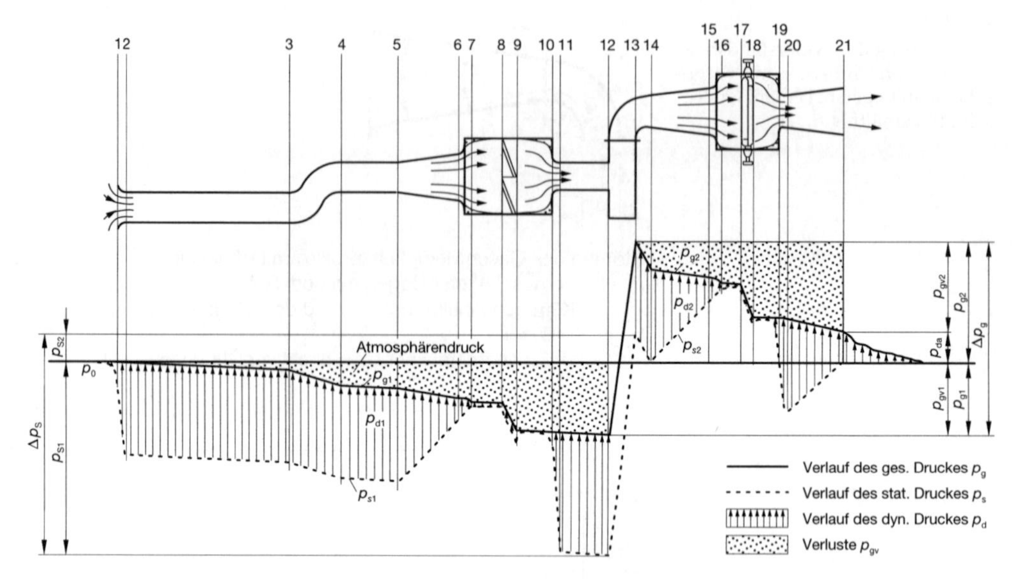

Bild 5.8 Schema des Druckverlaufs einer lufttechnischen Anlage

Δp_{Rohr} Druckverlust in geraden Rohrstükken nach den Gleichungen 5.1 und 5.2.

$\Delta p_{Formstück}$ Druckverlust in Formstücken nach Gleichung 5.4.

Unter Beachtung der bei Ableitung von Gleichung 5.3 gemachten Prämissen, kann Gleichung 5.5 auch als Funktion vom Volumenstrom ausgedrückt werden:

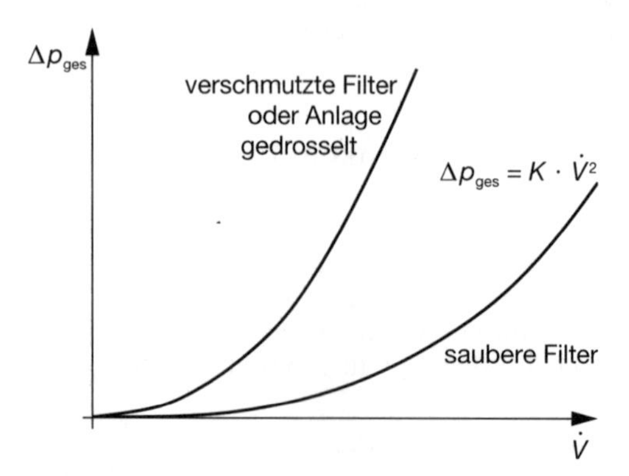

Bild 5.9 Änderung der Anlagenwiderstandskonstante durch Drosselung oder verschmutzte Filter

$$\Delta p_{ges} = K \cdot \dot{V}^2 \quad \text{(Gl. 5.6)}$$

K Anlagenwiderstandskonstante
$\dot{V}$ Volumenstrom

Bei kleinen Reynoldszahlen anteilig hohen Filterwiderständen ist der Exponent in Gleichung 5.6 etwas kleiner als 2.

Die graphische Darstellung dieser Gleichung ergibt die bekannte parabelförmige Anlagenkennlinie.

Die Anlagenwiderstandskonstante K ändert sich, wenn die Anlage gedrosselt wird, Filter verschmutzen oder große Dichteänderungen auftreten, desgleichen bei Veränderungen der Anlagengeometrie, z. B. Erweiterungsanbauten (Bild 5.9).

5.5 Optimierung von Luftkanälen

Bei Installation und Betrieb von Luftkanälen treten folgende Konstanten auf:

☐ *Investitionskosten* für Lieferung und Montage der Kanäle einschließlich Wärmedämmung und evtl. Schalldämpfung.

Tabelle 5.2 Widerstandsbeiwerte ζ bei Querschnittsänderungen

<table>
<tr><th>Nr.</th><th>Formstück (Strömungsbild)</th><th>ζ-Wert</th></tr>
<tr><td>1</td><td> 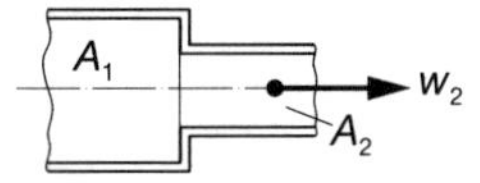plötzliche Querschnittsverengung</td><td>
<table>
<tr><th></th><th>A_2/A_1</th><th>0,2</th><th>0,4</th><th>0,5</th><th>0,6</th><th>0,7</th><th>0,8</th><th>0,9</th></tr>
<tr><td rowspan="3">Kante</td><td>scharf</td><td>0,4</td><td>0,35</td><td>0,3</td><td>0,2</td><td>0,15</td><td>0,1</td><td>0,02</td></tr>
<tr><td>gebrochen</td><td>0,15</td><td>0,1</td><td>0,08</td><td>0,06</td><td>0,05</td><td>0,04</td><td></td></tr>
<tr><td>gerundet</td><td>0,05</td><td>0,025</td><td>0,025</td><td>0,01</td><td></td><td></td><td></td></tr>
</table>
ζ bezogen auf w_2 !</td></tr>
<tr><td>2</td><td> 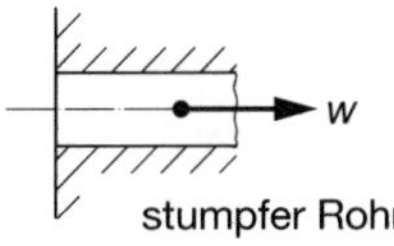stumpfer Rohrbeginn</td><td>
<table>
<tr><th>Kante</th><th>scharf</th><th>gebrochen</th><th>gerundet</th></tr>
<tr><td>ζ</td><td>0,4</td><td>0,2</td><td>0 bis 0,05</td></tr>
</table></td></tr>
<tr><td>3</td><td> 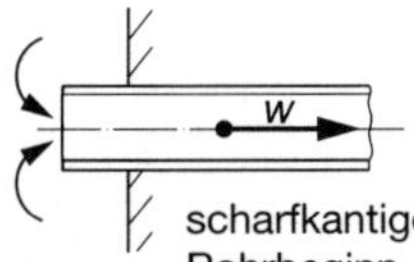scharfkantiger Rohrbeginn</td><td>kreisförmiger Querschnitt $\zeta = 1{,}0$
quadratischer Querschnitt $\zeta = 1{,}2$</td></tr>
<tr><td>4</td><td> 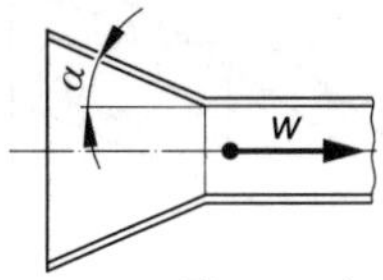Einströmkonus</td><td>Diagramm: ζ (0 … 1,0) über α [°] (0 … 90), Kurven für quadratischen und kreisförmigen Querschnitt</td></tr>
<tr><td>5</td><td> 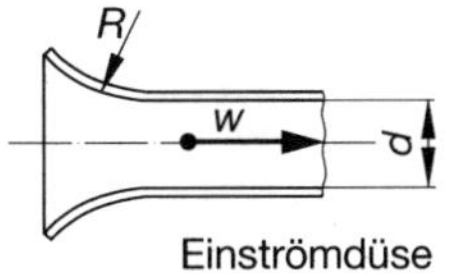Einströmdüse</td><td>
<table>
<tr><th>R/d</th><th>0,25</th><th>0,5</th><th>0,75</th><th>1,0</th></tr>
<tr><td>ζ</td><td>0,2</td><td>0,1</td><td>0,05</td><td>0,05</td></tr>
</table></td></tr>
<tr><td>6</td><td> 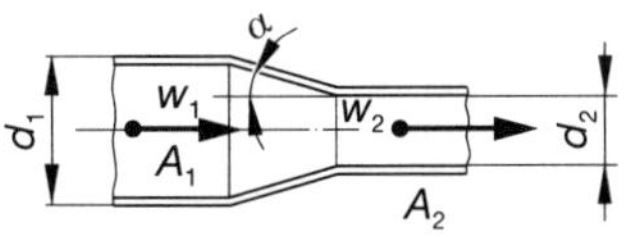allmähliche Verengung (Konfusor)</td><td>Diagramm: ζ (0 … 0,08) über d_1/d_2 (1,2 … 2,0), Kurven für $\alpha = 2°$, $\alpha = 3°$, $\alpha = 4°$, $\alpha = 10°$
ζ bezogen auf w_2 !</td></tr>
</table>

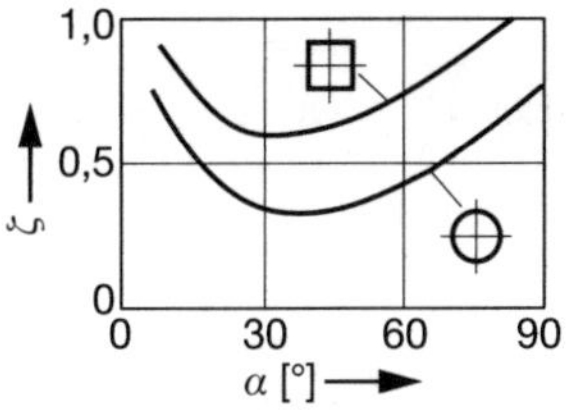

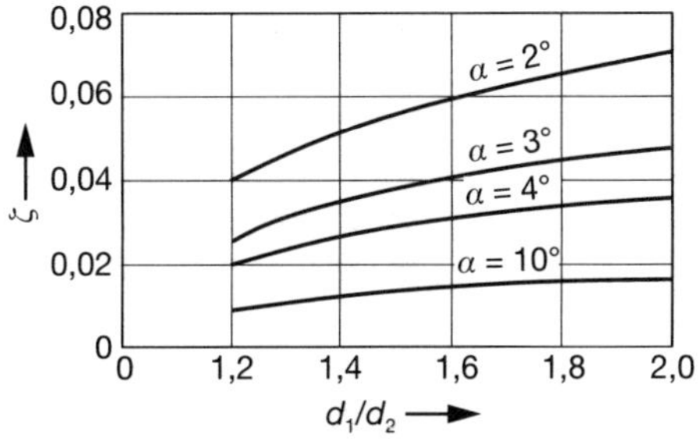

Tabelle 5.2 (Fortsetzung)

Nr.	Formstück (Strömungsbild)	ζ-Wert
7	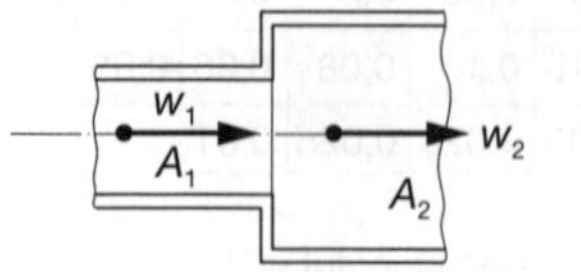 w_1, A_1, w_2, A_2 plötzliche Rohrerweiterung	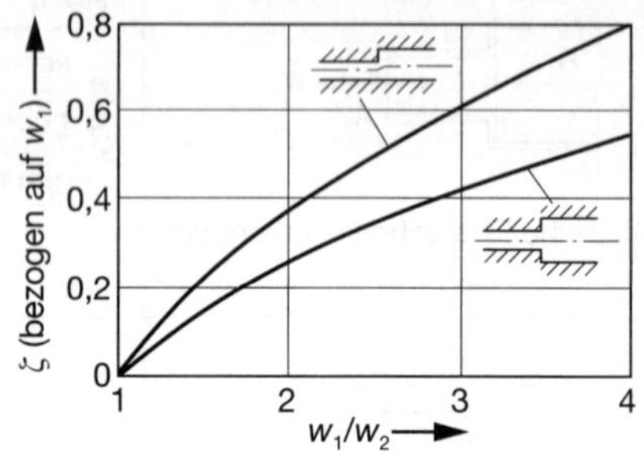 Diagramm: ζ (bezogen auf w_1) über w_1/w_2 (1 bis 4); ζ-Achse 0 bis 0,8
8	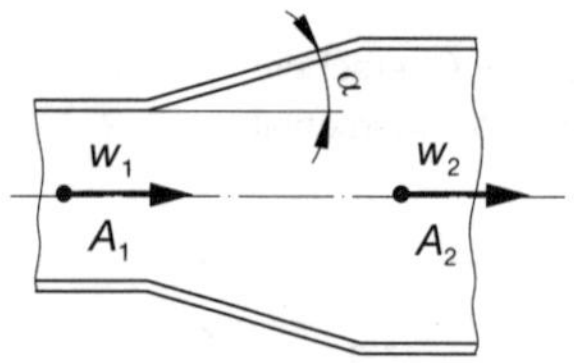 w_1, A_1, w_2, A_2, α symmetrisch allmähliche Erweiterung (Diffusor) 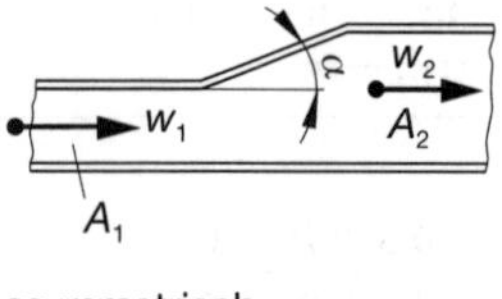 w_1, A_1, w_2, A_2, α asymmetrisch	bei $\alpha > 30°$: $\zeta = \left(1 - \frac{A_1}{A_2}\right)^2$ 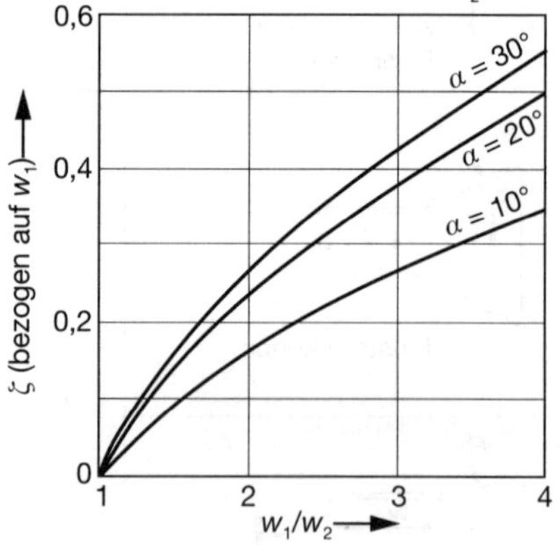 Diagramm: ζ (bezogen auf w_1) über w_1/w_2 (1 bis 4); ζ-Achse 0 bis 0,6; Kurven $\alpha = 30°$, $\alpha = 20°$, $\alpha = 10°$
9	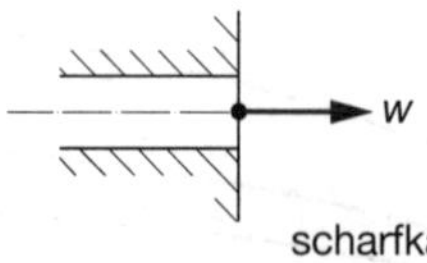 w scharfkantiger Austritt w 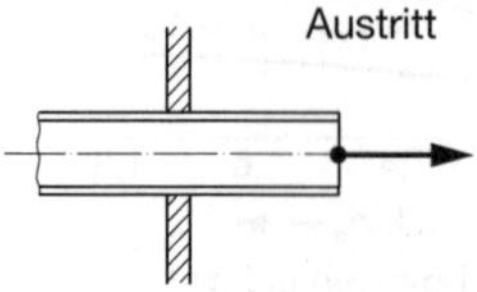	$\zeta = 1$

Tabelle 5.2 (Fortsetzung)

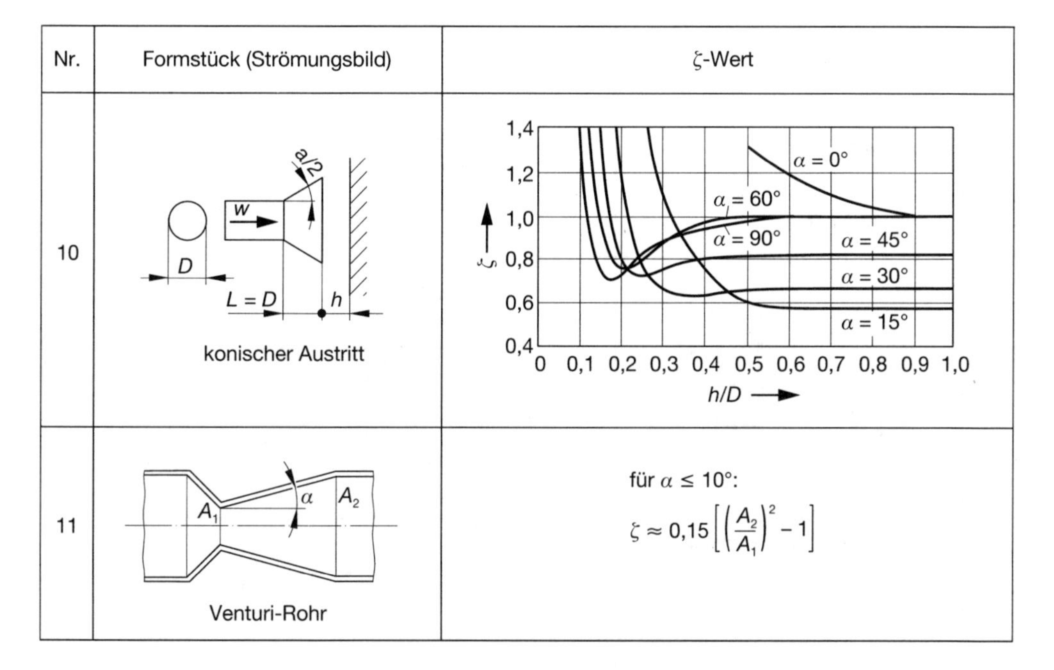

Nr.	Formstück (Strömungsbild)	ζ-Wert
10	konischer Austritt	(Diagramm: ζ über h/D für α = 0°, 15°, 30°, 45°, 60°, 90°)
11	Venturi-Rohr	für $\alpha \leq 10°$: $\zeta \approx 0{,}15 \left[\left(\frac{A_2}{A_1} \right)^2 - 1 \right]$

Diese Kosten setzen sich im wesentlichen aus Lohn- und Materialkosten zusammen.

- ☐ *Betriebskosten* sind in der Hauptsache Energiekosten (Stromkosten) für den Lufttransport. Auch in Zukunft muß mit steigenden Betriebskosten gerechnet werden!

Die *Gesamtkosten* sind die Summe aus Investitionskosten, d.h. Kapitalkosten für Abschreibung und Verzinsung sowie die Betriebskosten, die im wesentlichen Stromkosten sind.

Nach [5.8] lassen sich diese Stromkosten für den Lufttransport wie folgt berechnen:

$$E_K = 6 \cdot 10^{-4} \cdot \frac{\dot{V} \cdot \zeta \cdot w^2}{\eta_V} \cdot Z \cdot a_{EL} \qquad \text{(Gl. 5.7)}$$

E_K Stromkosten in DM/a.
$\dot{V}$ Volumenstrom in m^3/s
ζ Widerstandsbeiwert des Kanalstranges $\zeta = \lambda \cdot L/d$ bzw. $\lambda \cdot L/d_h$
w Luftgeschwindigkeit in m/s
η_V Ventilatorwirkungsgrad
Z jährliche Betriebsstundenzahl in h/a
a_{EL} Strompreis in DM/kWh

Die Kapitalkosten können wie folgt abgeschätzt werden:

$$A_K = A_o \cdot a \cdot a_K \qquad \text{(Gl. 5.8)}$$

A_K Kapitalkosten in DM/a
A_o Oberfläche des Kanalstücks, einschließlich Formstückanteil
a Annuitätsfaktor für Abschreibung und Verzinsung
a_K Flächenbezogener Kanalpreis in DM/m^2

Das dargestellte einfache Beispiel [5.8] ergibt eine kostenoptimale Strömungsgeschwindigkeit im Kanal von 7...8 m/s (Bild 5.10).

Weitere, ausführliche Informationen über die Optimierung von Luftkanälen finden sich in [5.3].

Tabelle 5.3 Widerstandsbeiwerte ζ bei Richtungsänderungen

Nr.	Formstück (Strömungsbild)	ζ-Wert
1	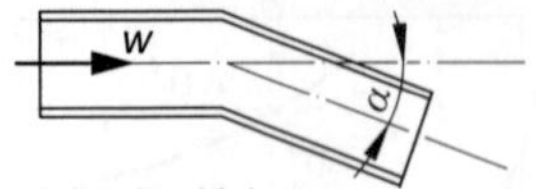 scharfes Knie	see table 1 below
2	scharfes 90°-Knie mit Rechteckquerschnitt	Diagramm: ζ über a/b (0 … 1,5)
3	Knie mit Leitblechen a) b)	a) see table 3 below b) Blechschaufeln ζ = 0,15...0,3 profilierte Schaufeln $\zeta \approx$ 0,1
4	90°-Krümmer a) b)	Diagramm: ζ über R/d bzw. R/a (0,5 … 4,0), Kurven a und b

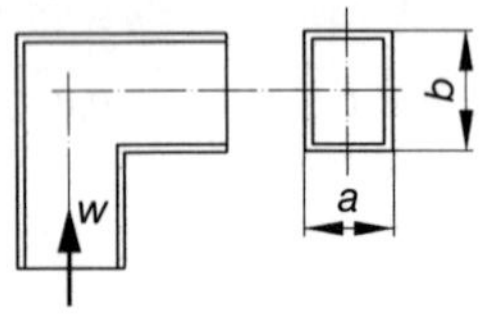

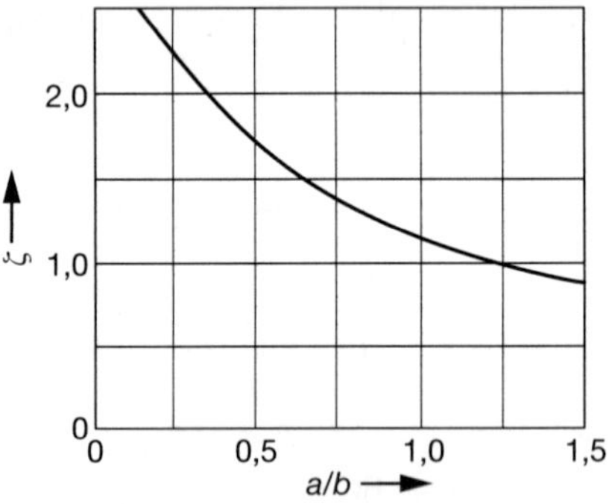

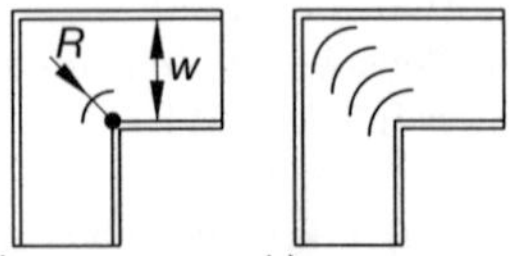

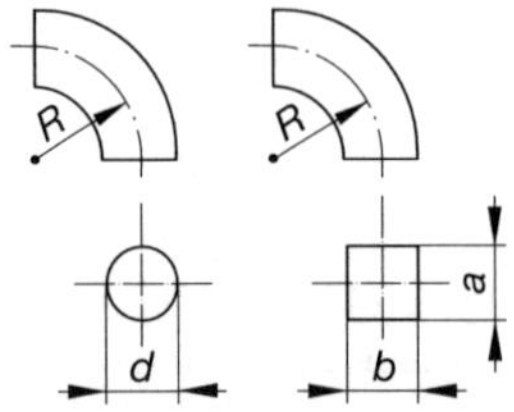

Nr. 1:

α	10°	15°	30°	45°	60°	90°
$\zeta_{\circ}$	0,05	0,07	0,22	0,4	0,7	1,3
$\zeta_{\square}$	0,1	0,2	0,4	0,7	0,95	1,5

Nr. 3 a):

R/W	0,2	0,4	0,6	0,8
ζ	0,7	0,6	0,7	1,1

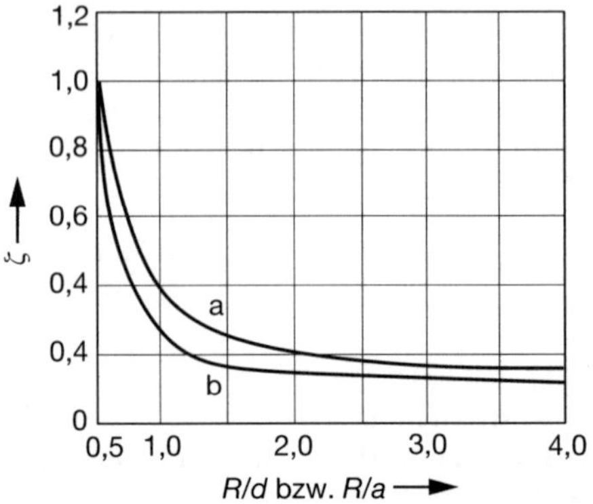

Tabelle 5.3 (Fortsetzung)

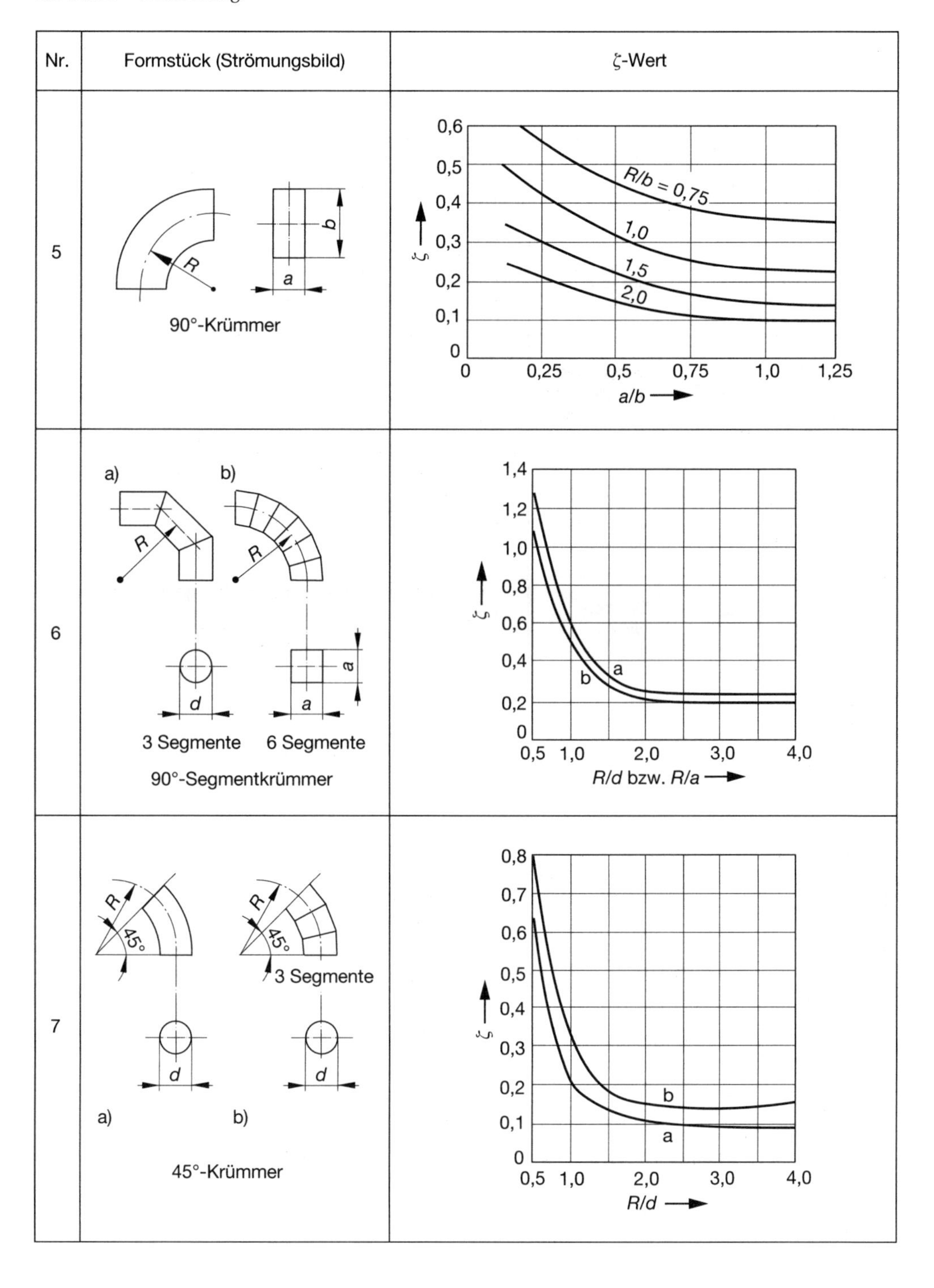

Tabelle 5.3 (Fortsetzung)

Nr.	Formstück (Strömungsbild)		ζ-Wert				
		Doppelwinkel 90° (2×)	*L*/*d*	1	2	3	4
			ζ	3,5	1,7	1,6	1,7
		Doppelbogen 90° (2×)	*r*/*d* = 1,5				
			L/*d* *L* =	0		*d*	
			ζ	0,3		0,2	
		Doppelknie 90° (2×) nahe beieinander	*L*/*d*	0	0,5	1	2
			ζ	0	1,6	1,9	2,1
		Doppelkrümmer 90° (2×)	Beide Richtungsänderungen um 180° gegeneinander versetzt.				
			r/*d*	1,5		2,0	
			ζ	0,4		0,2	
		Doppelwinkelkrümmer 90° (2×)	Beide Richtungsänderungen um 90° gegeneinander versetzt.				
			r/*d*	1,5		2,0	
			ζ	0,3		0,2	
		Ausbiegestück 90° (4×) mit	*r*/*d*	2	4	6	8
			ζ	0,6	0,4	0,2	0,1

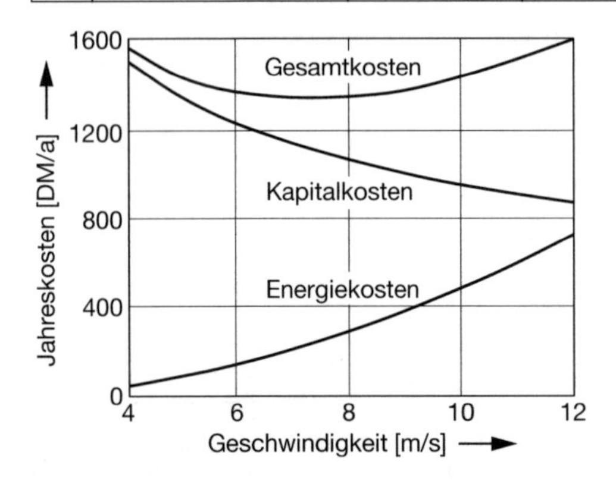

Bild 5.10 Energie- und Kapitalkosten eines Luftkanals (Beispiel)

Beispiel:
Volumenstrom $\dot{V} = 6{,}28\ \mathrm{m^3/s}$
Ventilatorwirkungsgrad $\eta_V = 0{,}7$
jährliche Betriebszeit $z = 3\,600\ \mathrm{h/a}$
Kanallänge $L = 40$ m
Nutzungsdauer 25 Jahre und
Zins 8% ergibt $a = 9{,}4\%$
Kanalpreis: $a_K = 95\ \mathrm{DM/m^2}$
Strompreis $a_{EL} = 0{,}25\ \mathrm{DM/kWh}$
Reibungswert $\lambda = 0{,}017$ (Bild 5.1)
Einzelwiderstände $\zeta_e = 0{,}32$

Tabelle 5.4 Widerstandsbeiwerte ζ bei Abzweigen

<table>
<tr><th>Nr.</th><th>Formstück (Strömungsbild)</th><th>ζ-Wert</th></tr>
<tr><td>1</td><td> 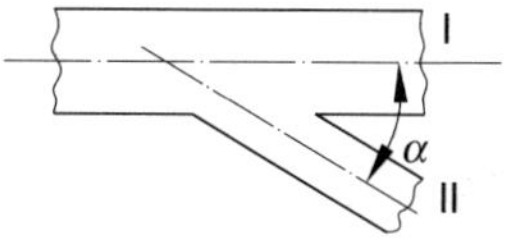I
α
II</td><td><table><tr><td>α</td><td>15°</td><td>30°</td><td>45°</td><td>60°</td></tr><tr><td>ζ_I</td><td>0</td><td>0</td><td>0</td><td>0</td></tr><tr><td>ζ_{II}</td><td>0,1</td><td>0,25</td><td>0,4</td><td>0,7</td></tr></table></td></tr>
<tr><td>2</td><td>d I
30°
r
$r = 2 \cdot d$
II</td><td>$\zeta_I = 0$
$\zeta_I = 0,6$</td></tr>
<tr><td>3</td><td>d I
r
II
$A_I = A_{II}$</td><td>$\zeta_I = 0$<table><tr><td>r/d</td><td>≈1,0</td><td>≥2</td><td>≥6</td></tr><tr><td>ζ_{II}</td><td>0,35</td><td>0,2</td><td>0,1</td></tr></table></td></tr>
<tr><td>4</td><td> 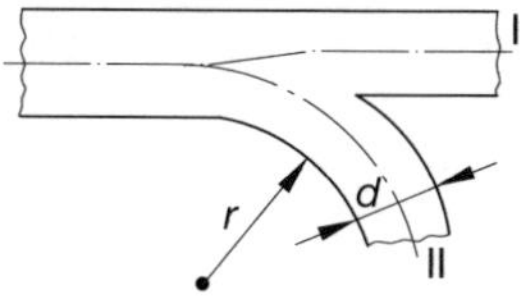I
d
r
II</td><td><table><tr><td>r/d</td><td>0</td><td>0,5</td><td>1</td><td>2</td><td>3</td><td>4</td></tr><tr><td>ζ_{II}</td><td>1,3</td><td>1,0</td><td>0,35</td><td>0,2</td><td>0,15</td><td>0,12</td></tr></table></td></tr>
<tr><td>5</td><td> 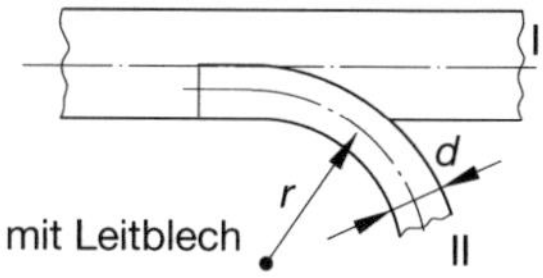I
d
r
mit Leitblech
II</td><td><table><tr><td>r/d</td><td>0</td><td>0,5</td><td>1</td><td>2</td><td>3</td><td>4</td></tr><tr><td>ζ_{II}</td><td>1</td><td>0,8</td><td>0,25</td><td>0,12</td><td>0,1</td><td>0,1</td></tr></table></td></tr>
<tr><td>6</td><td> 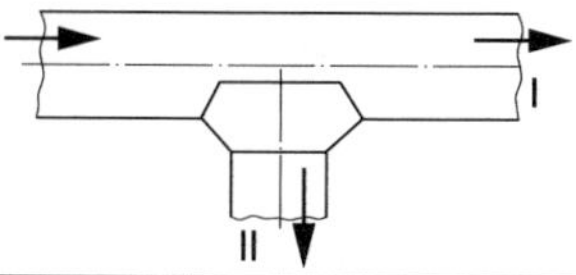I
II</td><td>$\zeta_I = 0$
$\zeta_{II} = 1,2$</td></tr>
<tr><td>7</td><td> 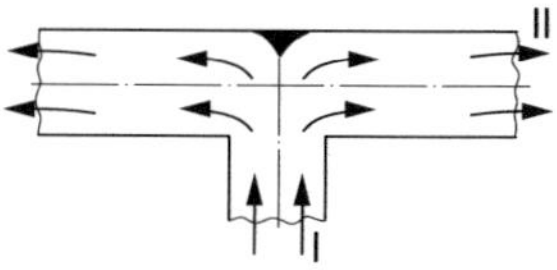II
I</td><td>$\zeta_{II} \approx 1,5$ ohne Leitbleche
$\zeta_{II} \approx 0,5$ mit Leitblechen</td></tr>
<tr><td>8</td><td> 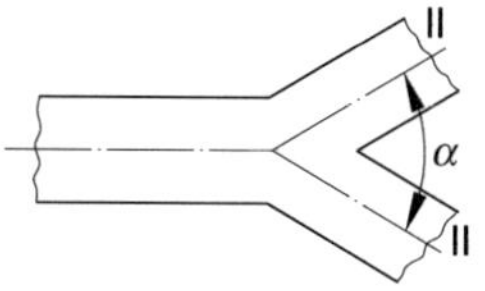II
α
II</td><td><table><tr><td>α</td><td>60°</td><td>120°</td></tr><tr><td>ζ_{II}</td><td>0,2</td><td>0,6</td></tr></table></td></tr>
</table>

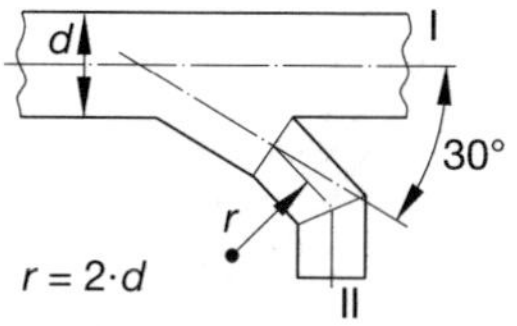

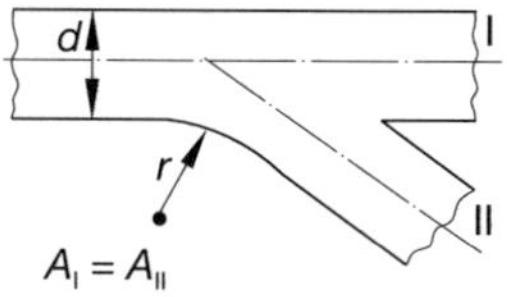

Tabelle 5.5 Widerstandsbeiwerte ζ von Gittern, Klappen und Schiebern

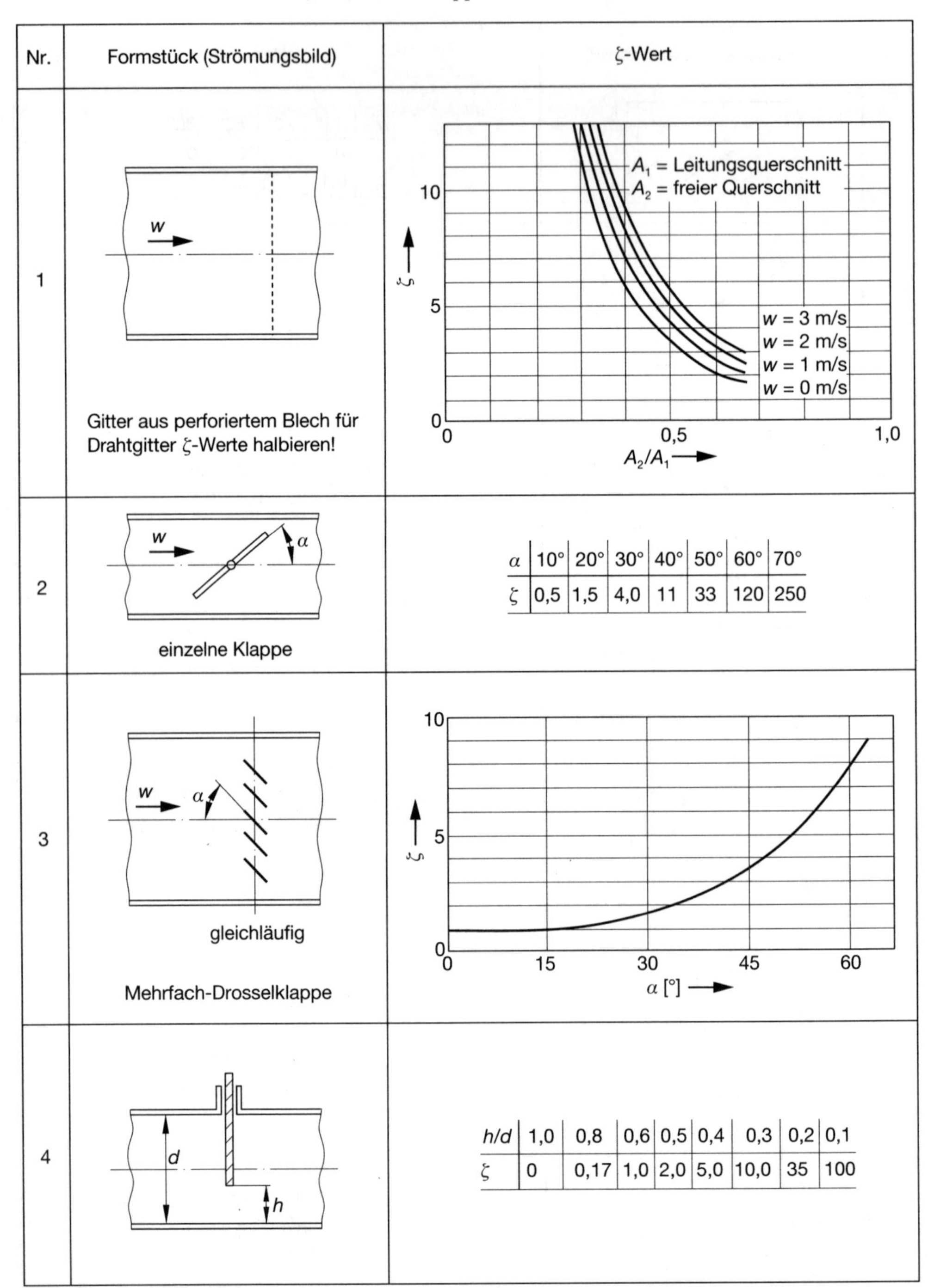

Nr.	Formstück (Strömungsbild)	ζ-Wert
1	Gitter aus perforiertem Blech für Drahtgitter ζ-Werte halbieren!	
2	einzelne Klappe	siehe Tabelle unten
3	Mehrfach-Drosselklappe	
4		siehe Tabelle unten

Nr. 2:

α	10°	20°	30°	40°	50°	60°	70°
ζ	0,5	1,5	4,0	11	33	120	250

Nr. 4:

h/d	1,0	0,8	0,6	0,5	0,4	0,3	0,2	0,1
ζ	0	0,17	1,0	2,0	5,0	10,0	35	100

Tabelle 5.6 Widerstandsbeiwerte ζ von besonderen Elementen

Nr.	Widerstandsform mit Strömungsquerschnitt	Benennung	ζ-Wert und Bemerkungen
1	w	Lochdecke	Bei Raumhöhe H ist die Ausblasgeschwindigkeit $w = H - 1$ in m/s ζ im Mittel[1]) | 1,8
2	w	Luftlenk- jalousien	Je nach Art (im Mittel[1])) | Streuung der Luft: ohne Streuung | in 1 Ebene | in 2 Ebenen ζ | 2,0 | 3,0 | 4,0
3	d	Deckenluft- verteiler (Anemostate)	Je nach Konstruktionsart im Mittel[1]): d | 100 | 200 | 300 | 400 ζ | 0,6 | 1,5 | 1,8 | 2,0
4	ζ_1 ζ_2	Druckkammer, kantig	$\zeta = \zeta_1 + \zeta_2$ | 0,7 + 0,6 = 1,3
5	30° ζ_1 ζ_2	Druckkammer, geschrägt	$\zeta = \zeta_1 + \zeta_2$ | 0,4 + 0,2 = 0,6
6	A_1 A_2	Strömungs- einbauten, längsgerichtet	A_2/A_1 | 0,1 | 0,2 | 0,3 | 0,4 | 0,5 ζ_1 | 0,7 | 1,0 | 1,8 | 2,9 | 4,0
7	A_1 A_2	Strömungs- einbauten, quergerichtet	A_2/A_1 | 0,1 | 0,2 | 0,3 | 0,4 | 0,5 ζ_1 | 0,2 | 0,4 | 0,75 | 1,3 | 2,0
8	A_1 A_2	Strömungs- einbauten, quergerichtet, tropfenförmig	A_2/A_1 | 0,1 | 0,2 | 0,3 | 0,4 | 0,5 ζ_1 | 0,07 | 0,15 | 0,35 | 0,6 | 0,9
9	w A a a = scharfkantig	Lüftungs- gitter, gestanzt (Bei Drahtgittern ist ζ etwa halb so groß)	Geschwindigkeit w ist bezogen auf den Gesamtquerschnitt A

w m/s	Freier Querschnitt a/A in % 10	20	30	40	50	60	70	80
0,5	110	30	12	6	3,6	2,3	1,8	1,4
1,0	120	33	13	6,8	4,1	2,7	2,1	1,6
1,5	128	36	14,5	7,4	4,6	3,0	2,3	1,8
2,0	134	39	15,5	7,8	4,9	3,2	2,5	1,9
2,5	140	40	16,5	8,3	5,2	3,4	2,6	2,0
3,0	146	41	17,5	8,6	5,5	3,7	2,8	2,1

[1]) Genaue Werte beim Hersteller erfragen

Tabelle 5.7 Widerstandsbeiwerte ζ von Hauben

<table>
<tr><th>Nr.</th><th>Formstück (Strömungsbild)</th><th>ζ-Wert</th></tr>
<tr><td>1</td><td>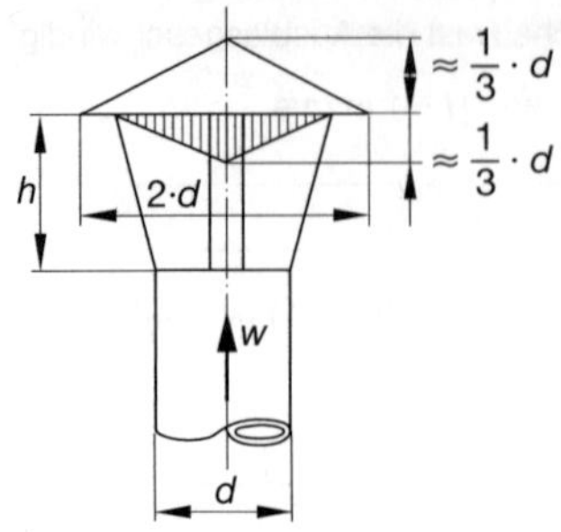

Wetterhaube</td><td>
<table>
<tr><th>h/d</th><th>1,0</th><th>0,75</th><th>0,7</th><th>0,65</th><th>0,6</th><th>0,55</th><th>0,5</th><th>0,45</th></tr>
<tr><td>ζ</td><td>1,1</td><td>1,18</td><td>1,22</td><td>1,3</td><td>1,41</td><td>1,56</td><td>1,73</td><td>2,0</td></tr>
</table>
</td></tr>
<tr><td>2</td><td>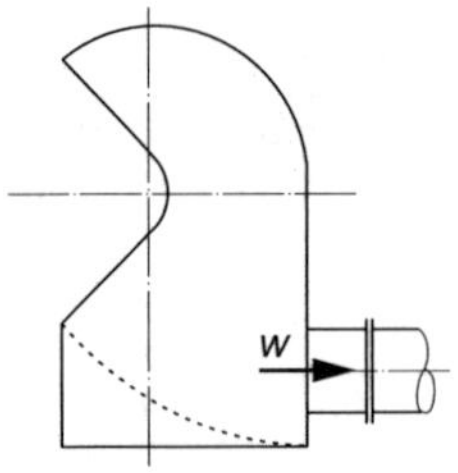

Saughaube für Schleifmaschinen</td><td>$\zeta \approx 0{,}5$ bis 1,0
je nach Ausführung
des Rohranschlusses</td></tr>
<tr><td>3</td><td>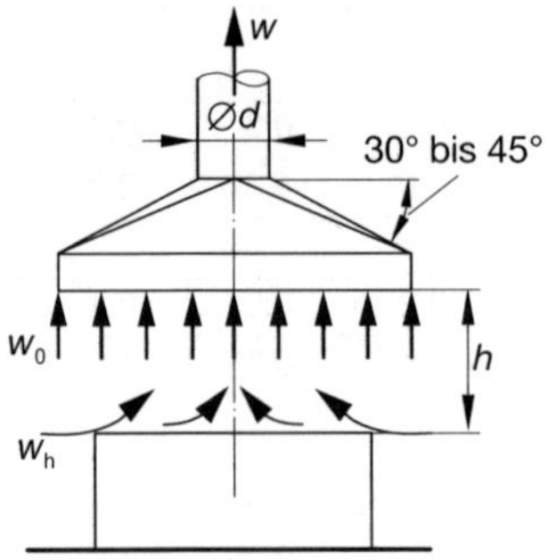

Saughaube</td><td>$\frac{w_0}{w_h} \approx 1{,}4 \cdot \frac{U}{A_0} \cdot h$
U = Umfang der Haube
A_0 = Eintrittsquerschnitt
$\frac{w}{w_0} = \frac{A_0}{d^2 \frac{\pi}{4}}$
$\Delta p_v = \zeta \cdot \frac{\varrho}{2} \, w^2$
$\zeta \approx 0{,}05...0{,}15$</td></tr>
</table>

Lösung:

Luftgeschwindigkeit	w	m/s	4	6	8	10	12
Rohrdurchmesser	d	m	1,41	1,15	1,00	0,89	0,82
Kanaloberfläche	A_0	m²	177,7	145,1	125,6	112,4	102,6
Kapitalkosten	A_K	DM/a	1503	1227	1063	951	868
$\zeta = \lambda \cdot L/d + \zeta_e$		–	0,80	0,91	1,00	1,08	1,15
Stromkosten	E_K	DM/a	55	141	276	465	715
Gesamtkosten $E_K + A_K$		DM/a	1558	1368	1338	1416	1583

Das Ergebnis ist in Bild 5.10 dargestellt. Es zeigt, daß der wirtschaftlichste Kanal bei d = 1 m mit w = 8 m/s liegt. Das Ergebnis muß eventuell akustisch überprüft werden.

5.6 Leitungsnetze

Zur Berechnung des Druckverlustes ganzer Leitungsnetze wird folgendes Verfahren empfohlen.

- Hauptstrang
  Man bezeichnet den Leitungsverlauf vom entlegensten Ansaugepunkt bis zum Ventilator und von diesem bis zum äußersten Ausblaspunkt als Hauptstrang. In diesen ein- und ausmündende Nebenstränge bleiben zunächst unberücksichtigt.
- Einzelstränge
  Den Hauptstrang unterteilt man in Einzelstränge von gleichem Durchmesser und ermittelt für diese gleichen Durchmesser die Druckverluste.
- Nebenstränge
  Die Nebenstränge haben auf den Druckabfall des Hauptstranges keinen Einfluß mehr, weil sie dem statischen Druck des Hauptstranges angepaßt werden müssen.
- Austrittsverluste
  Die Luft verläßt mit einer Geschwindigkeit w_a das Netz. Die Geschwindigkeitsenergie ist verloren und der entsprechende Druck ist
  $p_d = \frac{\varrho}{2} \cdot w_a^2$

5.7 Ermittlung vom Gesamtdruckverlust

Zur Berechnung des benötigten Gesamtdrukkes einer lufttechnischen Anlage müssen alle auftretenden Verluste (Strömungswiderstände) auf der Saug- und Druckseite des Ventilators addiert werden.

$$p_t = \Sigma p_R + \Sigma p_U + \Sigma p_G + p_{dA} \qquad \text{(Gl. 5.9)}$$

p_R Rohrreibungswiderstände
p_U Umlenkungswiderstände
p_G Gerätewiderstände
p_{dA} dynamischer Druck im Ausblasquerschnitt der Anlage

Es ist zweckmäßig, die lüftungstechnische Anlage in einzelne Teilabschnitte aufzugliedern und die Strömungswiderstände in jedem Teilabschnitt zu bestimmen. Solche Teilabschnitte werden z.B. gebildet durch Luftein- und -austrittsgitter, Filter, Wärmetauscher, Schalldämpfer, Kanalabschnitte, Kanalumlenkungen und -abzweigungen.

5.7.1 Rohrleitungswiderstände

Die Rohrleitungswiderstände setzen sich aus den Reibungswiderständen und den Druckverlusten bei Umlenkungen, Abzweigungen und Querschnittsänderungen zusammen.

5.7.1.1 Reibungswiderstand p_R

Für übliche Lüftungsanlagen lassen sich die Reibungswiderstände aus dem Bild 5.11 ermitteln. Bei Kanälen mit rundem oder quadratischem Querschnitt kann der Reibungswiderstand unmittelbar aus der bekannten Luftmenge und Querschnittsfläche des Kanals bestimmt werden:

Der Reibungswiderstand je m Kanallänge wird auf der Skala für p_r als Schnittpunkt mit der zwischen den Skalen «$\dot{V}$» und «A» gelegten geraden Verbindungslinie abgelesen.

Handelt es sich jedoch um einen Kanal mit rechteckigem Querschnitt, muß zunächst die

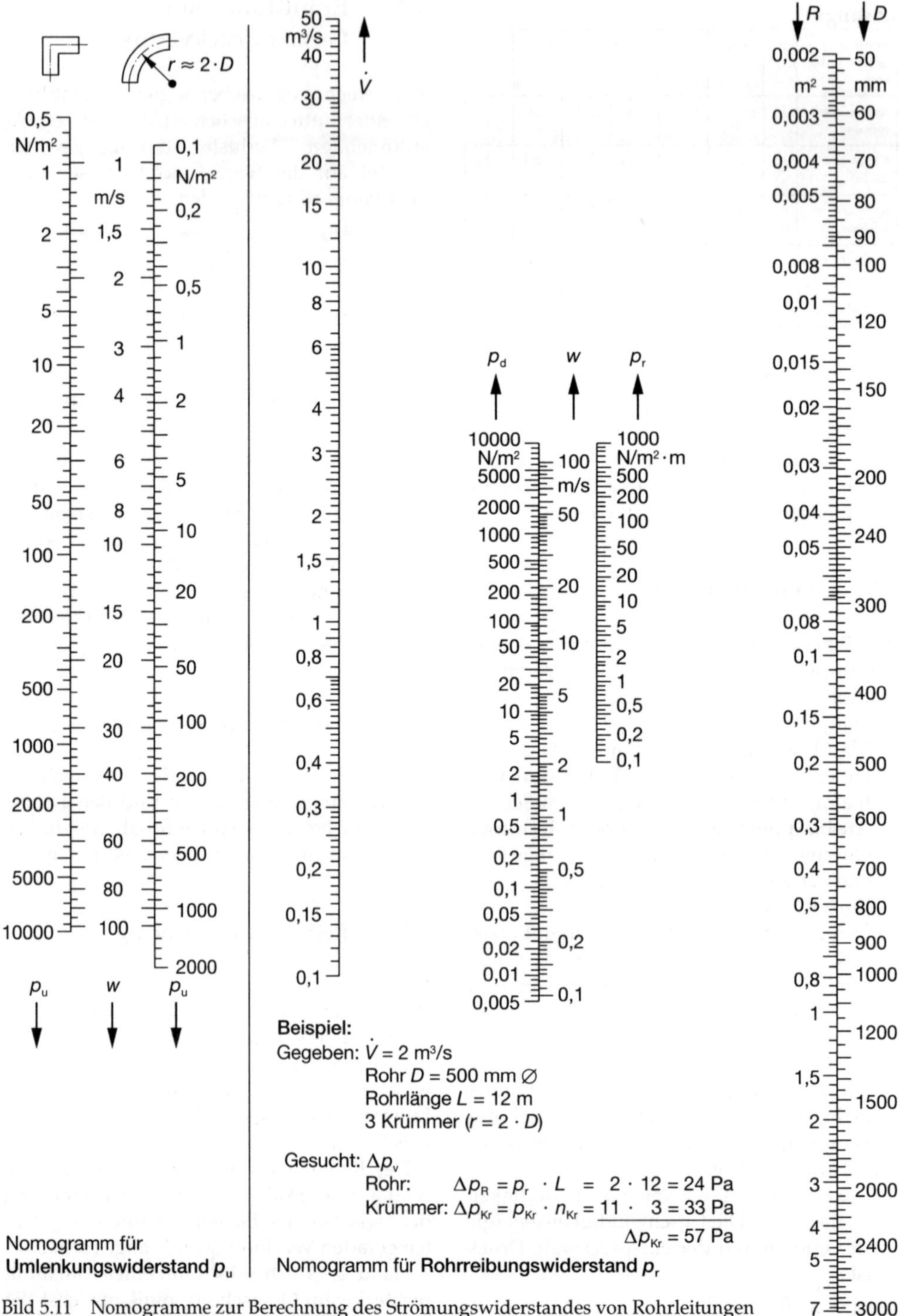

Bild 5.11 Nomogramme zur Berechnung des Strömungswiderstandes von Rohrleitungen bzogen auf Luft bei 20 °C und 1013 mbar

Luftgeschwindigkeit auf der Skala für w als Schnittpunkt mit der genannten Geraden bestimmt werden. Dann kann der Reibungswiderstand auf der Skala für p_r als Schnittpunkt mit der zwischen den Skalen «w» und «D» gelegten geraden Verbindungslinie abgelesen werden, wobei für D der hydraulische Durchmesser D_h mit

$$D_h = \frac{2 \cdot a \cdot b}{a + b} \text{ gewählt wird} \qquad \text{(Gl. 5.10)}$$

a, b Seitenlänge der Querschnittsfläche in m

Die Werte gelten für glatte Rohrleitungen aus Stahlblech. Bei einem anderen Material sind sie mit folgenden Faktoren zu multiplizieren:
etwa 1,5 bei Holzkanälen
etwa 2 bei gemauerten oder betonierten Kanälen
etwa 5 bei Wellschläuchen

Der Rohrreibungswiderstand ist dann

$$p_R = \Sigma\,(p_r \cdot L) \text{ Pa (N/m}^2\text{)} \qquad \text{(Gl. 5.11)}$$

L Kanalabschnitt in m
p_r spezifischer Reibungswiderstand in $(N/m^2)/m$
p_R gesamter Reibungswiderstand in N/m^2

Die genauere Berechnung der Rohrreibungswiderstände kann gemäß Tabelle 5.1 erfolgen:

$$p_R = \lambda \cdot \frac{L}{D} \cdot \frac{\varrho}{2} \cdot w^2 \text{ Pa} \qquad \text{(Gl. 5.12)}$$

Hierin ist λ die Rohrreibungszahl, die aus Bild 5.1 entnommen werden kann und eine Funktion von $\lambda = f\,(Re \text{ und } d/k)$ darstellt, wobei k die Rohrrauhigkeit (in mm bzw. m) ist.

5.7.1.2 Reynoldszahl

$$Re = \frac{w \cdot d}{\nu} \qquad \text{(Gl. 5.13)}$$

ν kinematische Viskosität (Luft bei + 20 °C und 1 bar: $\nu = 15 \cdot 10^{-6}$ m²/s)

Für Blechleitungen kann mit genügender Genauigkeit λ bestimmt werden aus (bei turbulenter Strömung):

$$\lambda = 0{,}0072 + \frac{0{,}61}{Re^{0{,}35}} \qquad \text{(Gl. 5.14)}$$

Etwa untere Grenze der Re-Zahl in Luftleitungen bei 20 °C und $w = 1$ m/s sowie $d =$ 100 mm:

$$Re = \frac{w \cdot d}{\nu} = \frac{1 \cdot 0{,}1}{15 \cdot 10^{-6}} = 6\,670 = \text{turbulent}$$

Somit kann für Luftleitungen üblicherweise immer mit turbulenter Strömung gerechnet werden!

5.7.1.3 Umlenkungswiderstände p_U

Diese Druckverluste treten bei Umlenkungen, Abzweigungen und Querschnittsänderungen auf.

Für einfache Anlagen könne die Widerstände von Krümmern aus Bild 5.11 entnommen werden. Zwischenwerte sind zu interpolieren. Für besondere Anlagen s. Tabellen 5.1 bis 5.6 für die Widerstandsbeiwerte von Abzweigungen und Querschnittsänderungen usw. Der Strömungswiderstand ergibt sich aus der Formel:

$$p_U = \Sigma\,(\zeta \cdot p_d) \qquad \text{(Gl. 5.15)}$$

ζ Widerstandszahl
p_d dynamischer Druck an der Stelle des Widerstandes

$$p_d = \frac{\varrho}{2} \cdot w^2 \qquad \text{(Gl. 5.16)}$$

Bei Normalzustand der Luft (t = 15 °C und $\varrho = 1{,}23$ kg/m³) gilt:

$$p_d = \frac{w_x^2}{1{,}6} \text{ N/m}^2$$

w_x Strömungsgeschwindigkeit an der Stelle des Widerstandes.

5.7.2 Gerätewiderstände

Die Strömungswiderstände sind im allgemeinen in den Auswahltabellen der Hersteller zusammen mit einem Volumenstrom (Nennvolumenstrom) genannt. Zur Umrechnung auf eine abweichende Luftmenge gilt:

$$p_{G_1} \approx p_{G_2} \cdot \left(\frac{\dot{V}_2}{\dot{V}_1}\right)^2 \qquad \text{(Gl. 5.17)}$$

Für eine Überschlagsrechnung genügen folgende Werte:

Gerät		Strömungswiderstand p_G N/m²
Wetterschutzgitter		20... 40
Filter (nicht Zyklon)	im sauberen Zustand im verschmutztem Zustand	40... 60 150...200
Hochleistungsfilter	im sauberen Zustand im verschmutztem Zustand	80...100 250...300
Elektrofilter		20... 40
Zyklone		500...750
Wärmeaustauscher (Kühler, Erhitzer)		100...150
Schalldämpfer		40... 80

Die Widerstandsbeiwerte können auch von der Einbauart abhängig sein, s. hierzu Bild 5.12.

5.7.3 Ausblasverlust

Neben dem statischen Druck ist auch die Beachtung des dynamischen Druckanteils von Bedeutung, weil dieser unmittelbar einer Verlustleistung gleichkommt. Es ist die Strömungsenergie, die beim Übergang der Luft aus der Anlage in die Atmosphäre verlorengeht. Der maßgebliche p_d-Anteil ergibt sich also aus der Luftaustrittsgeschwindigkeit w_A:

$$p_{dA} = \frac{\varrho}{2} \cdot w_A^2 \qquad \text{(Gl. 5.18)}$$

Um diesen p_{dA}-Anteil der Luft am Austritt klein zu halten, werden in vielen Fällen Diffusoren nachgeschaltet. Diese senken durch Querschnittserweiterung die Austrittsgeschwindigkeit und somit p_d. Der Druckrückgewinn kann zur Überwindung der Anlagenwiderstände mit herangezogen werden.

Ein Formblatt für die Widerstandsberechung gemäß Tabelle 5.8 erleichtert die Berechnung.

In Tabelle 5.9 sind die wichtigsten Kenngrößen für die Druckverlustberechnung aufgeführt.

Beispiel:
Für das Leitungsnetz gemäß Bild 5.13 sollen die Rohrdurchmesser und Widerstände des Hauptstranges berechnet werden.

Verlangte Volumenströme:
Absaugstelle 1: 1,0 m³/s
1 a: 0,8 m³/s
1 b: 2,0 m³/s

Die Auswertung erfolgt zweckmäßig in Tabellenform (s. Tabelle 5.10).

Zu Spalte 6: Die Durchmesser sollen nach der Normzahlenreihe R 20 abgestuft werden.

Die Stromvereinigungen 4 und 7 in Bild 5.13 müssen auf die errechneten stat. Drücke von – 4,19 bzw. –6,41 abgestimmt werden.

Die stat. Drücke errechnen sich wie folgt:

Saugseite:
Querschnitt 4: – 2,62 – 1,57 = – 4,19
7: – 2,62 – 2,22 – 1,99 = – 6,83
8: – 2,62 – 2,22 – 0,39 – 2,23 = – 7,46

Druckseite:
Querschnitt 9: 0,56 + 1,25 – 2,23 = –0,42

Die Diffusorverluste werden nach Abschnitt 6.3.2 ermittelt. Durch den Rückgewinn des Diffusors wird der stat. Druck in diesem Beispiel auch am Ventilatorausblas negativ.

Es ist nun der Gesamtwiderstand

$$p_{r_i} = 2{,}62 + 2{,}22 + 0{,}39 + 1{,}25 + 0{,}56 = \underline{7{,}04 \text{ mbar}}$$

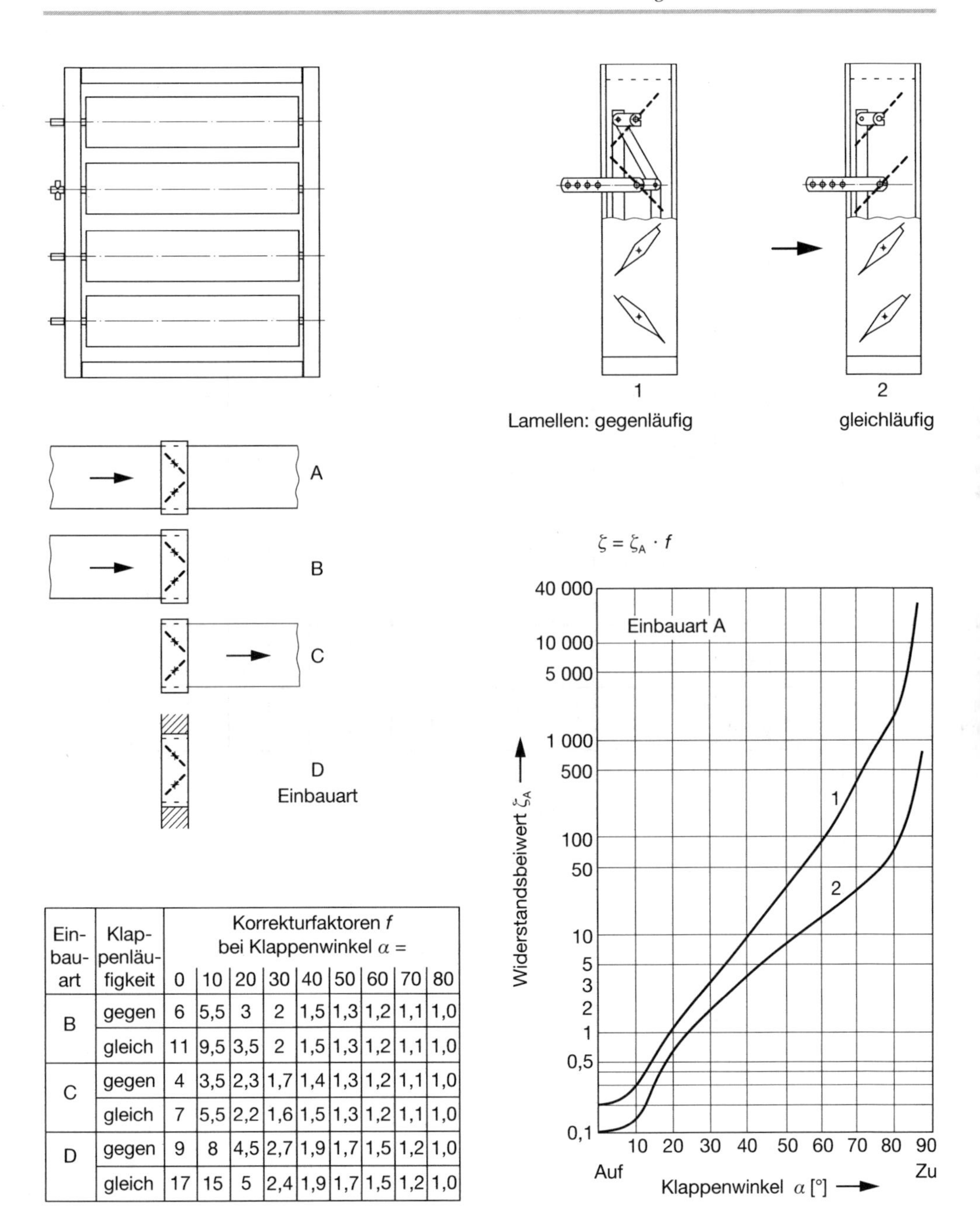

Einbauart	Klappenläufigkeit	Korrekturfaktoren f bei Klappenwinkel α =								
		0	10	20	30	40	50	60	70	80
B	gegen	6	5,5	3	2	1,5	1,3	1,2	1,1	1,0
	gleich	11	9,5	3,5	2	1,5	1,3	1,2	1,1	1,0
C	gegen	4	3,5	2,3	1,7	1,4	1,3	1,2	1,1	1,0
	gleich	7	5,5	2,2	1,6	1,5	1,3	1,2	1,1	1,0
D	gegen	9	8	4,5	2,7	1,9	1,7	1,5	1,2	1,0
	gleich	17	15	5	2,4	1,9	1,7	1,5	1,2	1,0

Bild 5.12 Widerstandsbeiwerte ζ von Jalousieklappen in Abhängigkeit von der Ausführung, ob gleich- oder gegenläufig, sowie von der Einbauart (Fa. TROX)

Tabelle 5.8 Formblatt für die Widerstandsberechnung

Berechnung für:

Teil	Benennung	ϑ	ϱ	L	$a \times b$, D	A	$\dot{V}$	w	p_d	λ	Korrektur-Faktor c	p_r	$L \cdot c \cdot p_r$	ξ	Δp_ξ	$\Delta p_v = \Delta p_\xi + L \cdot c \cdot p_r$
–		°C	kg/m³	m	mm × mm, mm	m²	m³/h	m/s	Pa	–	–	Pa/m	Pa	–	Pa	Pa

$\sum \Delta p_v =$ Pa

Tabelle 5.9 Hilfstabellen für die schnelle Druckverlustbestimmung

Geschwindigkeitsermittlung:

d_i[1)]	$\dot{V}$ bei $\overline{w} = 10$ m/s	$\dot{V}$ bei $\overline{w} = 20$ m/s	$\dot{V}$ bei $\overline{w} = 30$ m/s
mm	m³/h	m³/h	m³/h
100	282,6	565,2	847,8
112	356,4	712,8	1 069,2
125	442,8	885,6	1 328,4
140	554,4	1 108,8	1 663,2
160	720	1 440	2 160
180	914,4	1 828,8	2 743,2
200	1 130	2 260	3 390
224	1 418	2 836	4 254
250	1 764	3 528	5 292
280	2 196	4 392	6 588
315	2 804	5 608	8 412
355	3 564	7 128	10 692
400	4 536	9 072	13 608
450	5 724	11 448	17 172
500	7 056	14 112	21 168
560	8 856	17 712	26 568
630	11 232	22 464	33 696
710	14 256	28 512	42 768
800	18 000	36 000	54 000
900	22 896	45 792	68 688
1000	28 260	56 520	84 780
1120	35 460	70 920	106 380
1250	44 172	88 344	132 516
1400	55 440	110 880	166 320
1600	72 360	144 720	217 060
1800	91 440	182 880	274 320
2000	113 040	226 080	339 120

[1] Kanalinnendurchmesser nach Normreihe

Dynamischer Druck für Luft ($\varrho = 1{,}2$ kg/m³):

w	p_d	w	p_d	w	p_d
m/s	mbar	m/s	mbar	m/s	mbar
1,0	0,006	17,5	1,84	43	11,1
1,5	0,0135	18,0	1,94	44	11,6
2,0	0,024	18,5	2,05	45	12,2
2,5	0,0375	19,0	2,17	46	12,7
3,0	0,054	19,5	2,28	47	13,3
3,5	0,0735	20,0	2,40	48	13,8
4,0	0,096	20,5	2,52	49	14,4
4,5	0,122	21,0	2,65	50	15,0
5,0	0,15	21,5	2,77	52	16,2
5,5	0,182	22,0	2,90	54	17,5
6,0	0,216	22,5	3,04	56	18,8
6,5	0,254	23,0	3,17	58	20,2
7,0	0,294	23,5	3,31	60	21,6
7,5	0,338	24,0	3,46	62	23,1
8,0	0,384	24,5	3,60	64	24,6
8,5	0,434	25,0	3,75	66	26,1
9,0	0,486	26,0	4,06	68	27,7
9,5	0,542	27,0	4,37	70	29,4
10,0	0,6	28,0	4,70	72	31,1
10,5	0,662	29,0	5,05	74	32,9
11,0	0,726	30,0	5,40	76	34,7
11,5	0,794	31,0	5,77	78	36,5
12,0	0,864	32,0	6,14	80	38,4
12,5	0,938	33,0	6,53	82	40,3
13,0	1,01	34,0	6,94	84	42,3
13,5	1,09	35,0	7,35	86	44,4
14,0	1,18	36,0	7,78	88	46,5
14,5	1,26	37,0	8,21	90	48,6
15,0	1,35	38,0	8,66	92	50,8
15,5	1,44	39,0	9,13	94	53,0
16,0	1,54	40,0	9,60	96	55,3
16,5	1,63	41,0	10,1	98	57,6
17,0	1,73	42,0	10,6	100	60,0

Druckverlustberechnung: $\Delta p = \Sigma \zeta \cdot \frac{\varrho}{2} \cdot \overline{w}^2$

$$w = \sqrt{\frac{2 \cdot p_{dyn}}{\varrho}}\ (\text{m/s}) \quad \text{oder} \quad = \sqrt{\frac{2 \cdot \Delta p}{\varrho \cdot \Sigma\zeta}}\ (\text{m/s})$$

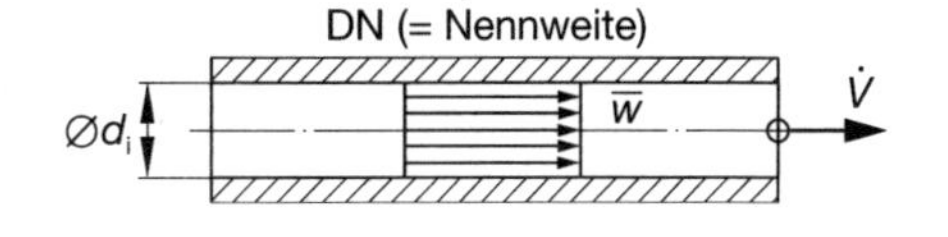

Wirtschaftliche Geschwindigkeiten in Hauptrohrleitungen:

Anhaltswert für Luft: $\overline{w} \approx \sqrt{d_i}$ m/s mit d_i in mm

Umrechnung von Druckeinheiten:

	N/m ≙ Pa	kPa	mbar	bar
1 N/m² ≙ 1 Pa	1	0,001	0,01	0,00001
1 kPa	1 000	1	10	0,01
1 mbar	100	0,1	1	0,001
1 bar	100 000	100	1000	1

1 Torr = 1 mmHg = 1,33322 mbar = 133,32 Pa
1 mmWS 1 kp/m² 9,81 Pa 0,0981 mbar
(10 Pa 0,1 mbar)
1 Pa 0,102 mmWS 0,102 kp/m² 0,01 mbar
(0,1 mmWS)
1 mbar 100 Pa 10,2 mmWS 10,2 kp/m²
(10 mmWS)

Tabelle 5.9 (Fortsetzung)

Für Luft	ϑ_L (°C)																									
	0	20	40	60	80	100	120	140	160	180	200	220	240	260	280	300	320	340	360	380	400	500	600	700	800	900	1000	1200
ϱ kg/m³	1,29	1,20	1,12	1,06	1,00	0,94	0,90	0,85	0,81	0,78	0,74	0,71	0,69	0,66	0,64	0,61	0,59	0,57	0,56	0,54	0,52	0,46	0,40	0,36	0,33	0,30	0,28	0,24
$f_\varrho = \varrho/\varrho_{20°}$	1,08	1,00	0,93	0,88	0,83	0,78	0,75	0,71	0,68	0,65	0,62	0,59	0,58	0,55	0,53	0,50	0,49	0,48	0,47	0,45	0,43	0,38	0,33	0,30	0,28	0,25	0,23	0,20
$f_\vartheta = \frac{\vartheta_L + 273}{273}$	1,00	1,07	1,15	1,22	1,29	1,37	1,44	1,51	1,59	1,66	1,73	1,81	1,88	1,95	2,03	2,10	2,17	2,25	2,32	2,39	2,47	2,83	3,20	3,56	3,93	4,30	4,66	5,40

Tabelle 5.10 Tabelle zur Leitungsnetzberechnung

1	2	3	4	5	6	7	8	9	10	11	12	13
Bezeichnung	Teil Nr.	L m	$\dot{V}$ m³/s	$\dot{V}_n$ m³/h	D mm	w m/s	p_d mbar	λ	ζ $= \lambda \cdot \frac{L}{D}$	p_r mbar	p_r des Strang. mbar	p_s mbar
Saugseite												
Einlaufdüse Krümmer Krümmer Rohrleitung	1 2 3 1…4	 (R/D) = 4 (R/D) = 4 19,0	1,0	3340	280	16,2	1,57	 0,0180	0 0,22 0,22 1,22	0 0,35 0,35 1,92	 2,62	−1,57 −4,19
Krümmer Krümmer Rohrleitung	5 6 4…7	(R/D) = 3 (R/D) = 3 14,75	1,8	6020	355	18,2	1,99	 0,0169	0,22 0,19 0,702	0,44 0,38 1,40	 2,22	 −6,83
Rohrleitung	7…8	5,5	3,8	12700	500	19,3	2,23	0,0157	0,173	0,39	0,39	−7,46
Druckseite												
Ausblas	12		3,8	12700	707	9,7	0,56					0
Diffusor Krümmer Rohrleitung	11…12 10 9…11	 (R/D) = 2 7,0	3,8	12700	500/707 500	19,3/9,7 19,3	2,23/0,56 2,23	 0,0157	 0,24 0,22	0,22 0,54 0,49	 1,25	 −0,42

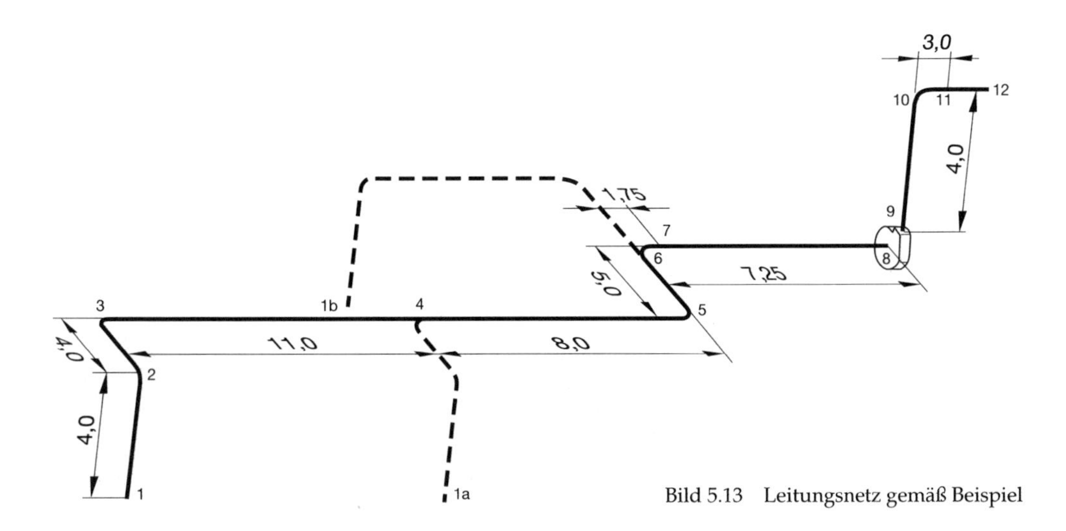

Bild 5.13 Leitungsnetz gemäß Beispiel

ebenso wird:

$$\Delta p_{\mathrm{t}} = p_{\mathrm{s}_2} - p_{\mathrm{s}_1} + \Delta p_{\mathrm{d}}$$
$$= -0{,}42 - (-7{,}46) + 0 = \underline{7{,}04\ \mathrm{mbar}}$$

Der Ventilator ist also mit

$\dot{V} = 3{,}8\ \mathrm{m^3/s} \quad (\varrho = 1{,}2\ \mathrm{kg/m^3})$

und $\Delta p = 7{,}0 \ldots 7{,}5$ mbar einzusetzen!

5.7.4 Gesamtwiderstand

Der Gesamtwiderstand des Hauptstranges, also des Netzes mit den Einzelsträngen 1, 2, 3 ... ist

$$p_{\mathrm{r_t}} = p_{\mathrm{r_1}} + p_{\mathrm{r_2}} + p_{\mathrm{r_3}} + \ldots + \frac{1}{2} \cdot \varrho \cdot w_{\mathrm{a}}^2$$

Der Gesamtdruck des Ventilators muß gleich diesem Druck sein.

5.8 Pneumatischer Transport

5.8.1 Wahl der Geschwindigkeit

Die pneumatische Förderung beruht darauf, daß bei entsprechender Geschwindigkeit feste Stoffteilchen von einem Gasstrom getragen und in beliebiger Richtung bewegt werden können. Das Schweben und der pneumatische Transport werden durch die Trägheitskräfte und Schwerekräfte beeinflußt. Das Verhältnis beider Kräfte stellt eines der wichtigsten Ähnlichkeitskenngrößen der pneumatischen Förderung dar, die sog. **Froudezahl *Fr*.**

$$Fr = \frac{\overline{w}}{\sqrt{d_{\mathrm{i}} \cdot g}} \qquad \text{(Gl. 5.19)}$$

5.8.2 Feststoff-Förderung im senkrechten Rohr

Der Gleichgewichtszustand ist hier bei einem einzelnen Teilchen dadurch gekennzeichnet, daß die Gewichtskraft gleich dem Widerstand des Teilchens ist. Die Relativgeschwindigkeit gegenüber dem Luftstrom ist somit immer gleich der *Schwebegeschwindigkeit* w_{s}. Die Schwebe- bzw. Sinkgeschwindigkeit w_{s} des einzelnen Teilchens ist jedoch **nicht** identisch mit den Werten bei einem Gemisch. Es findet eine gegenseitige Beeinflussung statt, und zwar so, daß der Widerstand des einzelnen Teilchens mit der Gutdichte abnimmt. Das bedeutet eine Zunahme der Sinkgeschwindigkeit zwischen Luft- und Teilchengeschwindigkeit.

5.8.2.1 Physikalische Vorgänge

In einem senkrechten Steigrohr mit nach oben strömender Luft, in das Teilchen eintreten (wie es z. B. Bild 5.14 zeigt), fallen die Teilchen bei kleiner Luftgeschwindigkeit nach unten und werden bei höherer Geschwindigkeit der Luft mitgerissen. Zum Vergleich ist auch der Druckverlust eingetragen. Im Bereich des «Durchfallens» der Teilchen ist der Widerstand nur wenig höher als bei reiner Luftförderung. Dann steigt der Widerstand sprunghaft an, wenn das Material mitgerissen wird. Es folgt ein kritisches Übergangsgebiet mit starkem Zurückgehen des Widerstandes, das ausgesprochen unstabil ist. Dann folgt das typische Gebiet der pneumatischen Förderung.

Wird nun die Zugabe von Material immer mehr gesteigert, so stellt sich schließlich ein Zustand ein, bei dem die Leitung verstopft. Man spricht von der «Stopfgrenze». Es ist wichtig, daß bei einer pneumatischen Förderung diese Grenze nicht erreicht wird, während der wirtschaftlichste Punkt in ihrer Nähe liegt. Daher ist eine genaue Kenntnis der Stopfgrenze notwendig. Es wurde gefunden, daß sie eine ziemlich eindeutige Funktion der Froudeschen Zahl ist, ganz im Gegensatz zu früheren Anschauungen, die nur eine Abhängigkeit von der Sinkgeschwindigkeit der Teilchen annahmen. Z.B. mußte danach ein Gut mit geringer Sinkgeschwindigkeit sehr leicht zu fördern sein, was aber mit der Praxis nicht übereinstimmt.

Aus der Praxis werden die in Tabelle 5.11 genannten Luftgeschwindigkeiten empfohlen. Diese Werte ergeben somit bei einem max. Sinkgeschwindigkeitsverhältnis von **1 : 2 · 10⁵** ein Transportluft-Geschwindigkeitsverhältnis von **1 : 1,6**.

Wenn man nun die Froudesche Zahl als Hauptparameter annimmt, ergibt sich in Übereinstimmung mit den tatsächlich vorgefundenen Zusammenhängen, daß man bei großen Rohrleitungen mit größeren Geschwindigkeiten als bei kleineren Rohrleitungen arbeiten muß. Daraus kann man folgern, daß der Rohrdurchmesser so klein wie möglich gewählt werden sollte.

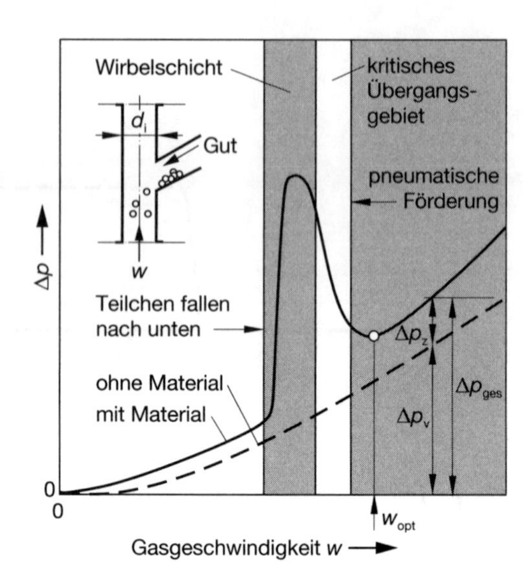

Bild 5.14 Druckverlust bei verschiedenen Formen der pneumatischen Förderung [5.9]

Tabelle 5.11 Kenngrößen von einigen Materialien für die pneumatische Förderung

Material	Korngröße	Sinkgeschwindigkeit	Luftgeschw. im Rohr
	μm	m/s	m/s
Feinster Holzstaub	1...10	$5 \cdot 10^{-5}$ ... $5 \cdot 10^{-2}$	ca. 15
Mehlstaub	5...100	10^{-5} ... 0,3	ca. 18
Sägemehl, Grieß	100...1000	0,3...5	ca. 20
Getreidekörner	...8000	≈ 10	ca. 24

5.8.3 Feststoff-Förderung im waagrechten Rohr

Ein Feststofftransport in einer waagrechten Rohrleitung ist nur möglich, wenn neben der horizontalen Kraft noch zusätzlich ein *Auftrieb* vorhanden ist. Der Auftrieb ergibt sich hierbei durch die Zirkulation und die parallele Anströmung (*Magnus-Effekt*).

Die Rotation setzt sich mit der Parallelströmung zu einer resultierenden Bewegung zusammen, so daß auf der oberen Seite die Geschwindigkeit vergrößert und auf der unteren verkleinert wird. Nach dem Bernoullischen Gesetz ergeben sich dabei entsprechende Unterdrücke auf der oberen und Überdrücke auf der unteren Seite.

5.8.4 Stopfgrenze

Da der Förderungswirkungsgrad mit fallender Fördergeschwindigkeit steigt, ist der Betriebspunkt in die Nähe der Stopfgrenze zu legen. Die Abhängigkeit der Stopfgrenze von der Materialaufladung μ_{pn} und der Froudezahl erhält man aus [5.9]:

$$\mu_{pn} = \frac{2{,}58}{10^5} \cdot Fr^4 \qquad \text{(Gl. 5.20)}$$

Mit der Definition: $\mu_{pn} = \frac{\dot{m}_{Fest}}{\dot{m}_{Gas}}$

für das Verhältnis der pro Zeiteinheit (kg/h) aufgegebene Masse an Feststoff $\dot{m}_{Fest}$ und Trägergas $\dot{m}_{Gas}$.

Aus Gleichung 5.13 erhält man somit die Mindest-Transportgasgeschwindigkeit, die wie folgt berechnet wird:

$$\overline{w} > 1{,}4 \cdot \sqrt{d_i} \cdot \sqrt[4]{\mu_{pn}} \quad \text{(m/s)} \qquad \text{(Gl. 5.21)}$$

d_i in mm

Diese Gleichung ist in Bild 5.15 dargestellt.

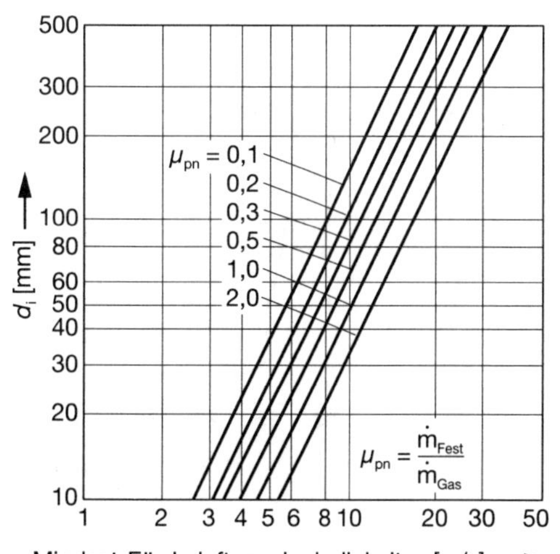

Bild 5.15 Mindesttransport Gasgeschwindigkeit $\overline{w}$ für die pneumatische Förderung

5.8.5 Druckabfall

Bei der Berechnung des zusätzlichen Druckverlustes in der geraden Rohrleitung von pneumatischen Förderanlagen geht man zweckmäßigerweise von einem Ansatz wie bei der Berechnung des Rohrwiderstandes aus.

Den Gesamtdruckverlust in der Rohrleitung einer pneumatischen Förderanlage errechnet man aus dem Druckverlust bei Förderung von reiner Luft zuzüglich des zusätzlichen Druckverlustes Δp_z. Der Druckverlustbeiwert λ_z ist im Gegensatz zu den Strömungen von Flüssigkeiten und Gasen in Rohrleitungen vor allem eine Funktion der Froudeschen Kennzahl *Fr* und der Materialbeladung μ_{pn}. Der Einfluß der Reynoldsschen Kennzahl ist dabei nur von untergeordneter Bedeutung.

Der zusätzliche Druckabfall Δp_z durch Feststoffaufgabe beträgt somit:

$$\Delta p_z = \lambda_z \cdot \frac{L}{d_i} \cdot \varrho_G \cdot \frac{\overline{w}^2}{2} \cdot \mu_{pn} \qquad \text{(Gl. 5.22)}$$

und den Gesamtdruckverlust erhält man damit durch:

$$\Delta p_{ges} = \Delta p_v + \Delta p_z = (\lambda + \lambda_z \cdot \mu_{pn}) \cdot \frac{L}{d_i} \cdot \varrho_G \cdot \frac{\overline{w}^2}{2} \qquad \text{(Gl. 5.23)}$$

Der Druckverlustbeiwert λ_z kann aus Bild 5.16 entnommen werden. Diese Kurven wurden für horizontale Leitungen bei der Förderung von Weizen ermittelt [5.9].

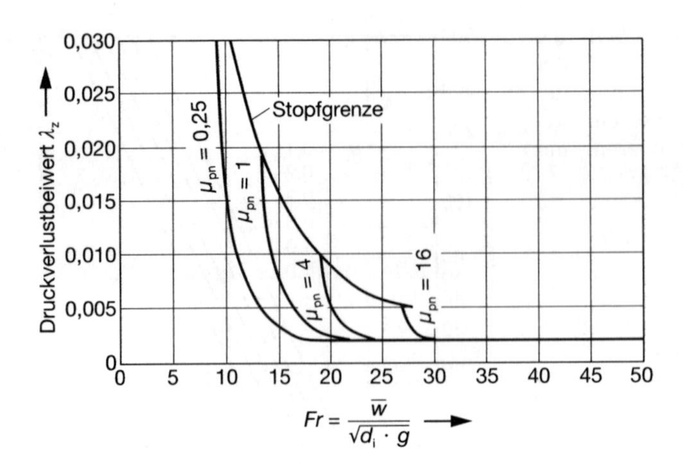

Bild 5.16
Zusatz-Druckverlustbeiwert $\lambda_{z,pn}$ für die pneumatische Förderung in Abhängigkeit von der Froudezahl (gültig für waagerechte Leitungen)

Beispiel:
In einer horizontalen Leitung DN 125 (139,7 × 4) wird Holzstaub bei 20 °C pneumatisch gefördert. Die Materialaufladung sei $\mu_{pn} = 1$.

Wie groß ist der Druckabfall einer 30 m langen Leitung.

Lösung:
Mindest-Transportgasgeschwindigkeit

$$\overline{w} > 1{,}4 \cdot \sqrt{d_i} \cdot \sqrt[4]{\mu_{pn}} = 1{,}4 \cdot \sqrt{131{,}7} \cdot \sqrt[4]{1} = 16\ \text{m/s}$$

gewählt wird:

$$\overline{w} = 20\ \text{m/s}$$

Gasvolumenstrom

$$\dot{V}_G = \overline{w} \cdot \frac{d_i^2 \cdot \pi}{4} \cdot 3\,600 = 20 \cdot \frac{0{,}1317^2 \cdot \pi}{4} \cdot 3\,600 =$$

$$\dot{V}_G = 981\ \text{m}^3/\text{h}$$

Re-Zahl

$$Re = \frac{\overline{w} \cdot d_i}{v}$$

mit: kinematische Viskosität der Luft bei 20 °C:

$$v = 15 \cdot 10^{-6}\ \text{m}^2/\text{s}$$

$$Re = \frac{20 \cdot 0{,}1317}{15 \cdot 10^{-6}} = 1{,}76 \cdot 10^5$$

Froude-Zahl

$$Fr = \frac{\overline{w}}{\sqrt{g \cdot d_i}} = \frac{20}{\sqrt{9{,}81 \cdot 0{,}1317}} = 17{,}6$$

Rohrreibungszahlen

- Für reine Luft $d/k = 131{,}7/0{,}1 = 1{,}317$
  aus Bild 5.1: $\lambda = 0{,}02$
- Für Staubförderung
  aus Bild 5.18: $\lambda = 0{,}005$

Druckabfall

$$\Delta p_{ges} = (\lambda + \lambda_z \cdot \mu_{pn}) \cdot \frac{L}{d_i} \cdot \varrho_G \cdot \frac{\overline{w}^2}{2}$$

$$\Delta p_{ges} = (0{,}02 + 0{,}005 \cdot 1) \cdot \frac{30}{0{,}1317} \cdot 1{,}2 \cdot \frac{20^2}{2}$$

$$\Delta p_{ges} = 1{,}37 \cdot 10^3\ \text{Pa}$$

$$\Delta p_{ges} = 13{,}7\ \text{mbar}$$

6 Strömungstechnik

6.1 Zuluft- und Abluftkanäle

Bei einem geraden **Zuluftkanal** von konstantem Querschnitt mit vielen gleich großen Luftaustrittsöffnungen tritt die Luft durchaus nicht gleichmäßig aus allen Öffnungen, sondern die einzelnen Volumenströme werden zum Ende des Kanals hin größer. Das ist darauf zurückzuführen, daß sich hinter einem Luftauslaß im Hauptkanal die Geschwindigkeit verringert, wodurch nach dem Gesetz von Bernoulli der statische Druck steigt. Wenn dieser errechenbare Durchanstieg größer ist als der Strömungsverlust, erhöht sich der statische Druck zum Kanalende, und damit wachsen auch die Abzweigvolumina (Bild 6.1).

Durch geeignete Dimensionierung des Querschnitts der einzelnen Kanalabschnitte oder durch kleinere Werte für A_x/A (Drosseln der Austrittsöffnung) läßt sich jedoch erreichen, daß aus den einzelnen Öffnungen die gewünschten Volumina ausströmen. Diese Methode wird besonders bei Hochgeschwindigkeitsanlagen verwendet.

Bei **Abluftkanälen** mit konstantem Querschnitt wird durch die seitlich zuströmenden Luftvolumina die Geschwindigkeit im Hauptkanal erhöht. Dadurch und durch die Reibungsverluste sinkt der statische Druck im Kanal in Strömungsrichtung. Am Kanalende (beim Ventilator) ist der Druck am geringsten (Bild 6.1). Eine gleichmäßige Absaugung kann man gewöhnlich nur durch Drosselung an den Abluftöffnungen erreichen: kleinerer Wert für A_x/A. Eine andere Methode besteht darin, die Abluftöffnung düsenartig und unter einem Winkel an den Hauptkanal anzuschließen. Dabei wird durch die dynamische Energie des Teilstrahls der statische Druck im Hauptkanal erhöht und kann, bei richtiger Berechnung, sogar annähernd konstant gehalten werden.

Statt einzelner Öffnungen im Abluftkanal gemäß Bild 6.1 kann auch ein durchgehender konischer Schlitz gewählt werden. Bei Saugkanälen mit Schlitzen wird an der näher zum Ventilator gelegenen Seite natürlich wesentlich mehr abgesaugt als an den weiter entfernt liegenden Teilen: Verteilung abhängig vom Flächenverhältnis A_x/A. Je kleiner A_x/A, desto gleichmäßiger ist die Absaugung. Für eine gleichmäßige Absaugung auf ganzer Länge des Schlitzes muß die Schlitzhöhe h

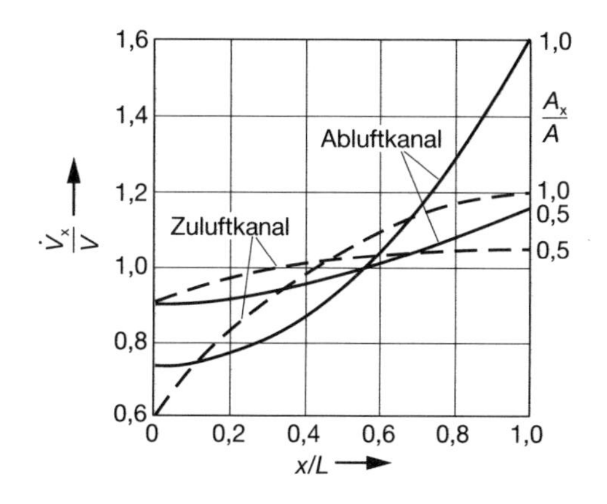

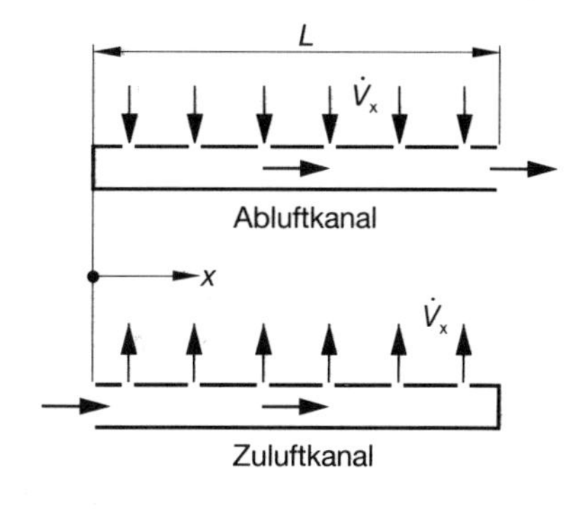

Bild 6.1 Relative Verteilung der Teilvolumenströme $\dot{V}_x$ bei Zu- und Abluftkanälen [6.1] ($\dot{V}_m$ = mittlerer Volumenstrom, A_x = Summe der Öffnungen, A = Kanalquerschnitt).

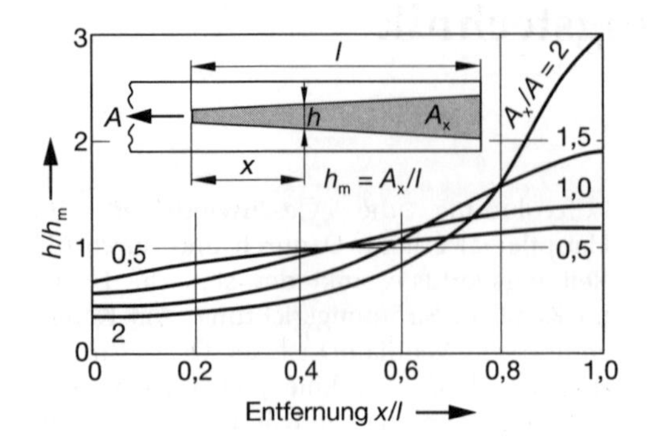

Bild 6.2 Schlitzhöhen bei gleichmäßiger Absaugung in einem Schlitzkanal

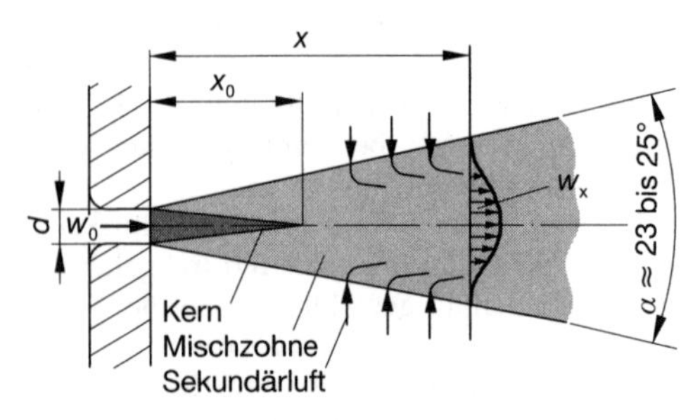

Bild 6.3 Ausbreitung eines isothermen Luftstrahls aus einer Düse in freier Luft (Schema).

nach einer kurvenartigen Kontur konisch sein (Bild 6.2).

6.2 Freie isotherme runde und ebene Strahlen (Freistrahlen)

Tritt ein Luftstrahl z.B. mittels einer Düse aus einer *runden freien Öffnung* aus, breitet er sich im Raum allseitig aus, wobei der gesamte Ausbreitungswinkel unabhängig von der Geschwindigkeit 23° bis 25° ist (Bild 6.3).

Die Anfangsgeschwindigkeit bleibt nur in einem kegelförmigen Teil der Strömung, dem Kern, erhalten. Die Länge x_0 der Kernzone ist abhängig vom Turbulenzgrad des Strahles. Bei kleiner Turbulenz ist die Kernzone länger als bei großer Turbulenz. Vom Ende des Kerns an vermindert sich die axiale Luftgeschwindigkeit w_0 nach einem kurzen Übergangsgebiet umgekehrt proportional zur Entfernung vom Auslaß: $w_x/w_0 \approx 1/x$.

Um den Kern herum liegt die *Mischzone*, in der sich in stark wirbelnden Bewegungen die Raumluft mit der ausgeblasenen Luft mischt. Die gesamte vom Luftstrahl in Bewegung gesetzte Luftmenge wird durch die induzierte Raumluft (*Sekundärluft*) immer größer, während die Geschwindigkeit immer geringer wird.

Bei einer *runden* Düse lassen sich die axialen Geschwindigkeiten des Luftstrahls durch folgende einfache Gleichung darstellen (s. auch Tabelle 6.1):

$$\frac{w_x}{w_0} = \frac{x_0}{x} = \frac{1}{m} \cdot \frac{d}{x} \qquad \text{(Gl. 6.1)}$$

worin $x_0 = \frac{d}{m}$ ist

w_0 Anfangsgeschwindigkeit im Auslaßquerschnitt in m/s
w_x axiale Geschwindigkeit in der Entfernung x in m/s
m d/x_0 = Mischzahl
x Entfernung vom Luftauslaß in m
d Durchmesser in m
x_0 Kernlänge in m

Diese Gleichung ist in dem doppelt-logarithmischen Diagramm Bild 6.4 dargestellt. Der Faktor m, die sogenannte *Mischzahl*, hängt vom Turbulenzgrad, der am Auslaß vorliegt (oder später durch Thermik beeinflußt wird) ab und hat bei geringer Turbulenz Werte von etwa 0,1 ... 0,2, bei großer Turbulenz 0,2 ... 0,5 (Tabelle 6.2). Je geringer die Turbulenz, desto größer ist die *fiktive Kernlänge* $x_0 = d/m$.

Für $m = 0{,}15$ ist $x_0 = 6{,}7 \cdot d$.

6.2.1 Geschwindigkeitsprofil des Strahls

Die Geschwindigkeit w_y der Luft außerhalb der Achse eines runden Freistrahls ändert sich nach dem Gesetz (Bilder 6.5 und 6.6):

Tabelle 6.1 Grundgleichungen für Luftstrahlen (nach Regenscheit).

	1. Runder Freistrahl	2. Ebener Freistrahl	3. Ebener Wandstrahl	4. Rechteckiger Freistrahl
				gültig ab $\frac{x}{h} = \frac{1}{m} \cdot \frac{b}{h}$
Kernlänge x_0	$x_0 = d/m$	$x_0 = h/m$	$x_0 = 2\,h/m$	$x_0 = h/m$
Mittengeschwindigkeit w_x isotherm	$\frac{w_x}{w_0} = \frac{x_0}{x} = \frac{d}{m \cdot x}$	$\frac{w_x}{w_0} = \sqrt{\frac{x_0}{x}} = \sqrt{\frac{h}{m \cdot x}}$	$\frac{w_x}{w_0} = \sqrt{\frac{x_0}{x}} = \sqrt{\frac{2 \cdot h}{m \cdot x}}$	$\frac{w_x}{w_0} = \frac{x_0}{x} \cdot \sqrt{\frac{b}{h}} = \frac{h}{m \cdot x} \cdot \sqrt{\frac{b}{h}}$
nichtisotherm	$\frac{w_x}{w_0} = \frac{x_0}{x}$	$\frac{w_x}{w_0} = \sqrt{\frac{x_0}{x}}$		
	$\pm \sqrt{\frac{Ar}{m} \cdot \left(1 + \ln \frac{2 \cdot x}{x_0}\right)}$	$\pm \sqrt{\frac{Ar}{m} \cdot \left(2{,}83 \cdot \sqrt{\frac{x}{x_0}} - 1\right)}$		
Ausbreitungswinkel α (isotherm)	$\approx 24°$	$\approx 33°$	$\approx 16{,}5°$	$\approx 24°$
Im Strahl bewegtes Luftvolumen $\dot{V}_x$	$\frac{\dot{V}_x}{\dot{V}} = 2 \cdot \frac{x}{x_0} = 2 \cdot m \cdot \frac{x}{d}$	$\frac{\dot{V}_x}{\dot{V}} = \sqrt{\frac{2 \cdot x}{x_0}} = \sqrt{\frac{2 \cdot m \cdot x}{h}}$	$\frac{\dot{V}_x}{\dot{V}} = \sqrt{\frac{2 \cdot x}{x_0}} = \sqrt{\frac{m \cdot x}{h}}$	$\frac{\dot{V}_x}{\dot{V}} = 2 \cdot \frac{x}{x_0} \cdot \sqrt{\frac{h}{b}} = 2 \cdot \frac{m \cdot x}{h} \cdot \sqrt{\frac{h}{b}}$
Temperaturabnahme im nichtisothermen Strahl	$\frac{\Delta T_x}{\Delta T_0} = \frac{3}{4} \frac{x_0}{x} = \frac{3}{4} \frac{d}{m \cdot x}$	$\frac{\Delta T_x}{\Delta T_0} = \sqrt{\frac{3}{4} \cdot \frac{x_0}{x}} = \sqrt{\frac{3}{4} \cdot \frac{h}{m \cdot x}}$	$\frac{\Delta T_x}{\Delta T_0} = \sqrt{\frac{3}{4} \cdot \frac{x_0}{x}} = \sqrt{\frac{3}{2} \cdot \frac{h}{m \cdot x}}$	$\frac{\Delta T_x}{\Delta T_0} = \frac{3}{4} \cdot \frac{x_0}{x} \cdot \sqrt{\frac{b}{h}} = \frac{3}{4} \cdot \frac{h}{m \cdot x} \cdot \sqrt{\frac{b}{h}}$

d Durchmesser; b Auslaßbreite; h Schlitzhöhe; m Mischzahl, bei kleiner Turbulenz (Düsen) $m \approx 0{,}15$, bei großer Turbulenz $m \approx 0{,}25$; x Entfernung von Öffnung; w_0 Geschwindigkeit in Öffnung; w_x Geschwindigkeit in der axialen Entfernung x; Ar Archimedeszahl; $\dot{V}$ Luftvolumen in der Öffnung; $\dot{V}_x$ Luftvolumen in der Entfernung x; ΔT_0 Temperaturdifferenz zwischen Strahl und Umgebung in der Öffnung; ΔT_x Temperaturdifferenz in der Entfernung x. Die Gleichungen gelten für $x > x_0$ und $x > 40 \ldots 300 \cdot d$ bzw. h.

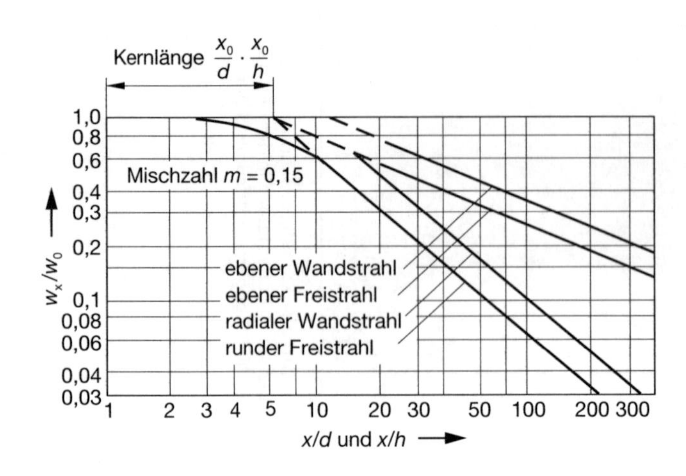

Bild 6.4
Abnahme der axialen Luftgeschwindigkeit w_x mit der Entfernung x bei rundem und ebenem isothermen Freistrahl und bei einseitig anliegendem Wandstrahl ($m = 0{,}15$).
h = Dicke eines ebenen Strahls,
d = Durchmesser eines runden Strahls.

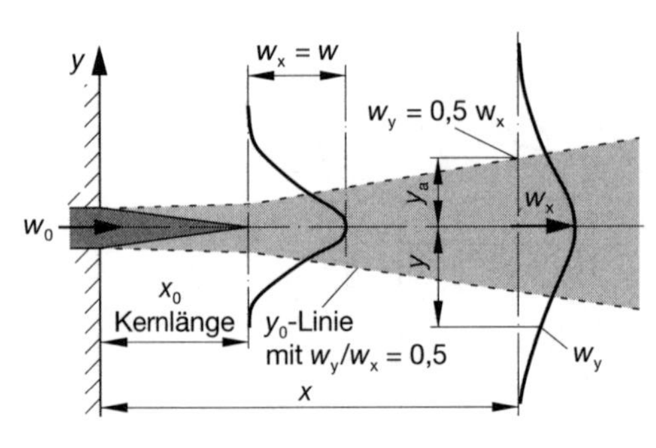

Bild 6.5 Strahlprofil beim runden Freistrahl.

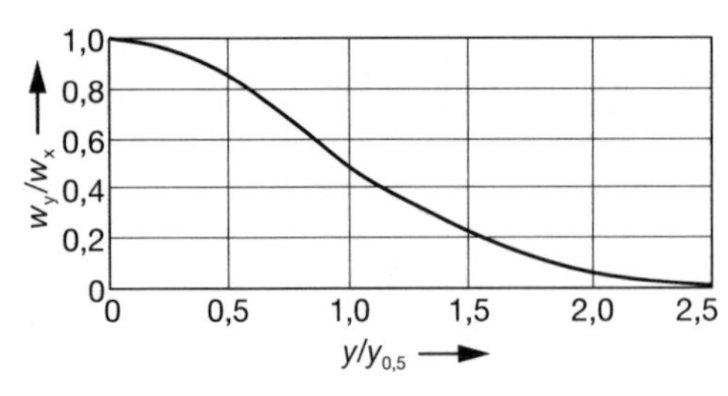

Bild 6.6 Dimensionslose Strahlprofilkurve beim runden Freistrahl.

$$\frac{w_y}{w_x} = \exp\left(-2 \cdot \left(\frac{y}{m \cdot x}\right)^2\right)$$

$$= \exp\left(-0{,}69 \cdot \left(\frac{y}{y_a}\right)^2\right) \qquad \text{(Gl. 6.2)}$$

y Entfernung von der Achse
y_a Entfernung y wo $w_y = 0{,}5 \cdot w_x$ ist

Alle Profile sind für $x > x_0$ einander ähnlich und lassen sich durch eine einzige Kurve darstellen, wenn man die Geschwindigkeiten w_y auf die Entfernung y_a bezieht.

Bei *rechteckigen Luftdüsen* ist das Profil ähnlich derjenigen der runden Auslässe, so daß man bei einer größeren Entfernung vom Auslaß keinen Unterschied mehr feststellen kann, ob die Luft aus einem runden oder rechteckigen Auslaß ausströmt.

Je größer das Seitenverhältnis $\lambda = b/h$ der Öffnung ist, desto mehr nähert sich die Geschwindigkeitsabnahme derjenigen eines ebenen Strahles (Schlitzes), s. Bild 6.7.

Bei *ebenen Schlitzen* (Bild 6.7) verringert sich, infolge der fehlenden seitlichen Ausdehnung, die axiale Geschwindigkeit w_x aber erheblich weniger als bei runden Auslässen, so daß die Wurfweite größer wird. Allerdings ist auch der Volumenstrom entsprechend größer. Bei gleichem Volumenstrom und gleicher Anfangsgeschwindigkeit w_0 sind die Wurfweiten für lange ebene und rechteckige Strahlen ungefähr gleich.

Die Abnahme der Geschwindigkeit ist umgekehrt proportional der Wurzel aus der Entfernung x vom Auslaß (s. Tabelle 6.1):

$$\frac{w_x}{w_0} = \sqrt{\frac{x_0}{x}} = \sqrt{\frac{h}{m \cdot x}} \qquad \text{(Gl. 6.3)}$$

h Schlitzhöhe in m

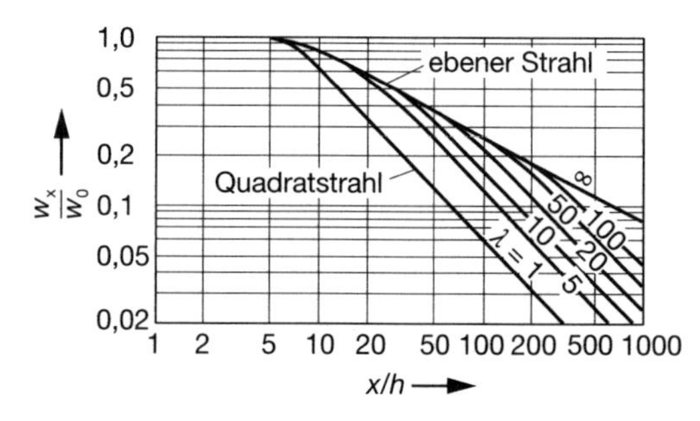

Bild 6.7
Geschwindigkeitsabnahme bei Rechteckstrahlen
λ = Seitenverhältnis = b/h. Mischzahl $m = 0{,}2$

Setzt man $m = 0{,}15$, wird:

$$\frac{w_x}{w_0} = 2{,}6 \cdot \sqrt{\frac{h}{x}} \quad \text{(s. Bild 6.4)} \qquad \text{(Gl. 6.4)}$$

Die Wurfweite (L in m) wird mit $w_x = 0{,}5$ m/s:

$$L \approx 26{,}7 \cdot w_0^2 \cdot h \qquad \text{(Gl. 6.5)}$$

Bei durch Gitter oder auf andere Weise verengten Auslässen sind die nachstehend erwähnten Faktoren μ und r zu berücksichtigen; statt h ist $h/(\mu \cdot r)$ einzusetzen.

Die Kernlänge $x_0 = h/m$ ist von der Mischzahl m abhängig (Tabelle 6.2). Der Ausbreitungswinkel ist größer als beim runden Strahl und beträgt etwa 33°.

Bei *scharfkantigen* und durch Jalousien, Lochgitter oder andere Gitter verengten Auslässen ist die Lufteinschnürung zu berücksichtigen. Für die Geschwindigkeitsverteilung bei diesen Auslässen gilt die Gleichung:

$$\frac{w_x}{w_0} = \frac{1}{m} \cdot \frac{\sqrt{A}}{x \cdot \sqrt{\mu \cdot r}} \qquad \text{(Gl. 6.6)}$$

μ Kontraktionszahl
r Verhältnis freie Fläche/Gesamtfläche A

Die Mischzahl m hängt sowohl von der Höhe der Turbulenz direkt hinter dem Auslaß (bei $x = 0$) als auch von der Bauart des Auslasses ab.

6.2.2 Wurfweite (Eindringtiefe)

Für manche Anwendungen ist die *Wurfweite* des Luftstrahls interessant, d.h. diejenige Entfernung vom Luftauslaß, bei der die axiale Geschwindigkeit der Luft auf einen gewissen Betrag (z.B. 0,5 m/s) gesunken ist. Die mittlere Geschwindigkeit der Luft ist dabei nur etwa $^1/_3$ dieses Wertes, liegt also etwa im Bereich derjenigen Geschwindigkeiten, die als Grenze für Zugerscheinungen angegeben werden. Dabei erhält man aus Gleichung 6.5 für die Wurfweite (L in m) des runden bzw. rechteckigen Freistrahls:

$$L_\circ = \frac{w_0}{w_x} \cdot \frac{d}{m} = \frac{w_0}{w_x} \cdot \sqrt{\frac{4}{\pi}} \cdot \frac{\sqrt{A}}{m} \quad \text{bzw.}$$

$$L_\square = \frac{w_0}{w_x} \cdot \frac{\sqrt{A}}{m} \qquad \text{(Gl. 6.7)}$$

Bei gleichen Ausgangswerten für A und w und gleicher Endgeschwindigkeit w_x ist die Wurfweite des runden Strahls also ca. 13% größer als die des rechteckigen.

Es ist jedoch zu beachten, daß der Begriff der Wurfweite hier zunächst nur für freie

Tabelle 6.2 Richtwerte für Mischzahl m verschiedener Auslässe

Auslaß	m	Auslaß	m
Düsen	0,14 ... 0,17	Lochgitter, $r = 0{,}1 \ldots 0{,}2$	0,22 ... 0,28
rechteckige freie Auslässe	0,17 ... 0,2	$r = 0{,}01 \ldots 0{,}1$	0,28 ... 0,4
Schlitze		Steggitter, gerade	0,18 ... 0,25
Seitenverhältnis $s = 20 \ldots 25$	0,2 ... 0,25	divergierend 40°	0,28
		60°	0,4
		90°	0,5

Strömungen betrachtet wird. Bei *Raumstörungen* mit Wandeinfluß gelten andere Gesetze.

Eine Näherungsformel für wenig verengte Luftauslässe ist mit $w_x = 0{,}5$ m/s und $m = 0{,}2$:

$$L_{\circ} = 10 \cdot w_0 \cdot d = 11{,}3 \cdot w_0 \cdot \sqrt{A} \quad \text{bzw.}$$

$$L_{\square} = 10 \cdot w_0 \cdot \sqrt{A} \qquad \text{(Gl. 6.8)}$$

6.3 Geschwindigkeitsreduzierung in Kanälen

6.3.1 Plötzliche Erweiterungen

Der Verlust bei plötzlicher Geschwindigkeitsänderung beträgt:

$$\Delta p_v = \frac{\varrho}{2} \cdot (w_1 - w_2)^2 = \frac{\varrho}{2} \cdot w_1^2 \cdot \left(1 - \frac{w_2}{w_1}\right)^2$$

oder durch Umformen mit Öffnungsverhältnis m:

$$m = \frac{w_2}{w_1} = \frac{A_1}{A_2} = \frac{d_1^2}{d_2^2} \quad \text{wird:} \quad \Delta p_v = (1 - m)^2 \cdot p_{d,1}$$

Dieser Verlust wird auch als Carnotscher-Stoßverlust bezeichnet (Bild 6.8).

Mit: $\zeta_{\text{Carn.}} = (1 - m)^2$ wird:

$$\Delta p_V = \zeta_{\text{Carn.}} \cdot p_{d,1} \qquad \text{(Gl. 6.9)}$$

Bei $w_2 \rightarrow 0 \quad \Rightarrow A_2 \rightarrow \infty$

$\Rightarrow \Delta p_V = p_{d,1}$

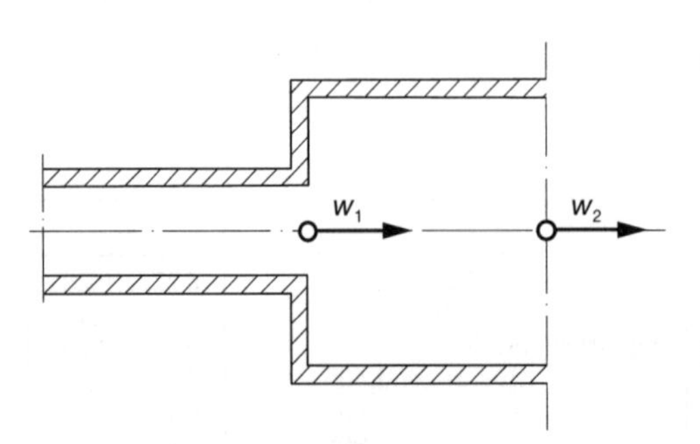

Bild 6.8 Plötzliche Erweiterung

6.3.2 Stetige Erweiterung (Diffusor)

Ein Diffusor wandelt p_d in p_{st} um. Der Rückgewinn sei $p_{\text{rück}}$ (s. Bild 6.9).

$$\eta_D = \frac{\text{wirkl. } p_{\text{rück}}}{\text{theor. } p_{\text{rück}}} = \frac{\Delta p_{\text{rück}}}{p_{p,1} - p_{d,2}} = \frac{\Delta p_{\text{rück}}}{\frac{\varrho}{2} \cdot (w_1^2 - w_2^2)}$$

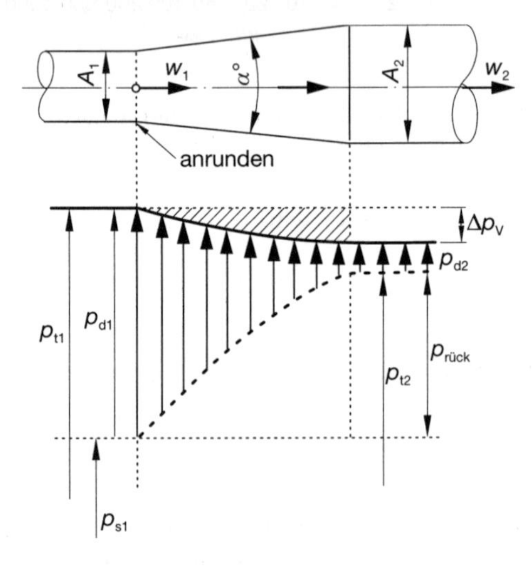

Bild 6.9 Diffusor-Druckrückgewinn

$$\eta_D = \frac{\Delta p_{\text{rück}}}{\frac{\varrho}{2} \cdot w_1^2 \cdot (1 - m^2)} \qquad \text{(Gl. 6.10)}$$

$$\Delta p_v = (1 - \eta_D) \cdot (1 - m^2) \cdot p_{d,1} \qquad \text{(Gl. 6.11)}$$

$$p_{d,2} = m^2 \cdot p_{d,1} \qquad \text{(Gl. 6.12)}$$

$$\Delta p_{\text{rück}} = \eta_D \cdot (1 - m^2) \cdot p_{d,1} \qquad \text{(Gl. 6.13)}$$

$$p_{d,1} = \frac{\varrho}{2} \cdot w_1^2$$

$$m^2 = \frac{w_2^2}{w_1^2}$$

mit: $\zeta_{\text{Dif.}} = (1 - \eta_D) \cdot (1 - m^2)$ wird bei:

Erweiterungswinkel
innerhalb der Leitung $\alpha = 8° \ldots 10°$
hinter dem Ventilator $\alpha = 10° \ldots 12°$

der ungefähre Wirkungsgrad
innerhalb der Leitung $\eta = 0{,}25 \cdot m + 0{,}75$
hinter dem Ventilator $\eta = 0{,}20 \cdot m + 0{,}80$

Damit kann der Verlust am Diffusor auch geschrieben werden:

$$\Delta p_V = \zeta_{Dif.} \cdot p_{d,1} = (1 - \eta_D) \cdot \left(1 - \left(\frac{A_1}{A_2}\right)^2\right) \cdot p_{d,1} \quad \text{(Gl. 6.14)}$$

Beispiel:
Es sollen die Verluste einer Anlage bestimmt werden, wobei die Reibungsverluste $\Delta p_R =$ 500 Pa betragen.

Wie hoch ist der Gesamtverlust mit und ohne Diffusor?

ohne Diffusor (Bild 6.10 a):

$$p_{d,1} = p_{d,A} = \frac{\varrho}{2} \cdot w_{a,1}^2 = 157 \text{ Pa}$$

$$\Delta p_t = \Delta p_R + p_{d,A}$$

$$\Delta p_t = 500 + 157 = 657 \text{ Pa}$$

mit Diffusor (Bild 6.10 b):

$$\Delta p_t = \Delta p_R + p_{d,A,2} + p_{V,Dif.}$$

$$\Delta p_t = \Delta p_R + m^2 \cdot p_{d,1} + (1 - \eta_D) \cdot (1 - m^2) \cdot p_{d,1}$$

$$\Delta p_t = \Delta p_R + (m^2 + (1 - \eta_D) \cdot (1 - m^2)) \cdot p_{d,1}$$

$$\Delta p_t = 500 + (0{,}25^2 + (1 - 0{,}85) \cdot (1 - 0{,}25^2)) \cdot 157$$

$$\Delta p_t = 500 + (0{,}2) \cdot 157$$

$$\Delta p_t = 531{,}4 \text{ Pa}$$

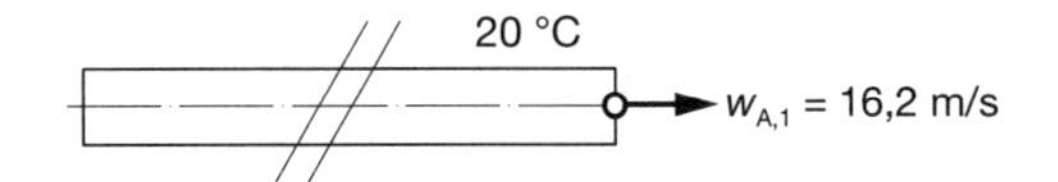

Bild 6.10 a Beispiel ohne Diffusor

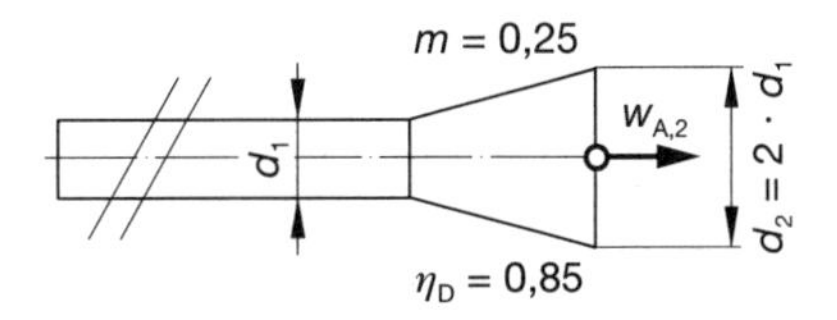

Bild 6.10 b Beispiel mit Diffusor

Mit Diffusor ergibt sich eine Gesamtdruckreduzierung von ca. 20%.

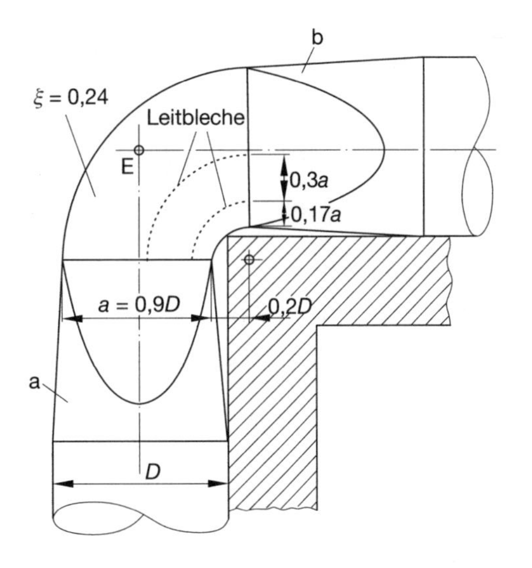

Bild 6.11 Krümmer an einer Wandecke

6.4 Gestaltung von Krümmern

Bild 6.11 zeigt einen Krümmer um eine Wandecke. Wenn die Leitung dicht an der Wand liegt, würde der Krümmer in die Wand einschneiden müssen. Deswegen werden ein Krümmer mit Quadratquerschnitt und 2 Leitbleche sowie 2 Übergänge *a* und *b* von rund auf quadratisch verwendet. Die Ausführung ist zwar etwas teurer, aber dafür ist der Druckverlust klein und die Leistungsersparnis entsprechend groß.

Für rechteckige Leitungen wird ein Krümmer mit 2 Leitblechen empfohlen (s. Bild 6.12).

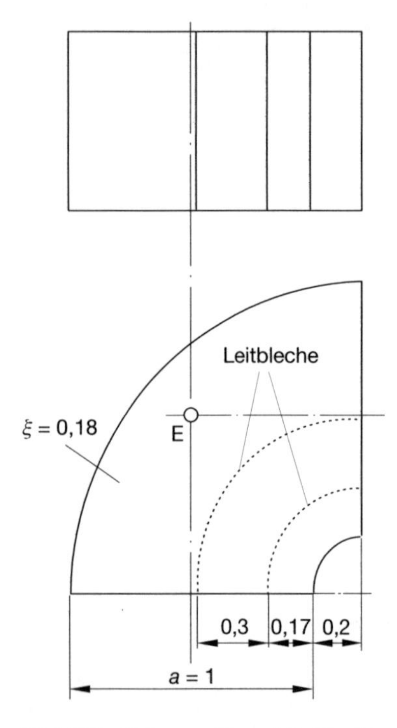

Bild 6.12 Krümmer für rechteckige Kanäle

Beispiel:
Betriebskostenersparnis bei Krümmerausführung nach Bild 6.11 statt einem Knie.

Leitungsdurchmesser $D = 1000$ mm,
$w = 12{,}8$ m/s, $\dot{V} = 10$ m^3/s, $p_\mathrm{d} = 0{,}98$ mbar.

Verlust *Knie*
$\zeta = 1{,}2 \quad \Delta p_\mathrm{V} = 1{,}2 \cdot 0{,}98 = 1{,}20$ mbar

Verlust nach Bild 6.11
$\zeta = 0{,}24 \quad \Delta p_\mathrm{V} = 0{,}24 \cdot 0{,}98 = 0{,}24$ mbar

Ersparnis : $\Delta p = 0{,}96$ mbar

$\eta = 0{,}7;\ \eta_\mathrm{Mot} = 0{,}8;\ \eta_\mathrm{Anl} = 0{,}56$

$$P_\mathrm{el} = \frac{\dot{V} \cdot \Delta p}{10 \cdot \eta_\mathrm{Anl}} = \frac{10 \cdot 0{,}96}{10 \cdot 0{,}56} = 1{,}71 \text{ kW}$$

Betrieb: Zwei Schichten; Strompreis z.B.: 0,22 DM/kWh.
Ersparnis: z.B. bei 5 600 h
$K = 1{,}71 \cdot 5\,600 \cdot 0{,}22 = 2\,106$ DM/Jahr

6.5 Stromvereinigung

Fließen zwei Ströme zusammen, dann können große Verluste auftreten, wenn die Vereinigung nicht strömungsrichtig durchgebildet ist. Man kann aber durch geschickte Anordnung, durch Injektor- und Diffusorwirkung sogar einen Druckrückgewinn erreichen. Die Berechnung ist jedoch umständlich.

6.5.1 Ausführung

Bilder 6.13 a und 6.13 b zeigen zwei schlechte Ausführungen, die nur bei Wasser, kleinsten Durchmessern und hohen Drücken statthaft sind. Eine gute Ausführung zeigt Bild 6.13 c. Häufig ist $p_\mathrm{s,a}$ größer als $p_\mathrm{s,b}$, weil die Zuleitung *a* lang und die Zuleitung *b* kurz ist. (Es ist zu beachten, daß die statischen Drücke negativ sind!) Bei unmittelbarem Anschluß würde der Strang *b* zuviel fördern.

Da Drosseln jedoch unzweckmäßig ist, verengt man A'_b bis $p'_\mathrm{s,b}$ gleich $p_\mathrm{s,a}$ ist.

$$p'_\mathrm{s,b} = p_\mathrm{s,a}$$

$$p_\mathrm{s,b} - p_\mathrm{s,a} = p'_\mathrm{d,b} - p_\mathrm{d,b}$$

$$p'_\mathrm{d,b} = (p_\mathrm{s,b} - p_\mathrm{s,a}) + p_\mathrm{d,b}$$

$$p'_\mathrm{d,b} = \frac{\varrho}{2} \cdot w'^2_\mathrm{b}$$

$$w'_b = \sqrt{\frac{2 \cdot p'_\mathrm{d,b}}{\varrho}}$$

$$A'_\mathrm{b} = A_\mathrm{b} \cdot \frac{w_\mathrm{b}}{w'_\mathrm{b}} = A_\mathrm{b} \cdot \frac{w_\mathrm{b}}{\sqrt{\frac{2 \cdot p'_\mathrm{d,b}}{\varrho}}} = \frac{d'^2_\mathrm{b} \cdot \pi}{4}$$

Bild 6.13
Stromvereinigung

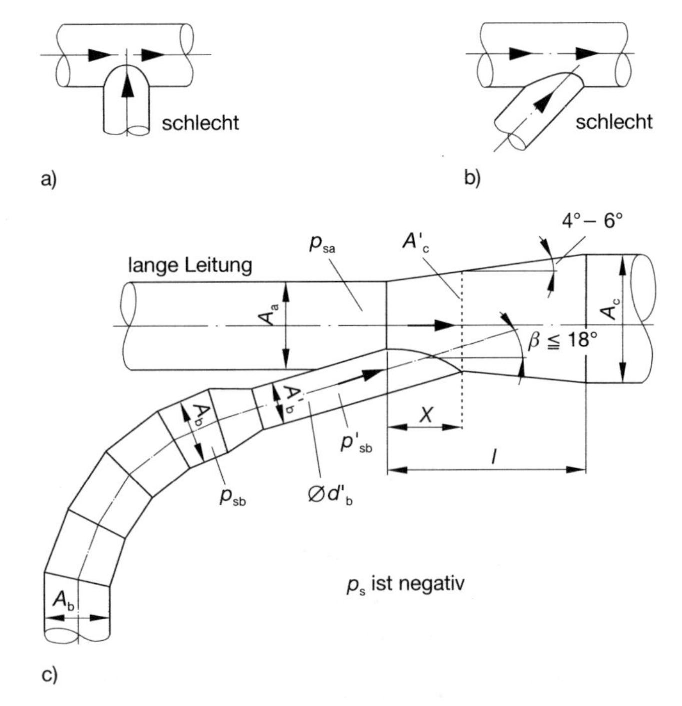

aufgelöst nach d'_b:

$$d'_b = \sqrt{\frac{4 \cdot A_b \cdot w_b}{\pi \cdot \sqrt{\frac{2 \cdot p'_{d,b}}{\varrho}}}} \qquad \text{(Gl. 6.15)}$$

Der Durchmesser d'_b ist kein Normdurchmesser. Die Rohrkante muß in der Entfernung in die Erweiterung einschneiden, wo

$$A'_c = A_a + A'_b$$

ist.

$$x = \frac{d'_c - d_a}{d_c - d_a} \cdot l$$

Bild 6.14 zeigt eine Vereinigung zweier quadratischer (auch rechteckiger) Querschnitte. Der Krümmer in Strang b ist zweckmäßig mit Leitblechen auszuführen. Die Berechnung erfolgt wie bei der Ausführung nach Bild 6.13. $\zeta \approx 0$.

Beispiel:
Für eine Rohrvereinigung liegen aufgrund einer Leitungsberechnung die Größen gemäß Bild 6.15 fest.

Es ist der Drosseldurchmesser d'_b zu bestimmen!

$$p'_{d,b} = (p_{s,b} - p_{s,a}) + p_{d,b}$$

$$p'_{d,b} = (-400 + 800) + 159 + 559 \text{ Pa}$$

$$d'_b = \sqrt{\frac{4 \cdot A_b \cdot w_b}{\pi \cdot \sqrt{\frac{2 \cdot p'_{d,b}}{\varrho}}}} = \sqrt{\frac{4 \cdot 0,062 \cdot 16,3}{\pi \cdot \sqrt{\frac{2 \cdot 559}{1,2}}}}$$

$$d' = 0,205\text{m} \mathrel{\hat{=}} \varnothing\, 205 \text{ mm};$$

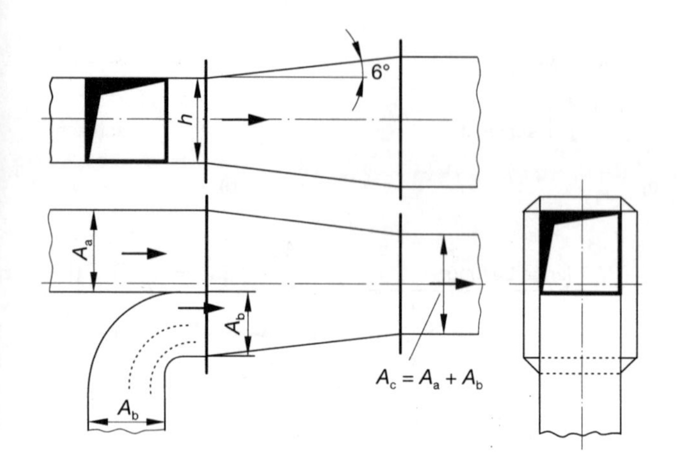

Bild 6.14
Stromvereinigung bei Rechteck-Kanälen

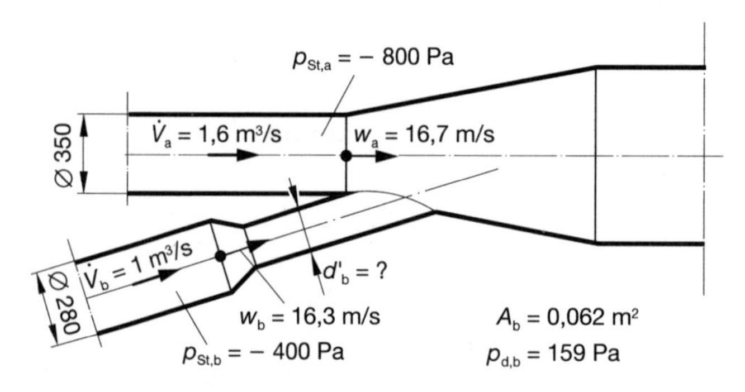

Bild 6.15
Bild zum Beispiel

6.5.1.1 Abgleich durch Verengung

Der Druckausgleich wird durch den Carnotschen-Stoßverlust $\Delta p_{Dü}$ aus der Düse erreicht:

$$p_{st,b} - p_{st,a} = \Delta p_{Dü}$$

$$\Delta p_{Dü} = \left(\frac{A_1}{A_2} - 1\right)^2 \cdot \frac{\varrho}{2} \cdot w_1^2$$

$$\frac{A_1}{A_2} - 1 = \sqrt{\frac{2 \cdot \Delta p_{Dü}}{w_1^2 \cdot \varrho}}$$

$$\frac{A_1}{A_2} = 1 + \sqrt{\frac{2 \cdot \Delta p_{Dü}}{w_1^2 \cdot \varrho}}$$

$$A_2 = \frac{A_1}{1 + \sqrt{\frac{2 \cdot \Delta p_{Dü}}{w_1^2 \cdot \varrho}}}$$

$$d_2 = \sqrt{\frac{4 \cdot A_1}{\pi \cdot \left(1 + \sqrt{\frac{2 \cdot \Delta p_{Dü}}{\varrho \cdot w_1^2}}\right)}} \qquad \text{(Gl. 6.16)}$$

Beispiel:
Man findet gleiche Daten wie beim Abgleich mittels Rohrverengung.

$$d_2 = \sqrt{\frac{4 \cdot A_1}{\pi \cdot \left(1 + \sqrt{\frac{2 \cdot \Delta p_{Dü}}{\varrho \cdot w_1^2}}\right)}}$$

$$d_2 = \sqrt{\frac{4 \cdot 0{,}061}{\pi \cdot \left(1 + \sqrt{\frac{2 \cdot 400}{1{,}2 \cdot 16{,}3^2}}\right)}}$$

$$= 0{,}175 \text{ m} \mathrel{\hat{=}} \varnothing\, 175 \text{ mm}$$

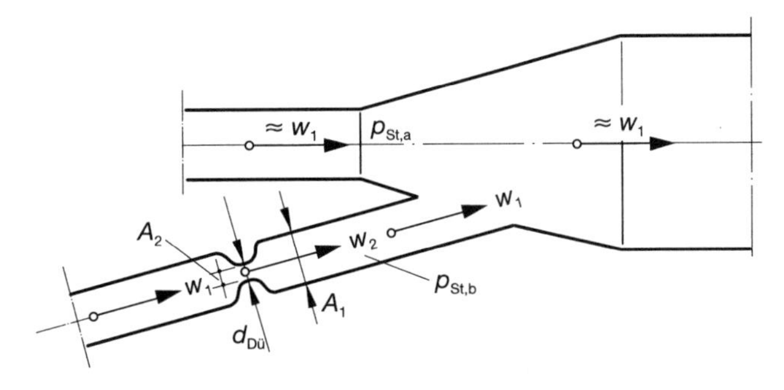

Bild 6.16
Druckabgleich mittels Verengung

6.6 Stromtrennung

Auch hier ergeben schlechte Ausführungen große Verluste. Die Bilder 6.17 a und 6.17 b zeigen schlechte Ausführungen. Es wird eine Stromtrennung durch Bild 6.18 empfohlen.

Die Ausführung nach Bild 6.19 ist gut, wenn das Rohr *b* in den Strom *c* hineinragt, da dann p_{dc} für den Trennstrom abgefangen und benutzt wird. Ist das Rohr *c* nicht verengt, so ist:

$$\zeta_a = \left(1 - \frac{A_c - A_b}{A_c}\right)^2 = \left(\frac{A_b}{A_c}\right)^2$$

$\zeta_b = 0{,}05$ bezogen auf die Geschwindigkeit im Rohr *c*.

Ist A_b groß, z.B. $= 0{,}5 \cdot A'_c$, so ist auch ζ_a groß ($\zeta_a = 0{,}25$). Allerdings wird dieser Verlust durch das kleine p_r der nachfolgenden Leitung zum Teil aufgehoben.

Die Ausführung nach Bild 6.20 ist gut.

$\zeta_a = 0{,}05$ bezogen auf die Geschwindigkeit im Rohr *c*.

$\zeta_b = 0{,}05$ bezogen auf die Geschwindigkeit im Rohr *c*.

In einem rechteckigen Kanal macht man die Trennung nach Bild 6.21 wie folgt:

$$A'_a + A'_b = A'_c; \quad \frac{A'_a}{A'_b} = \frac{\dot{V}_a}{\dot{V}_b}; \quad A_b = A'_b$$

Der Krümmer *K* ist nach Bild 6.12 mit $\zeta = 0{,}18$ auszuführen.

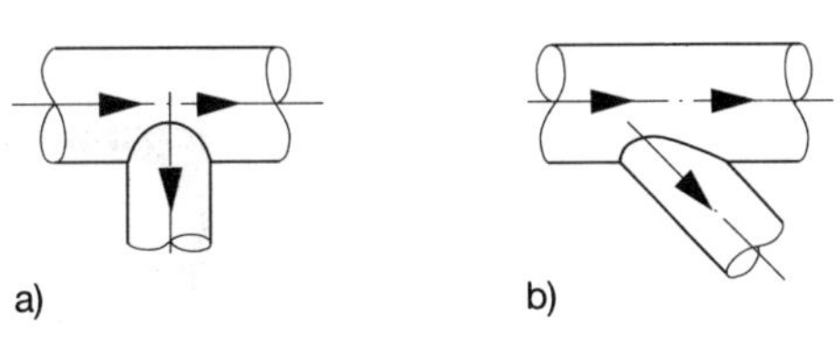

Schlank angesetzte Abgänge nach *b)* sind günstiger

Bild 6.17 Stromtrennungen

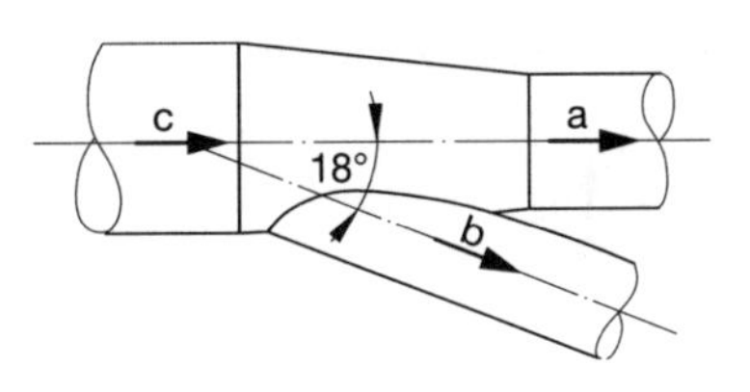

Bild 6.18
Standardausführung für Stromtrennung

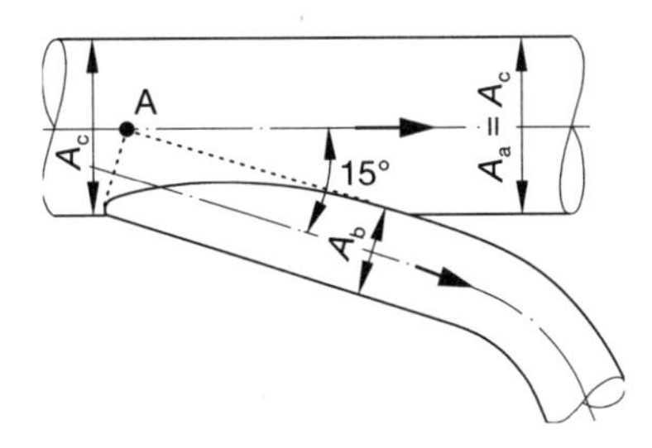

Bild 6.19 Stromtrennung ohne Reduzierung des Hauptkanals

Es ist:

$\zeta_a = 0{,}1$

$\zeta_b = 0$

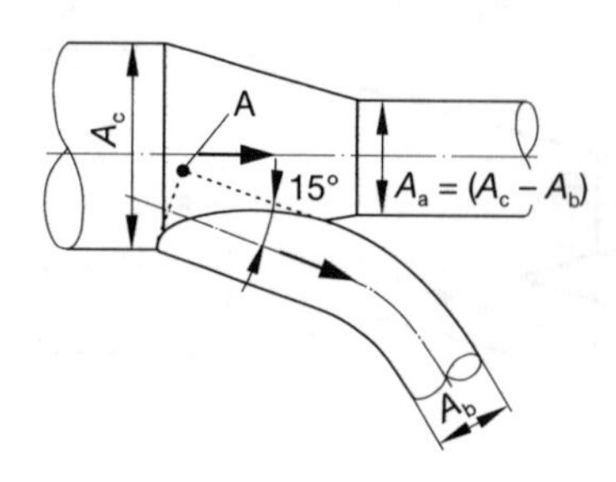

Bild 6.20 Stromtrennung ohne Reduzierung und eingeschobenem Rohr.

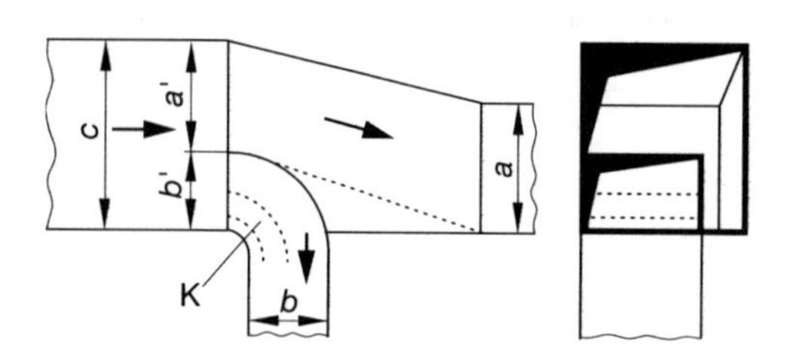

Bild 6.21
Stromtrennung bei rechteckigen Kanälen

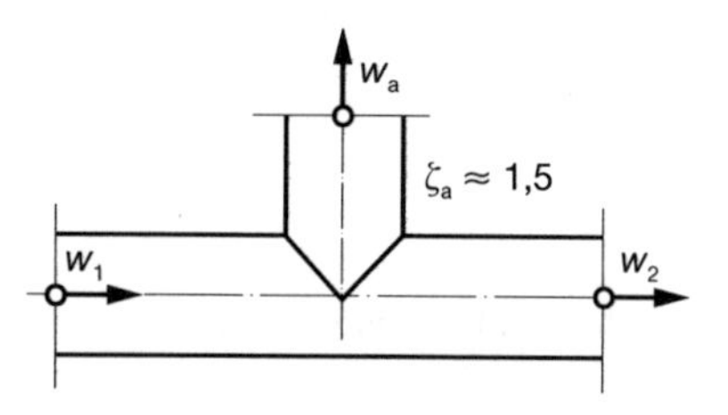

Bild 6.22 Abzweig

6.7 Druckgleichheit in Verteilersystemen

Bei Abzweigen ist zu beachten, daß durch die Verringerung der Geschwindigkeit im Hauptkanal von w_1 auf w_2 bei verlustloser Umwandlung die statische Druckerhöhung folgenden Wert annimmt:

$$\Delta p = \frac{\varrho}{2} \cdot (w_1^2 - w_2^2)$$

Mit Berücksichtigung der Verluste erhält man:

$$\Delta p_{\text{rück}} = k \cdot \frac{\varrho}{2} \cdot (w_1^2 - w_2^2) \qquad \text{(Gl. 6.17)}$$

mit: $k = 0{,}7 \ldots 0{,}9$

Der statische Druckverlust der Abzweige beträgt (Bild 6.22):

$$\Delta p_{\text{st, a}} = 1{,}5 \cdot \frac{\varrho}{2} \cdot w_a^2$$

Wenn die *Abzweige alle gleiche Geschwindigkeit und gleiche Geometrie haben*, sind also auch die Druckgefälle gleich groß. Hat der Hauptkanal konstanten Druck, so sind die Luftmengen in den Abzweigen bei gleichem Durchmesser untereinander gleich.

> Den konstanten Druck im Hauptkanal erreicht man dadurch, daß man die Teilstrecke hinter einem Abzweig so dimensioniert, daß der Druckgewinn durch die Geschwindigkeitsabnahme gerade so groß wird, daß die Reibungsverluste der Teilstrecke gedeckt werden.

Es gilt somit:

$$\Delta p_{\text{rück}} = k \cdot \frac{\varrho}{2} \cdot (w_1^2 - w_2^2) = \lambda \cdot \frac{L}{d} \cdot \frac{\varrho}{2} \cdot w_2^2 \qquad \text{(Gl. 6.19)}$$

Beispiel:
Hochdruckanlage mit 5 gleichen Abzweigen. Skizze und Berechnung s. Bild 6.23.

6.8 Druckabfall mit Temperaturänderung im System

6.8.1 Ohne eingeschaltetes Heizregister (Bild 6.24)

$$\Delta p = \zeta \cdot \frac{\varrho}{2} \cdot w^2$$

$$\Delta p = \Delta p_{K,1} + \Delta p_{K,2} \qquad \text{(Gl. 6.20)}$$

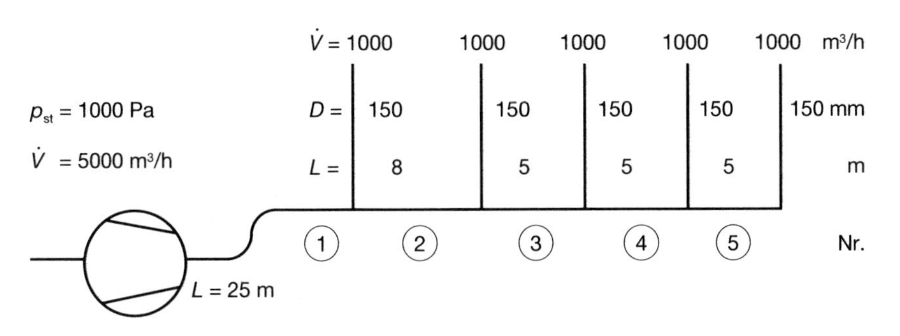

Nr.	$\dot{V}$	D	w	L	p_r	p_R	p_d	ζ	p_u	Δp_V	$\Delta p_{rück}$	p_{st}
[–]	[m³/h]	[mm]	[m/s]	[m]	[Pa]	[Pa]	[Pa]	[–]	[Pa]	[Pa]	[Pa]	[Pa]
1	5000	300	19,6	25	14	350	231	0,52	120	470	–	530
2	4000	300	15,8	8	9	72	150	–	–	72	73	531
3	3000	275	14,0	5	8	40	118	–	–	40	29	520
4	2000	250	11,3	5	6	30	77	–	–	30	38	528
5	1000	250	8,9	5	5	25	48	–	–	25	27	530

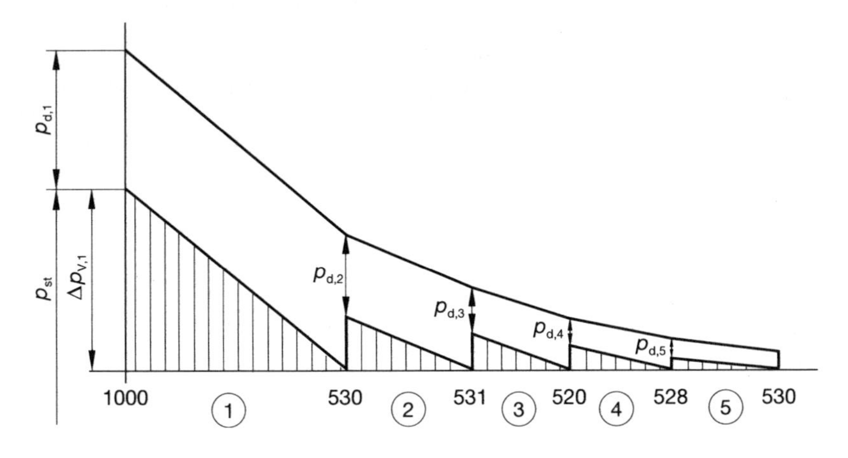

Bild 6.23 Beispiel für Druckgleichheit

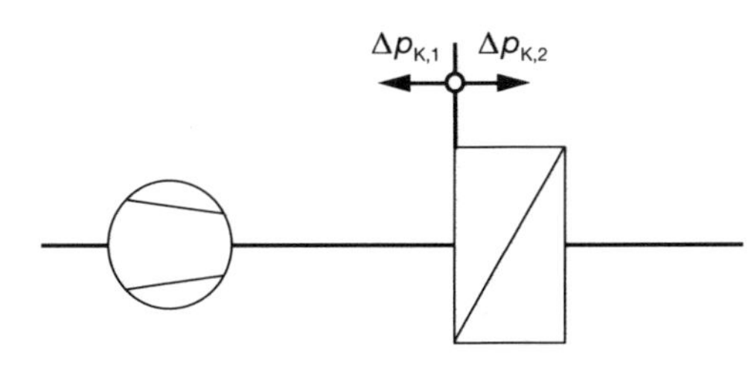

Bild 6.24 Isotherm

6.8.2 Mit eingeschaltetem Heizregister (Bild 6.25)

$$\Delta p = \Delta p_{K,1} + \Delta p_{W,2}$$

$$\Delta p_{W,2} = \zeta \cdot \frac{\varrho_W}{2} \cdot w_w^2$$

$$\Delta p_{W,2} = \zeta \cdot \frac{\varrho_K}{2} \cdot \frac{T_K}{T_W} \cdot w_K^2 \cdot \left(\frac{T_W}{T_K}\right)^2$$

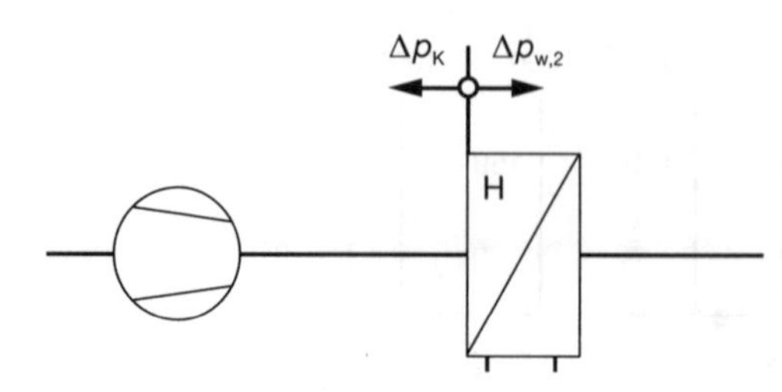

Bild 6.25 Nichtisotherm

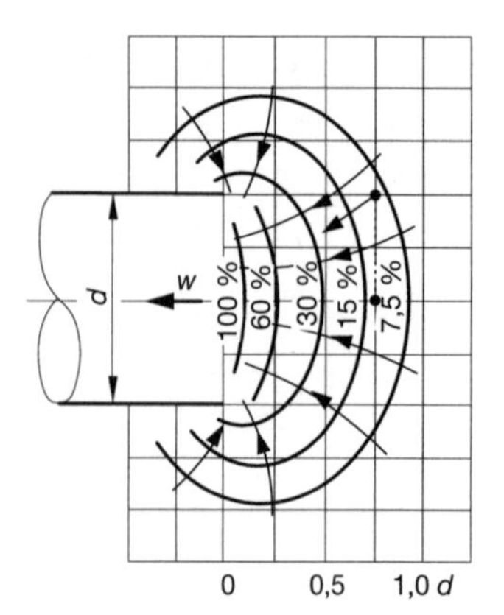

Bild 6.26 Geschwindigkeitsverteilung vor einer runden freien Saugöffnung mit Durchmesser d. Luftgeschwindigkeit in % der Geschwindigkeit in der Saugöffnung

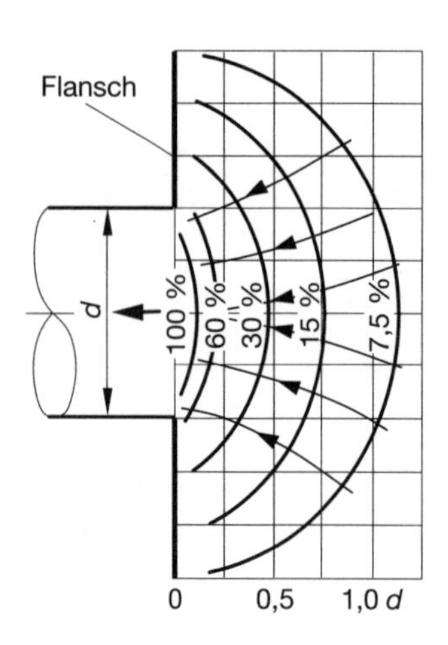

Bild 6.27 Geschwindigkeitsverteilung vor einer runden Saugöffnung mit Flansch

mit: $\varrho_W = \varrho_K \cdot \dfrac{T_K}{T_W} \quad w_W = w_K \cdot \dfrac{T_W}{T_K}$

$$\Delta p_{W,2} = \zeta \cdot \frac{\varrho_K}{2} \cdot w_K^2 \cdot \frac{T_W}{T_K}$$

$$\Delta p_{W,2} = \Delta p_{K,2} \cdot \frac{T_W}{T_K} \qquad \text{(Gl. 6.21)}$$

6.9 Geschwindigkeitsfeld bei Saugöffnungen

Die Geschwindigkeit im Eintritt von Saugöffnungen nimmt stark mit der Entfernung von der Saugöffnung ab. Gemäß Bild 6.26 ist in einer Entfernung von $1 \cdot d$ die axiale Geschwindigkeit auf etwa 7% des Wertes in der Saugöffnung zurückgegangen.

Die Geschwindigkeit längs der Achse beträgt:

$$\frac{w_x}{w} = \frac{A}{10 \cdot x^2 + A} \qquad \text{(Gl. 6.22)}$$

A Fläche der Saugöffnung (m²)
x axiale Entfernung der Saugöffnung (m)

Beispiel:
Wie groß ist die Sauggeschwindigkeit w_x in $x = 0{,}15$ m Entfernung von einer $d_i = 0{,}2$ m Ø Rohrleitung, bei einer Geschwindigkeit im Rohr von $w = 10$ m/s?

$$w_x = w \cdot \frac{A}{10 \cdot x^2 + A}$$

$$= 10 \cdot \frac{0{,}0314}{10 \cdot 0{,}15^2 + 0{,}0314} = 1{,}2 \text{ m/s}$$

Saugöffnung mit Flansch (s. Bild 6.27)

$$\frac{w_x}{w} = 1{,}33 \cdot \frac{A}{10 \cdot x^2 + A} \qquad \text{(Gl. 6.23)}$$

und somit w_x um 33% größer als bei Anordnung ohne Flansch.

Absaugöffnung in einer Wand (unendlich großer Flansch):

$$\frac{w_x}{w} = 1 - \frac{x/d}{\sqrt{\left(\frac{x}{d}\right)^2 + 0{,}25}} \qquad \text{(Gl. 6.24)}$$

7 Ventilatoren

7.1 Definition

Unter Ventilatoren versteht man Strömungsmaschinen zur Förderung von Luft oder anderen Gasen bis zu einem Druckverhältnis $p_2/p_1 = 1{,}3$ [7.1, 7.2]. Bei größeren Druckverhältnissen als 1,3 spricht man von Verdichtern.

Die Begriffe *Gebläse* oder *Lüfter* sollten in Anlehnung an die neueren Normen und Richtlinien nicht mehr gebraucht werden!

In ISO/DIS 13 349 [7.3] ist ein Ventilator als kontinuierlich fördernde 1- oder mehrstufige Strömungsmaschine für Luft oder andere Gase definiert, deren totale spezifische Förderarbeit Y_t kleiner als 25 kJ/kg ist.

Ventilatoren werden hinsichtlich ihrer Einbauart, Funktion, Strömungsführung und Betriebsart noch näher definiert. Im allgemeinen enthalten Ventilatoren keine saug- und druckseitigen Rohrstücke außerhalb der Ein- und Austrittsquerschnitte.

7.2 Betriebsdaten

Von den vielen Betriebsdaten eines Ventilators werden nur die wichtigsten in [7.1, 7.2 und 7.4] aufgeführten Begriffe zitiert, weniger wichtige Grundgrößen müssen der Fachliteratur entnommen werden.

7.2.1 Volumenstrom $\dot{V}$

Der Volumenstrom (Förderstrom) ist die zeitlich durch den Ventilator geförderte Gasmenge, die übliche Einheit ist m³/s. Zweckmäßig bezieht man das Gasvolumen auf den Gaszustand am Eintritt (Druck $p_{st,1}$ und Temperatur T_1) und kennzeichnet diesen Volumenstrom mit dem Index 1.

Zur Erfassung des Förderstromes genügt auch die einzige Angabe des Massenstromes $\dot{M}$ ohne Spezifizierung des Gaszustandes.

7.2.2 Druckerhöhung des Ventilators

In [7.1] sind 2 Arten der Druckerhöhung definiert:

- □ Druckerhöhung des frei ausblasenden Ventilators:

$$\Delta p_{fa} = p_{st,2} - p_{t,1} \qquad \text{(Gl. 7.1)}$$

$p_{st,1}$ statischer Druck am Ventilatoraustritt A_2

$p_{t,1}$ Totaldruck am Ventilatoreintritt A_1

$$p_{t,1} = p_{st,1} + p_{d,1}$$

$$p_{d,1} = \frac{\varrho_1}{2} \cdot \overline{w}_1^2$$

$$\overline{w}_1 = \frac{\dot{V}_1}{A_1}$$

- □ Totaldruckerhöhung des Ventilators

$$\Delta p_t = p_{t,2} - p_{t,1} \mathrel{\hat{=}} \Delta p_{fa} + p_{d,2} \qquad \text{(Gl. 7.2)}$$

$p_{t,2}$ Totaldruck am Ventilatoreintritt A_2

$p_{t,1}$ Totaldruck am Ventilatoreintritt A_1

$$p_{d,2} = \frac{\varrho_2}{2} \cdot \overline{w}_2^2$$

$$\overline{w}_2 = \frac{\dot{V}_2}{A_2}$$

Statische und dynamische Drücke sind Mittelwerte, die bei exakten Messungen durch Integration der im allgemeinen Fall beliebig über den Querschnitten A_1 und A_2 verteilten Einzelwerte zu bestimmen sind.
Drücke und Druckerhöhungen werden i.a. in Pa angegeben.

7.2.3 Spezifische Förderarbeit

Die spezifische Förderarbeit ist die auf den Massenstrom $\dot{M}$ bezogene Förderleistung.

Nach [7.1] kann folgende vereinfachte Definition zugrunde gelegt werden:

- ☐ spezielle Förderarbeit des frei ausblasenden Ventilators

$$Y_{fa} = \frac{\Delta p_{fa}}{\varrho_m} \quad \text{(Gl. 7.3)}$$

Δp_{fa} s. (Gl. 7.1)
ϱ_m mittlere Dichte; $\varrho_m = \frac{\varrho_1 + \varrho_2}{2}$

- ☐ Spezifische totale Förderarbeit des Ventilators

$$Y_t = \frac{\Delta p_t}{\varrho_m} = Y_{fa} = \frac{\overline{w}_2^2}{2} \quad \text{(Gl. 7.4)}$$

Δp_t = s. (7.2)

In [7.2] wird eine thermodynamisch exakte Formulierung für die Förderarbeit angegeben:

$$Y_t = Y_{st} + Y_d \quad \text{(Gl. 7.5)}$$

Geht man von einer polytropen Kompression aus, wird Y_{st}:

$$Y_{st} = \int_1^2 \frac{dp_{st}}{\varrho} = \frac{p_{st,1}}{\varrho_1} \cdot \frac{n}{n-1} \cdot \left(\left(\frac{p_{st,2}}{p_{st,1}} \right)^{\frac{n-1}{n}} - 1 \right) \quad \text{(Gl. 7.6)}$$

mit dem Polytropenexponenten n:

$$n = \frac{\ln\left(\frac{p_{st,2}}{p_{st,1}}\right)}{\ln\left(\frac{\varrho_2}{\varrho_1}\right)} \quad \text{(Gl. 7.7)}$$

Der dynamische Anteil beträgt:

$$Y_d = \frac{\overline{w}_2^2 - \overline{w}_1^2}{2} \quad \text{(Gl. 7.8)}$$

Die Verwendung des Begriffes der Förderarbeit sollte auf Ventilatoren mit großen Druck- und Temperaturänderungen beschränkt werden.

7.2.4 Förderleistung

Als Förderleistung eines Ventilators wird das Produkt aus Massenstrom $\dot{M}$ und spez. Förderarbeit Y_t verstanden:

$$P_t = \dot{M} \cdot Y_t = \varrho_1 \cdot \dot{V}_1 \cdot Y_t \quad \text{(Gl. 7.9)}$$

7.2.5 Wellenleistung

Die Antriebsleistung eines Ventilators erhält man aus Drehmoment M_d, Winkelgeschwindigkeit ω bzw. aus Motorleistung P_M und Übertragungswirkungsgraden:

$$P_W = M_d \cdot \omega = P_M \cdot \eta_{Motor} \cdot \eta_{Getr.} \quad \text{(Gl. 7.10)}$$

Bei direkt mit dem Ventilator (Laufrad) gekuppeltem Motor wird der Wirkungsgrad $\eta_{Getr.}$ zu 1,0!

7.2.6 Wirkungsgrad

Unter Wirkungsgrad versteht man wie bei allen Arbeitsmaschinen das Verhältnis aus Nutzleistung $\triangleq$ Förderleistung und Antriebsleistung:

$$\eta_{t,W} = \frac{P_t}{P_W} \quad \text{(Gl. 7.11)}$$

Bei dieser Definition werden die Lagerreibungsverluste P_R dem Ventilator zugeordnet, Energieverluste in Riementrieben oder Zahnradgetrieben dem Antrieb.

DIN 24 163/Teil [7.1] unterscheidet 5 Leistungs- und 6 Wirkungsgraddefinitionen.

Als einziges Regelwerk weist VDI 2044 [7.2] auf den Wirkungsgrad des Ventilators einschließlich weiterer Teile der Anlage, den sogenannten **Einbauwirkungsgrad** η_{Einbau} und die sog. nutzbare Druckerhöhung hin. Die zusätzlichen Zu- und Abströmverluste im Einbauzustand verringern grundsätzlich den Wirkungsgrad, insbesondere durch eine Reduzierung der Druckerhöhung bei gleichbleibender Antriebsleistung [7.5].

7.2.7 Dimensionslose Kennzahlen

Im Ventilatorenbau sind folgende dimensionslose Kennzahlen des Strömungsmaschinenbaus in Verwendung:

☐ Volumenzahl φ:

$$\varphi = \frac{4 \cdot \dot{V}_1}{\pi^2 \cdot D^3 \cdot n} \qquad \text{(Gl. 7.12)}$$

$\dot{V}$ Ansaugvolumenstrom in m^3/s
D Laufradaußendurchmesser in m
n Drehzahl in s^{-1}

☐ Druckzahl des frei ausblasenden Ventilators:

$$\psi_{\mathrm{fa}} = \frac{2 \cdot Y_{\mathrm{fa}}}{(\pi \cdot D \cdot n)^2} \qquad \text{(Gl. 7.13)}$$

Y_{fa} spezifische Förderarbeit des frei ausblasenden Ventilators

☐ Totaldruckzahl:

$$\psi_{\mathrm{t}} = \frac{2 \cdot Y_{\mathrm{t}}}{(\pi \cdot D \cdot n)^2} \qquad \text{(Gl. 7.14)}$$

Y_{t} spezifische totale Förderarbeit

☐ Leistungszahl λ
nach DIN 24 163:

$$\lambda = \frac{8 \cdot P_{\mathrm{L}}}{\varrho_1 \cdot \pi^4 \cdot D^5 \cdot n^3} \qquad \text{(Gl. 7.15)}$$

P_{L} = Antriebsleistung – Laufrad

nach VDI 2044:

$$\lambda = \frac{8 \cdot P_{\mathrm{W}}}{\varrho_1 \cdot \pi^4 \cdot D^5 \cdot n^3} \qquad \text{(Gl. 7.16)}$$

P_{W} = Antriebsleistung – Eingang Kupplung oder Riemenscheibe

☐ Laufzahl σ:

$$\sigma = \frac{\varphi^{1/2}}{\psi_{\mathrm{t}}^{3/4}} = n \cdot \sqrt[4]{\frac{\dot{V}_1^2}{(2 \cdot Y_{\mathrm{t}})^3}} \cdot 2 \cdot \sqrt{\pi} \qquad \text{(Gl. 7.17)}$$

☐ Durchmesserzahl δ:

$$\sigma = \frac{\psi_{\mathrm{t}}^{1/4}}{\varphi^{1/2}} = D \cdot \sqrt[4]{\frac{2 \cdot y_{\mathrm{t}}}{\dot{V}_1^2}} \cdot \frac{\sqrt{\pi}}{2} \qquad \text{(Gl. 7.18)}$$

☐ Reynoldszahl Re:

$$Re = \frac{D \cdot u}{\nu} = \frac{D^2 \cdot \pi \cdot n}{\nu} \qquad \text{(Gl. 7.19)}$$

ν kinematische Viskosität des Gases (z.B. kalte Luft: $\nu = 15 \cdot 10^{-6} m^2/s$)

7.2.8 Betriebsgeräusch

Als Maß für das Betriebsgeräusch wird i.a. der A-Schalleistungspegel in dB (A) verwendet.

Nach DIN 45 635, Teil 38 [6] werden 8 unterschiedliche Schalleistungspegel definiert:

1. L_{W1} Ventilator-Gesamtschalleistungspegel
2. L_{W2} Gehäuse-Schalleistungspegel
3. L_{W3} Ansaug-Kanalschalleistungspegel
4. L_{W4} Ausblas-Kanalschalleistungspegel
5. L_{W5} Freiansaug-Schalleistungspegel
6. L_{W6} Freiausblas-Schalleistungspegel
7. L_{W7} Gehäuse- und Freiansaug-Schalleistungspegel
8. L_{W8} Gehäuse- und Freiausblas-Schalleistungspegel

Bei Ventilatoren gibt es also keine einfache, allgemeine Aussage über den Schallleistungspegel, sondern nur speziell definierte Werte.

Hinweise zur Vorausabschätzung von Schallwerten von Ventilatoren finden sich u.a. in [7.7].

7.3 Einbauarten und Druckverlauf

ISO 5801 und DIN 2413 kennen 4 Einbauarten (Tabelle 7.1):

Tabelle 7.1: Einbauarten von Ventilatoren

Einbauart	Beschreibung der Einbauart	
	Saugseite des Ventilators	Druckseite des Ventilators
A	frei ansaugend	frei ausblasend
B	frei ansaugend	druckseitig angeschlossen
C	saugseitig angeschlossen	frei ausblasend
D	saugseitig angeschlossen	druckseitig angeschlossen

Je nach Einbauart ergibt sich eine besondere Druckverteilung im Bereich des Ventilators und zugeschnittene Formel für die Druckerhöhung gemäß Abschnitt 7.2.2.

In ISO 5801/5802 oder in [7.8 und 7.9] ist der Druckverlauf für die 4 Einbauarten dargestellt (Bilder 7.1 bis 7.4). In die Bilder sind u.a. auch die Schnittstellen A_1 und A_2 sowie die zugehörigen Drücke eingetragen.

! Die für eine bestimmte Einbauart ermittelten Betriebswerte oder gar Kennfelder dürfen nicht ohne weiteres auf eine andere Einbauart übertragen werden!

7.4 Bauarten

In lufttechnischen Anlagen werden üblicherweise folgende Ventilatorbauarten eingesetzt:

Axialventilatoren
Radialventilatoren
Querstromventilatoren

Diagonalventilatoren finden sich noch selten in lufttechnischen Geräten und Anlagen.

In Tabelle 7.2 sind die Bauarten der Ventilatoren mit ihren wichtigsten Kennzahlen zusammengestellt [7.10], in Tabelle 7.3 ist eine ähnliche Tabelle aus [7.11] wiedergegeben, die noch weitere Kennzahlen enthält.

7.5 Kennfelder

7.5.1 Allgemeines

Nach Einführung von DIN 24 163 und 24 166 sowie der Neufassung von VDI 2044 ist einheitlich festgelegt, was man unter einer Ventilatorkennlinie zu verstehen hat, nämlich mindestens den funktionellen Zusammenhang zwischen Totaldruckerhöhung Δp_t und angesaugtem Volumenstrom $\dot{V}_1$ (Bild 7.5). Ferner gehören noch die Kurven für den Leistungsbedarf und den Wirkungsgrad dazu, häufig auch eine Kurve zur Geräuschemission. Manchmal wurden auch die Kurven für die freiblasende Druckerhöhung mit angegeben. Selten sind Kennfelder mit Angaben der spezifischen Förderarbeit oder mit dimensionslosen Kennzahlen.

Zur Vervollständigung müssen noch Drehzahl, Gasdichte und bestimmte Abmessungen des Ventilators angegeben werden, um das Betriebsverhalten eindeutig charakterisieren zu können.

Die Kennfelder ungeregelter Ventilatoren sind verhältnismäßig einfach aufgebaut (Bild 7.5), wogegen die Kennfelder geregelter Ventilatoren u.U. komplizierter werden.

Zur vollständigen Beurteilung der Kennfelder gehört unbedingt auch die Betrachtung der Bautoleranzen, z.B. nach DIN 24 166 bzw.

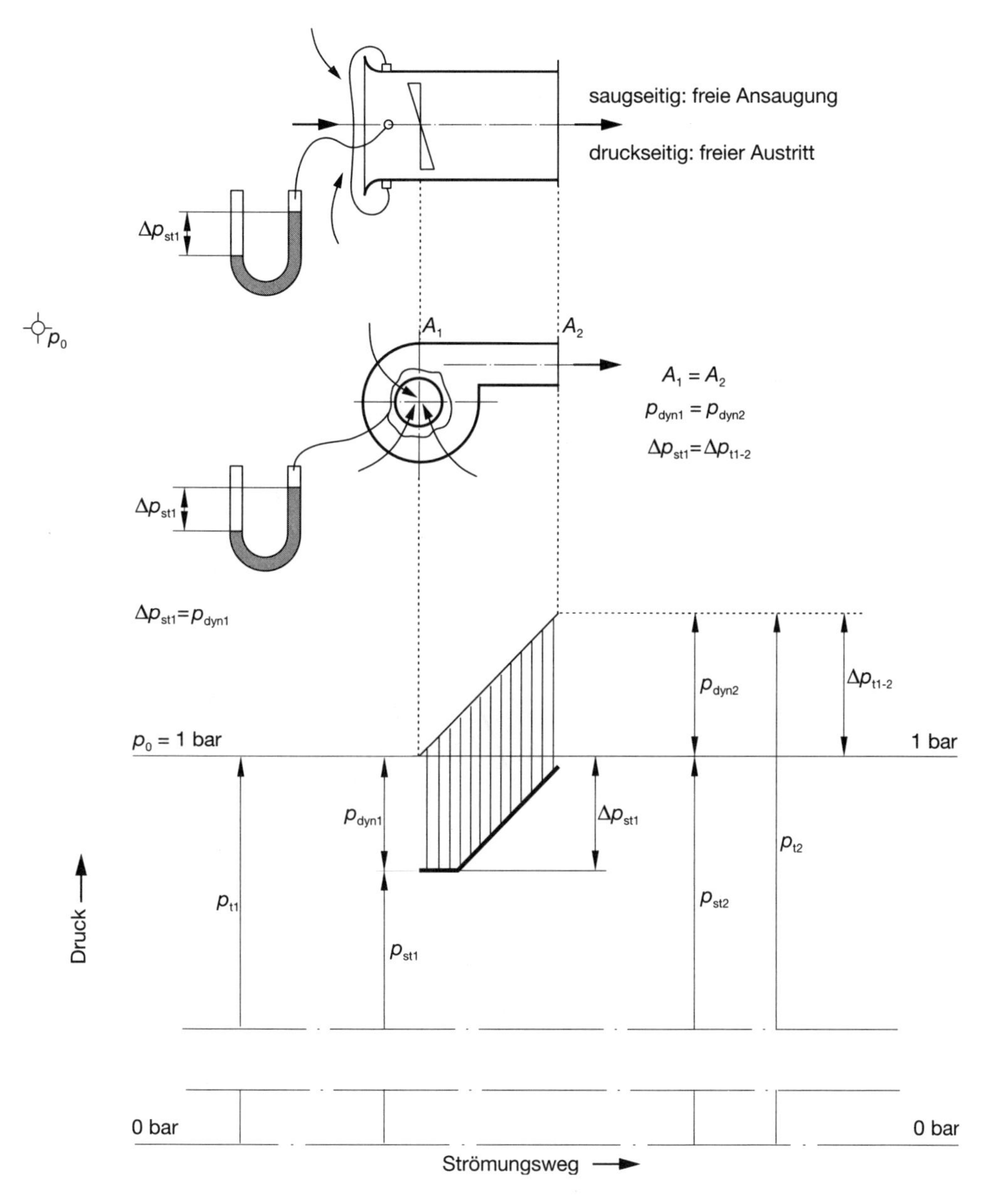

Bild 7.1 Ventilator – Einbauart A

Angaben zur Genauigkeitsklasse, was in einem strittigen Gewährleistungsfall (Bild 7.6) sehr wichtig werden kann [7.11].

In Bild 7.7 sind die Kennfelder geregelter Ventilatoren als Prinzipbilder dargestellt:

oben	Axialventilator mit Laufradverstellung
Mitte	Radialventilator mit Vordrallregelung
unten	Ventilator mit Drehzahlregelung

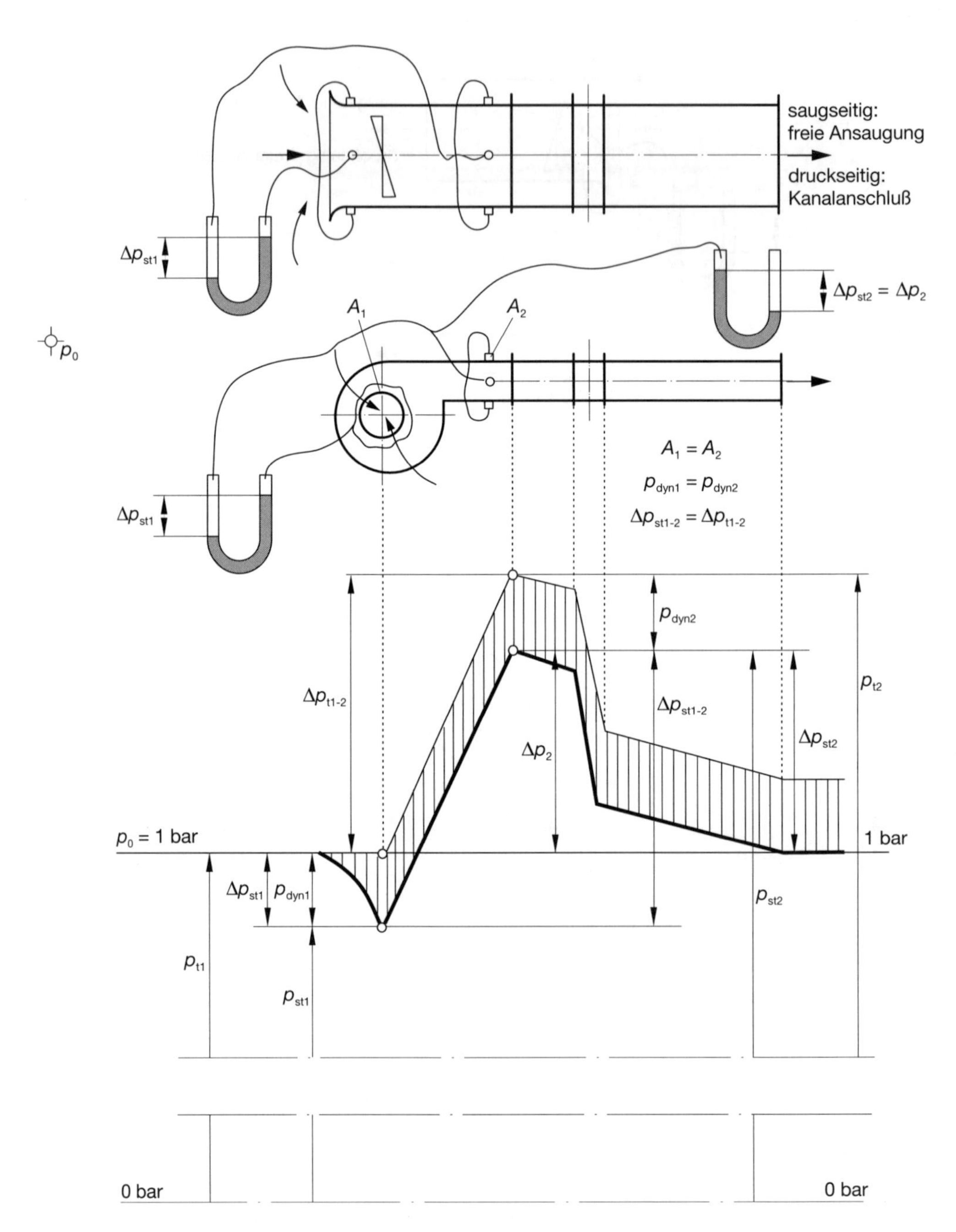

Bild 7.2 Ventilator – Einbauart B

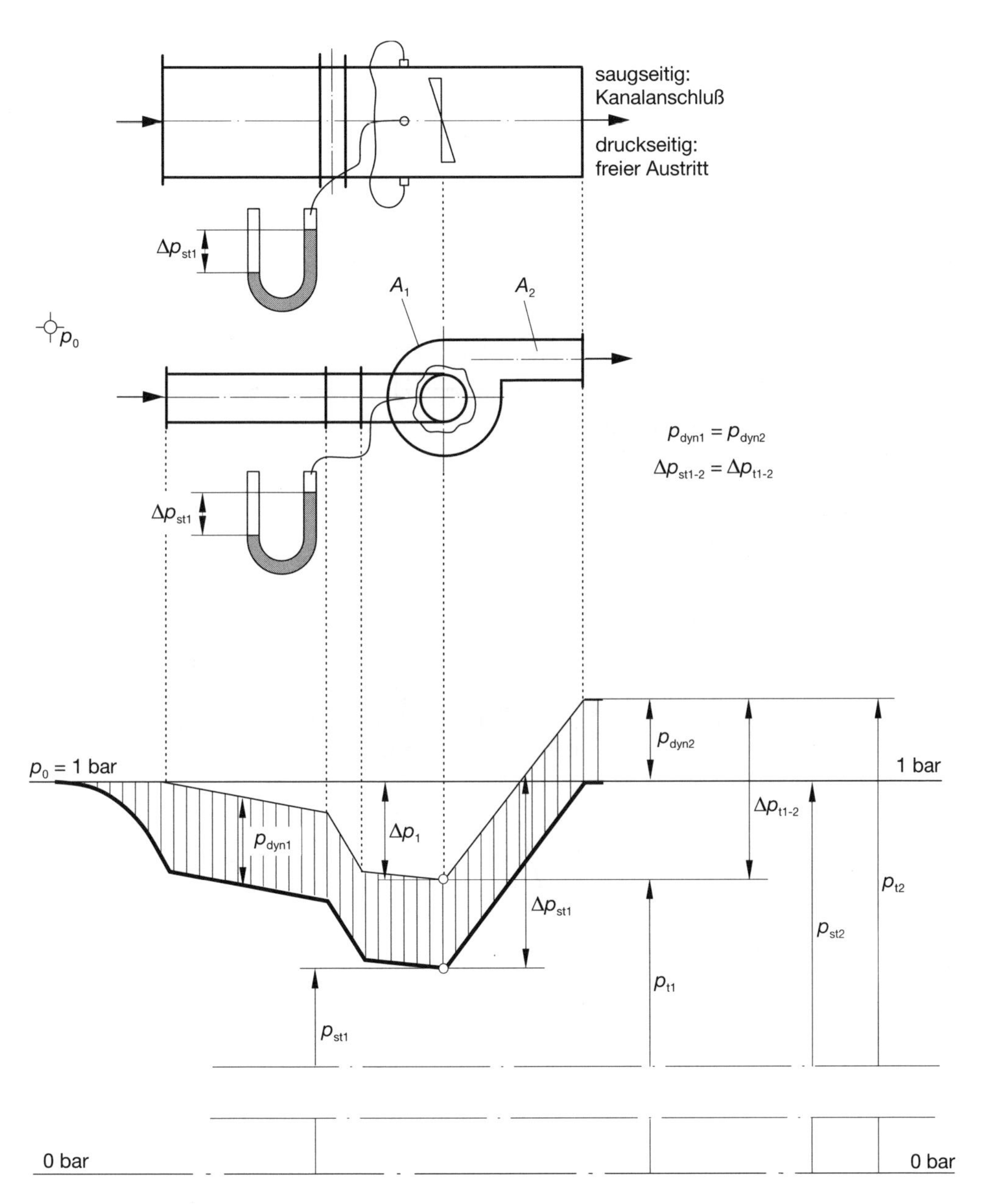

Bild 7.3 Ventilator – Einbauart C

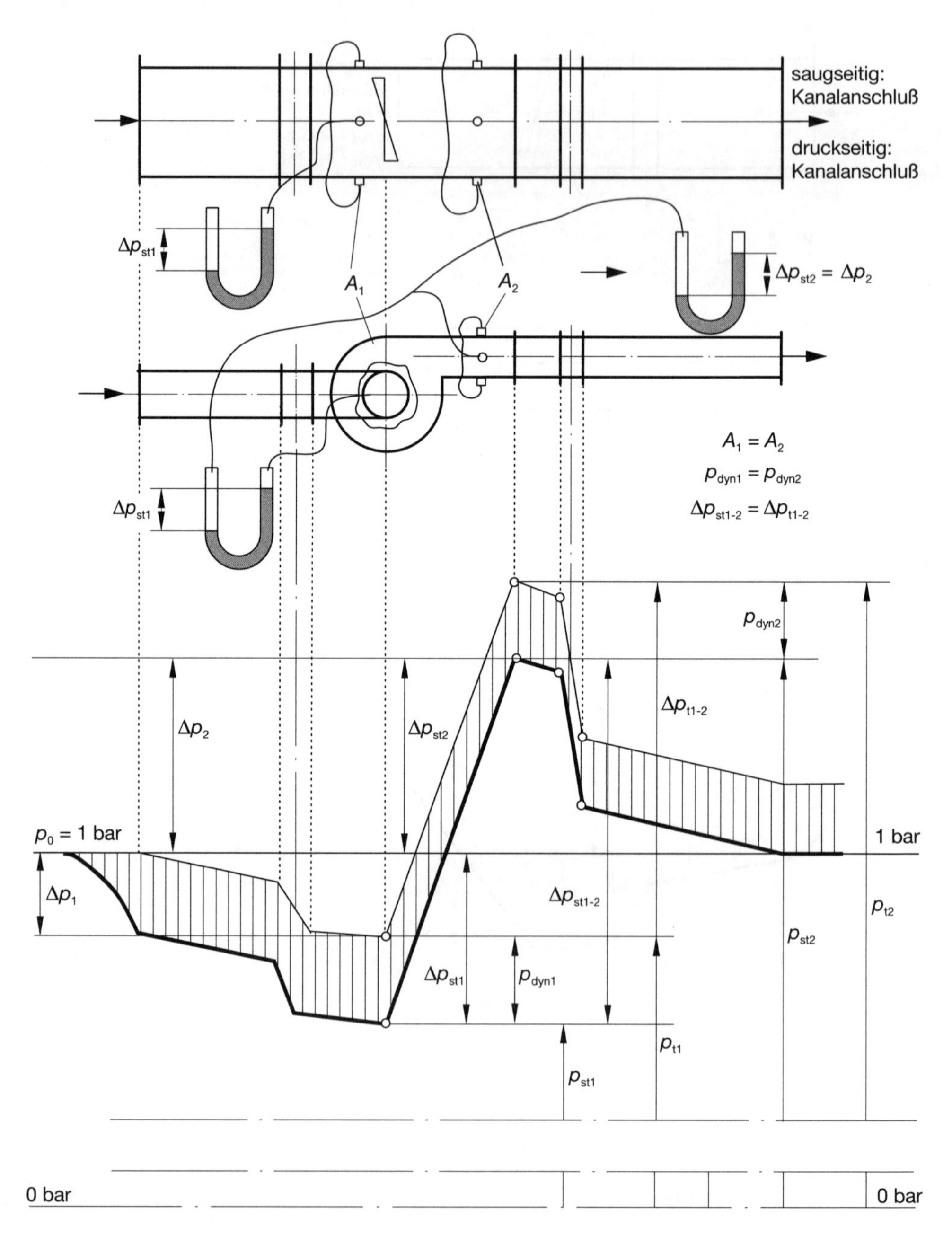

Bild 7.4 Ventilator – Einbauart D

Tabelle 7.2

	Bauart	Schema	Lieferzahl φ	Druckzahl ψ	Anwendung
Axial-ventilatoren	Wandventilator	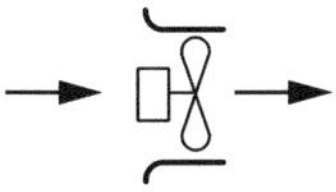	0,1...0,25	0,05...0,1	für Fenster- und Wandeinbau
	ohne Leitrad	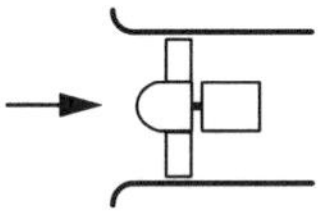	0,15...0,30	0,1...0,3	bei geringen Drücken
	mit Leitrad	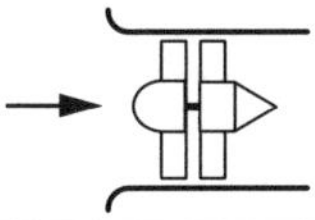	0,3...0,6	0,3...0,6	bei höheren Drücken
	Gegenläufer	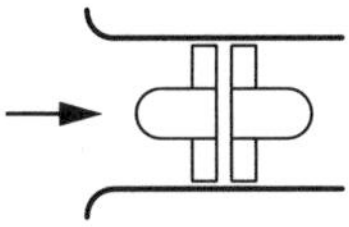	0,2...0,8	1,0...3,0	höchste Drücke, in Sonderfällen
mixed flow	halbaxial (meridian-beschleunigt)	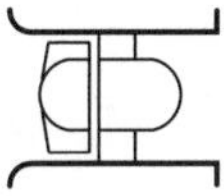	0,2...0,5	0,4...0,8	hohe Drücke, in Sonderfällen
	halbradial (Rohrventilator)	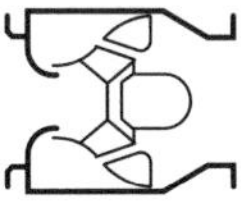	0,2...0,3	0,4...0,6	bei Rohreinbau
Radial-ventilatoren	rückwärts gekrümmte Schaufeln	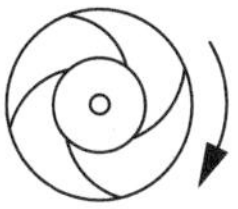	0,2...0,4	0,6...1,0	bei hohen Drücken und Wirkungsgraden
	gerade Schaufeln	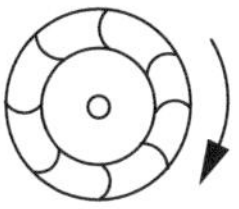	0,3...0,6	1,0...2,0	für Sonderzwecke
	vorwärts gekrümmte Schaufeln	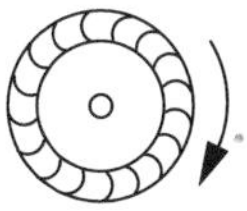	0,4...1,0	2,0...3,0	bei geringen Drücken und Wirkungsgraden
Querstrom-ventilatoren		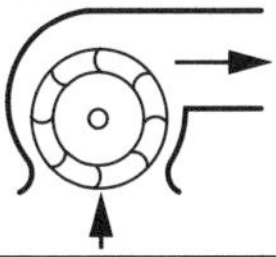	1,0...2,0	2,5...4,0	hohe Drücke bei geringem Platzverbrauch

Tabelle 7.3

	φ	ψ	$\varphi \cdot \psi = \lambda \cdot \eta$	σ	δ	$n_q = 185{,}1\ \sigma$
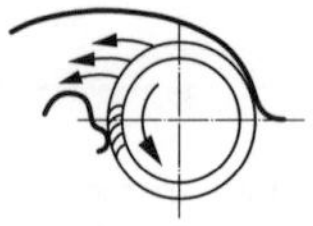	1,0	2...4	2...4	0,35...0,6	1,14...1,19	40...95
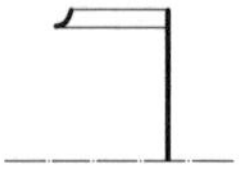	1	2...3	2...3	0,438...0,592	1,19...1,32	69...93
	0,3	0,75	0,225	0,68	1,7	107,5
$0{,}7 \cdot r_a$ 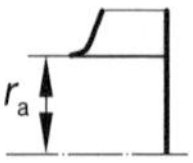	0,2	0,6	0,12	0,657	1,965	104
$0{,}5 \cdot r_a$ 	0,13	1,0	0,13	0,361	2,72	57,1
$0{,}3 \cdot r_a$ 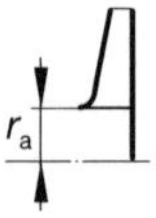	0,03	1,1	0,033	0,162	5,92	26,6
$0{,}15 \cdot r_a$ 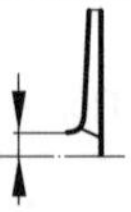	0,00185	1,1	0,00203	0,04	24,4	6,3
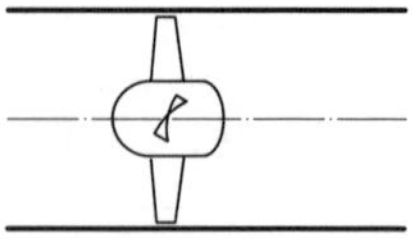	0,1...0,2	0,05...0,01	0,005...0,02	1,6...3,8	1,0...1,78	250...600
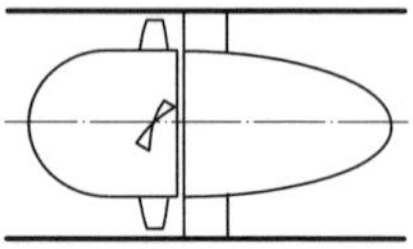	0,3	0,5	0,15	0,924	1,535	146
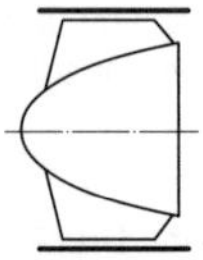	0,3	0,7	0,21	0,715	1,62	113

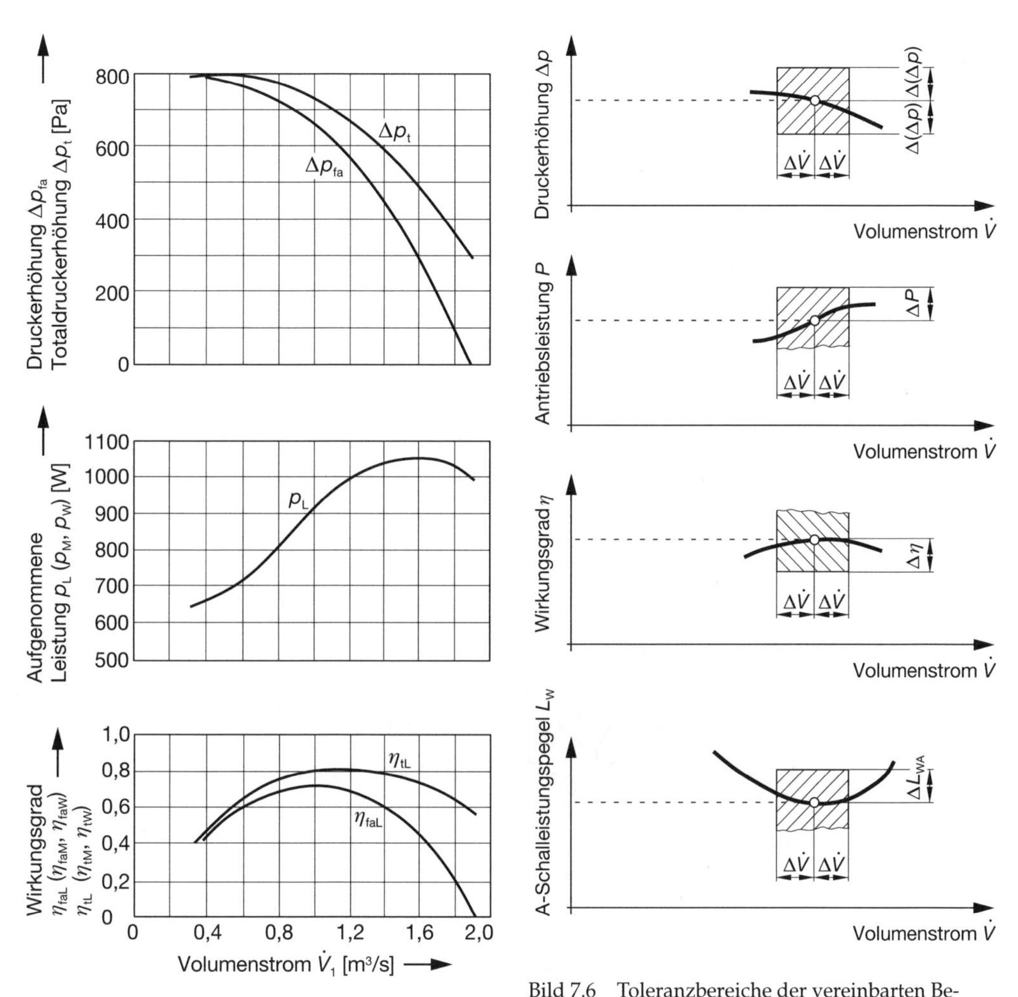

Bild 7.5 Darstellung der Normkennlinie $[\Delta p_{fa}$ bzw. $\Delta p_t, P, \eta] = f(\dot{V}_1)$ für einen Radialventilator mit rückwärts gekrümmten Schaufeln
$D = 0{,}56$ m; $h_2 = 0{,}4$ m; $b_2 = 0{,}355$ m
Ventilator frei ausblasend; Prüfungsanordnung 1
$n = 20\ 1/\text{s}$; $\varrho_1 = 1{,}20\ \text{kg/m}^3$

Bild 7.6 Toleranzbereiche der vereinbarten Betriebswerte

7.5.2 Kennlinien von Radialventilatoren

7.5.2.1 Geschwindigkeitsdreieck und Umfangsgeschwindigkeit

Diese stellen die Luftgeschwindigkeiten am Ein- und Austritt der Schaufeln dar. Die *Eintrittsdreiecke* sind meist *rechteckig*, da die Luft im allgemeinen in Achsrichtung in die Schaufeln eintritt und für alle 3 Arten von Schaufelformen somit gleich ist. Die *Austrittsdreiecke* dagegen sind nur im Falle der geraden Schaufeln rechteckig, sonst schiefwinklig (s. Bild 7.8).

7.5.2.2 Theoretischer Förderdruck

$$\Delta p_{th} = \varrho \cdot (u_2 \cdot c_{2,u} - u_1 \cdot c_{1,u}) \qquad \text{(Gl. 7.20)}$$

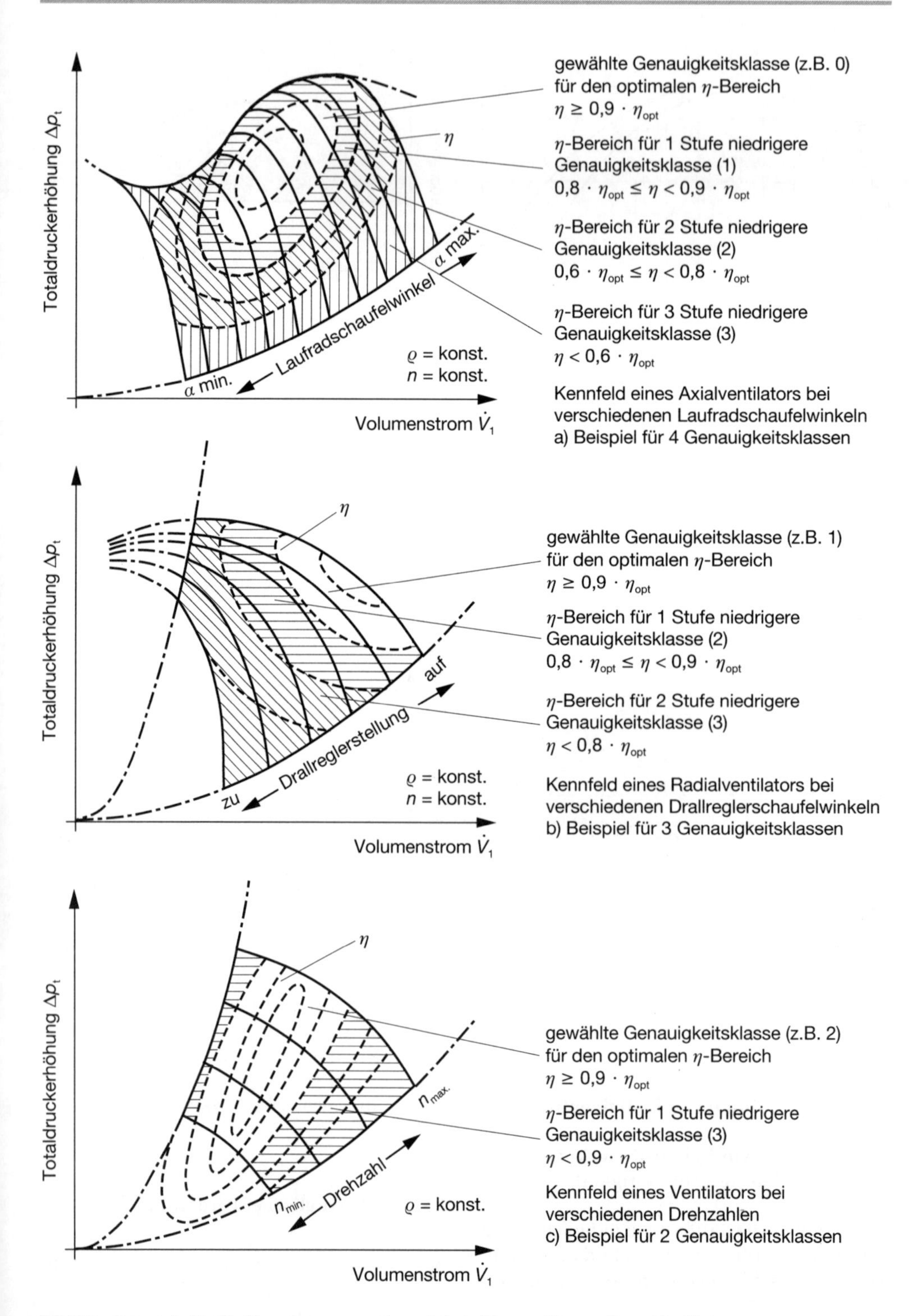

Bild 7.7 Beispiele für die Zuordnung von Genauigkeitsklassen für regelbare Ventilatoren

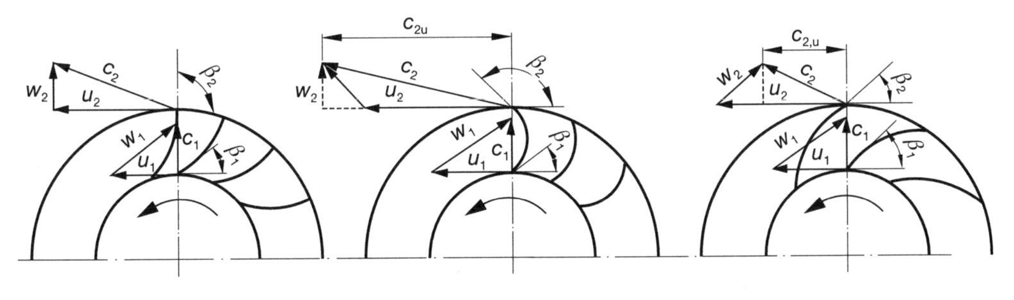

Bild 7.8 Geschwindigkeitsdreiecke bei Radialventilatoren

bei: $c_{1,u} = 0$

$$\Delta p_{\text{th}} = \varrho \cdot u_2 \cdot c_{2,\text{u}} \qquad \text{(Gl. 7.21)}$$

Gemäß Bild 7.9 geht hervor, daß der Förderdruck bei vorwärts gekrümmten Schaufeln am größten, bei rückwärts gekrümmten Schaufeln am kleinsten ist.

Beispiel:
Wie groß ist der theoretische Förderdruck (bei 20 °C) eines Ventilators mit geraden Schaufelenden bei einer Umfangsgeschwindigkeit von $u_2 = 25$ m/s?

Lösung:

$\Delta p_{\text{th}} = \varrho \cdot u_2 \cdot c_{2,\text{u}}$

mit: $c_{2,\text{u}} = u_2$ wird:

$$\Delta p_{\text{th}} = \varrho \cdot u_2^2 = 1{,}2 \cdot 25^2 = 750 \text{ Pa}$$

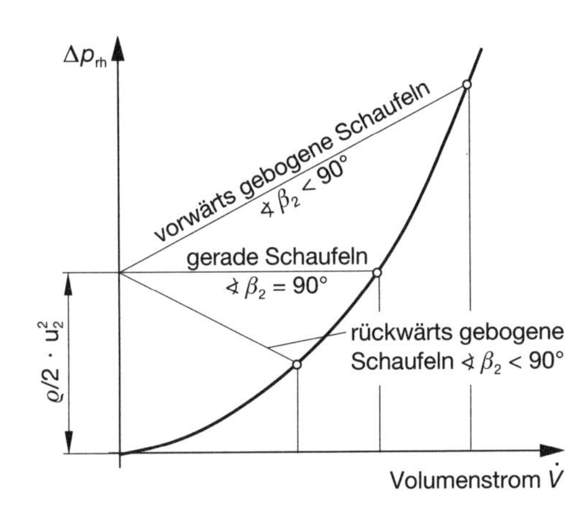

Bild 7.9 Theoretischer Förderdruck in Abhängigkeit von der Schaufelform

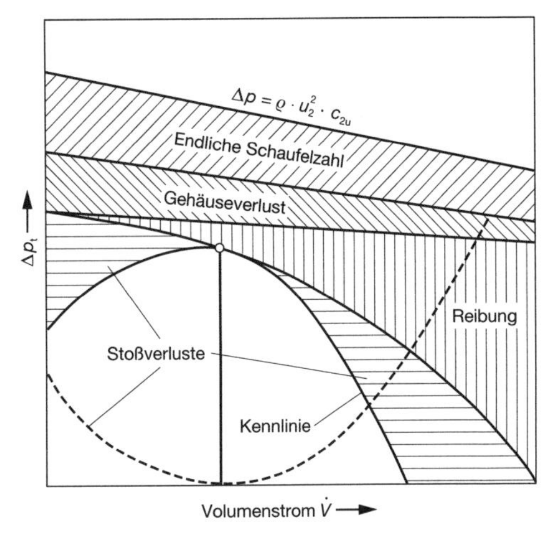

Bild 7.10 Entwicklung der Betriebskennlinie

7.5.2.3 Kennlinie

Die Kennliniengerade aus dem theoretischen Förderdruck wird durch Verluste im Ventilator wesentlich geändert (s. Bild 7.10).

Dimensionslose Kennlinien
Förderstrom und Förderdruck werden hierbei auf Konstruktionsgrößen, wie Außendurchmesser D des Rades und seine Umfangsgeschwindigkeit

$$u \cdot (u = \frac{D \cdot \pi \cdot n}{60})$$

bezogen.

7.5.2.4 Druckzahl

$$\psi = \frac{\Delta p_t}{\frac{\varrho}{2} \cdot u^2} \qquad \text{(Gl. 7.22)}$$

hieraus: $\Delta p_t = \psi \cdot \frac{\varrho}{2} \cdot u^2$

Setzt man diesen Gesamtdruck mit dem theoretischen ins Verhältnis, erhält man bei geraden Schaufelenden:

$$\Delta p_t = \Delta p_{th} \cdot \frac{\psi}{2}$$

7.5.2.5 Volumenzahl

$$\psi = \frac{\dot{V}}{\frac{D^2 \cdot \pi}{4} \cdot u} = \frac{\dot{V}}{A \cdot u} \qquad \text{(Gl. 7.23)}$$

hieraus: $\dot{V} = \varphi \cdot A \cdot u$

7.5.2.6 Leistungszahl

$$\lambda = \frac{\varphi \cdot \psi}{\eta} = \frac{\dot{V} \cdot \Delta p_t}{\eta \cdot A \cdot u \cdot \frac{\varrho}{2} \cdot u^2} \qquad \text{(Gl. 7.24)}$$

Beispiel:
Wieviel leistet ein Ventilator mit einem Außendurchmesser $D = 800$ mm (gerade Schaufelenden) bei $n = 400 \text{ min}^{-1}$

$$u = \frac{D \cdot \pi \cdot n}{60} = 16{,}8 \text{ m/s}; \; A = \frac{D^2 \cdot \pi}{4} = 0{,}5 \text{ m}^2;$$

$$\frac{\varrho}{2} \cdot u^2 = 170 \text{ Pa}$$

$$\varphi \approx 0{,}45;$$

$$\dot{V} = \varphi \cdot A \cdot u = 3{,}735 \text{ m}^3/\text{s} = 13\,446 \text{ m}^3/\text{h}$$

$$\psi \approx 1{,}5\,; \Delta p_t = \psi \cdot \frac{\varrho}{2} \cdot u^2 = 225 \text{ Pa}$$

7.5.2.7 Leistungsbedarf

$$P_w = \frac{\dot{V} \cdot \Delta p_t}{1\,000 \cdot 2} \text{ (kW)} \qquad \text{(Gl. 7.25)}$$

$\dot{V} = \text{m}^3/\text{s}$

$\Delta p_t = \text{Pa (N/m}^2\text{)}$

$\eta = 0{,}3 \div 0{,}9$

7.5.2.8 Temperaturerhöhung

Je 1 000 Pa erhöhen die Temperatur der Luft um ca. 1 °C.

7.5.3 Ähnlichkeitsgesetze

7.5.3.1 Proportionalitätsgesetz

Die Leistungdaten eines Ventilators können auf *andere Drehzahlen* wie folgt umgerechnet werden:

$$\dot{V}_2 = \dot{V}_1 \cdot \frac{n_2}{n_1} \qquad \text{(Gl. 7.26)}$$

$$\Delta p_2 = \Delta p_1 \cdot \left(\frac{n_2}{n_1}\right)^2 \qquad \text{(Gl. 7.27)}$$

$$P_{w,2} = P_{w,1} \cdot \left(\frac{n_2}{n_1}\right)^3 \qquad \text{(Gl. 7.28)}$$

Index 1: ursprünglicher Wert
Index 2: neuer Wert

Diese Gesetze, die an sich nur theoretisch gültig sind, können auch bei den wirklichen Ventilatoren mit ausreichender Genauigkeit angewendet werden.

In der Praxis werden die Formeln zur Umrechnung der Leistungsdaten auf andere Drehzahlen verwendet, z.B. bei Netzen mit *60 Hz* oder bei *Drehzahlsteuerung*.

Beispiel:
Es wird ein Ventilator gesucht für $\dot{V}_2 = 3\ \mathrm{m^3/s}$ und $p_2 = 250\ \mathrm{N/m^2}$ zum Anschluß an ein Netz $f_2 = 60$ Hz. Zunächst ist festzustellen, welche Leistungsdaten der Ventilator bei Betrieb mit $f_1 = 50$ Hz haben müßte, weil die Betriebswerte in den Auswahltabellen und Kennlinien üblicherweise auf einer Frequenz von 50 Hz basieren.

$$\dot{V} = \dot{V}_2 \cdot \frac{n_1}{n_2} = \dot{V}_2 \cdot \frac{f_1}{f_2}$$

$$\dot{V}_1 = 3 \cdot \frac{50}{60} = 2,5\ \mathrm{m^3/s}$$

$$p_1 = p_2 \cdot \left(\frac{n_1}{n_2}\right)^2 = p_2 \cdot \left(\frac{f_1}{f_2}\right)^2$$

$$p_1 = 250 \cdot \left(\frac{50}{60}\right)^2 = 173{,}6\ \mathrm{N/m^2}$$

Der Ventilator ist also für $\dot{V}_1 = 2{,}5\ \mathrm{m^3/s}$ und $p_1 = 174\ \mathrm{N/m^2}$ auszuwählen.

Unbedingt notwendig ist noch die Überprüfung von Leistungsbedarf und Motornennleistung.

$$P_{W,1} = 0{,}9\ \mathrm{kW}, \quad \text{bei 50 Hz}$$

$$P_{W,2} = P_{W,1} \cdot \left(\frac{n_1}{n_1}\right)^3 = P_{W,1} \cdot \left(\frac{f_2}{f_1}\right)^3$$

$$= 0{,}9 \cdot \left(\frac{60}{50}\right)^3 = 1{,}56\ \mathrm{kW}$$

Da der Motor der normalen Ausführung des Ventilators üblicherweise nur eine Nennleistung von 1,1 kW hat, müßte der Ventilator mit einem Motor für mindestens 1,6 kW bestellt werden. Ob der Einbau eines größeren Motors möglich ist, muß im Einzelfall geprüft werden.

7.5.3.2 Affinitätsgesetz

Bei einander ähnlichen jedoch *verschieden großen Ventilatoren* gilt bei *gleicher Drehzahl*:

$$\dot{V}_2 = \dot{V}_1 \cdot \left(\frac{d_2}{d_1}\right)^3 \qquad \text{(Gl. 7.29)}$$

$$\Delta p_2 = \Delta p_1 \cdot \left(\frac{d_2}{d_1}\right)^2 \qquad \text{(Gl. 7.30)}$$

$$P_{w,2} = P_{w,1} \cdot \left(\frac{d_2}{d_1}\right)^5 \qquad \text{(Gl. 7.31)}$$

Beispiel:
Ein Ventilator mit einem Saugdurchmesser $d_1 = 300$ mm fördert bei $n = 1\,000\ \mathrm{min^{-1}}$ einen Volumenstrom von $\dot{V}_1 = 1\,500\ \mathrm{m^3/h}$.

Wieviel fördert ein anderer Ventilator mit $d_2 = 400$ mm bei gleicher Drehzahl?

$$\dot{V}_2 = \dot{V}_1 \cdot \left(\frac{d_2}{d_1}\right)^3 = 1\,500 \cdot \left(\frac{400}{300}\right)^3 = 3\,555\ \mathrm{m^3/h}$$

7.5.4 Anwendung in der Praxis üblicher Kennlinienblätter

Kennlinienblätter enthalten die Ventilatorkennlinien für die Normdrehzahlen, in denen gleichzeitig die praktisch vorkommenden Motordrehzahlen, mit enthalten sind. Zwischenwerte können interpoliert werden, falls dies notwendig ist. Dies bedeutet jedoch unter Umständen abnormale Riemenscheiben.

Die Kennlinienblätter zeigen auf der linken senkrechten Leiter die Gesamtdruckdifferenz Δp_g in Pa ($\mathrm{N/m^2}$) auf der unten waagrechten Leiter den Volumenstrom $\dot{V}$ in $\mathrm{m^3/h}$ ($\mathrm{m^3/s}$),

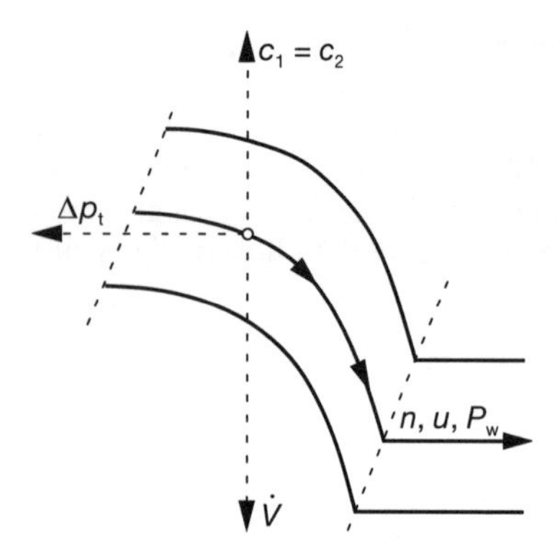

Bild 7.11 Grundelement der Kennlinienblätter

auf der oberen waagrechten Leiter die Luftgeschwindigkeit in der Saug- bzw. Drucköffnung $c_1 = c_2$ in m/s (bei gleichen Querschnitten), auf den rechten senkrechten Leitern die Drehzahl n in min^{-1}, die Umfangsgeschwindigkeit u in m/s und den max. Leistungsbedarf P in kW. Der Gesamtwirkungsgrad η sowie die Normdrehzahlen sind an den Kennlinien unmittelbar eingetragen.

Während Gesamtdruckdifferenz und Volumenstrom, wie Bild 7.11 zeigt, direkt vom betreffenden Betriebspunkt nach links- bzw. untengehend abgelesen werden, hat die Ablesung für Drehzahl, Umfangsgeschwindigkeit und max. Leistungsbedarf in waagrechter Verlängerung der rechts an jede Kennlinie anschließenden Geraden zu erfolgen.

Bei *doppelseitig saugenden Ventilatoren* können in Annäherung die Leistungen unter Anwendung der Kennlinien so bestimmt werden, daß dafür nur die halbe Luftmenge im Kennlinienblatt gesucht und die benötigte Gesamtdruckdifferenz um 50% des dynamischen Druckes erhöht wird. Für die Errechnung des Leistungsbedarfs ist ebenfalls dieser erhöhte Rechenwert für die Gesamtdruckdifferenz sowie die Gesamtluftmenge einzusetzen.

Für die Auswahl der Antriebsmotoren ist der max. Leistungsbedarf maßgebend. Der Motor sollte in seiner Nennleistung bei direkt angetriebenen bzw. mit Kupplung versehenen Ventilatoren um ca. 10%, bei riemengetriebenen Ventilatoren um ca. 20% reichlicher bemessen werden.

Das Übersichtsdiagramm Bild 7.12 enthält die Kennlinienzonen für einen *Gesamtwirkungsgrad über 85%* und dient zur Bestimmung der in Frage kommenden Baugrößen. Die genauen Leistungsdaten sind den besonderen Kennlinienblättern zu entnehmen. Hinsichtlich der Maximaldrehzahlen sowie Detailangaben sind die Einzelkennlinienblätter (s. z.B. Bilder 7.13 und 7.14) zu beachten.

Eine weitere Möglichkeit der übersichtlichen Darstellung in doppeltlogarithmischen Diagramm zeigen die Bilder 7.15 und 7.16. Alle wichtigen Daten *aller Größen* einer bestimmten Baureihe wie Förderstrom, Drehzahl, Umfangsgeschwindigkeit und Sauggeschwindigkeit können sofort aus diesem Diagramm abgelesen werden.

Beispiel (Bild 7.15):
Gegeben:
Förderstrom $\dot{V} = 9\,500\ \text{m}^3/\text{h} = 2{,}64\ \text{m}^3/\text{s}$
Gesamtdruck $\Delta p_t = 920$ Pa

Gewählt:
Größe 450 (Saugseitiger Durchmesser)

Ergebnis:
$c_S = 16{,}8$ m/s
$\eta = 0{,}84$
$u = 47$ m/s
$n = 1\,540$ 1/min

Kraftbedarf:

$$P = \frac{\dot{V} \cdot \Delta p_t}{1000 \cdot \eta} = \frac{2{,}64 \cdot 920}{1\,000 \cdot 0{,}84} = 2{,}89\ \text{kW}$$

Vergleicht man 2 Betriebspunkte, dann gilt: Das Druckverhältnis ist gleich dem Volumenstromverhältnis zum Quadrat, d.h.:

$$\frac{\Delta p_{t1}}{\Delta p_{t2}} = \left(\frac{\dot{V}_1}{\dot{V}_2}\right)^2 \text{ bzw. } \Delta p_{t2} = \Delta p_{t1} \cdot \left(\frac{\dot{V}_2}{\dot{V}_1}\right)^2$$

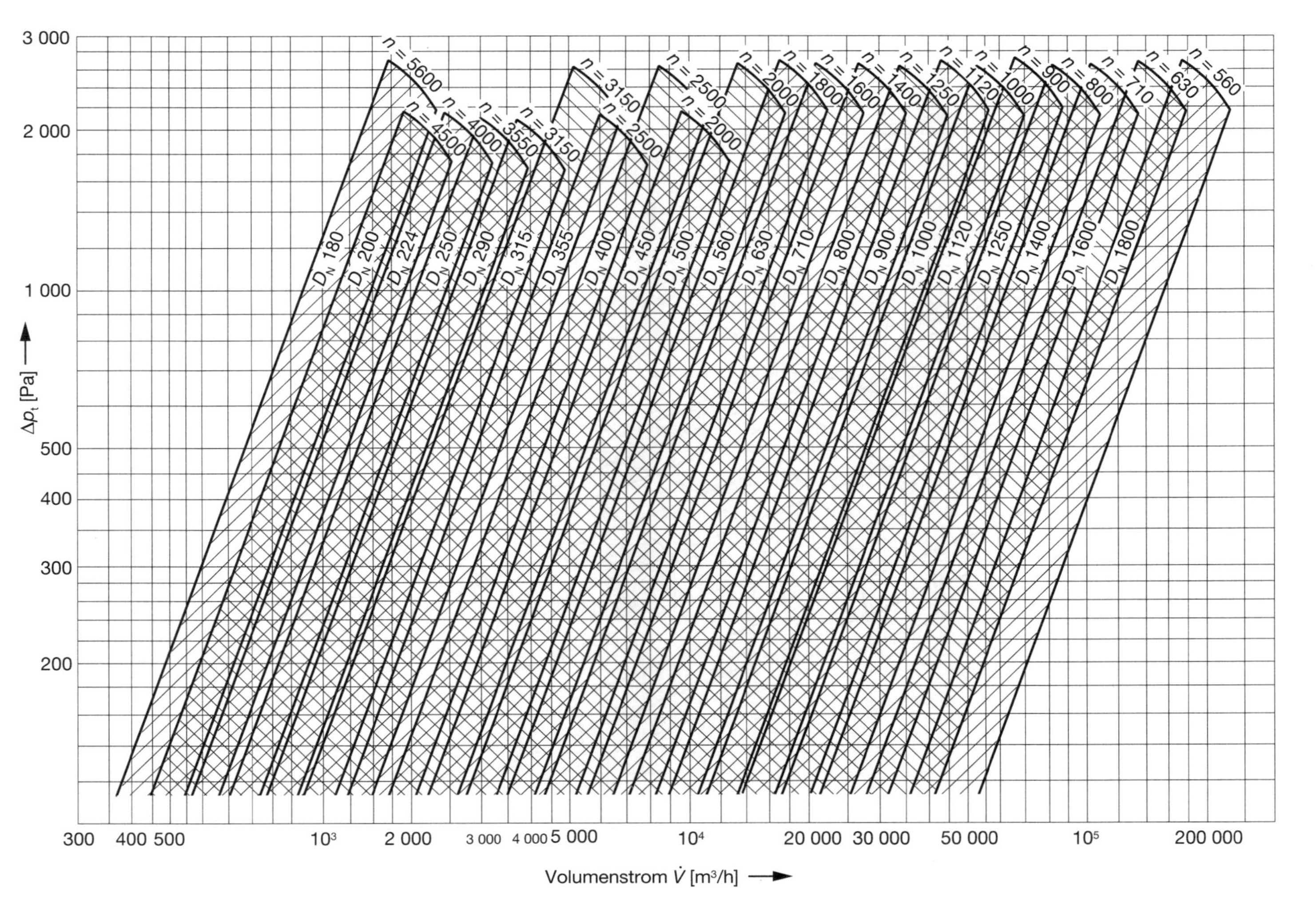

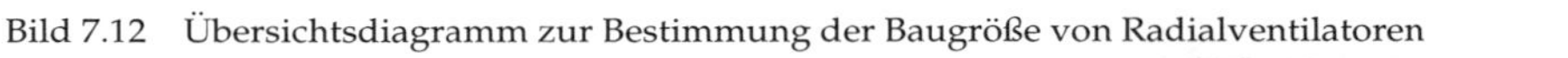
Bild 7.12 Übersichtsdiagramm zur Bestimmung der Baugröße von Radialventilatoren

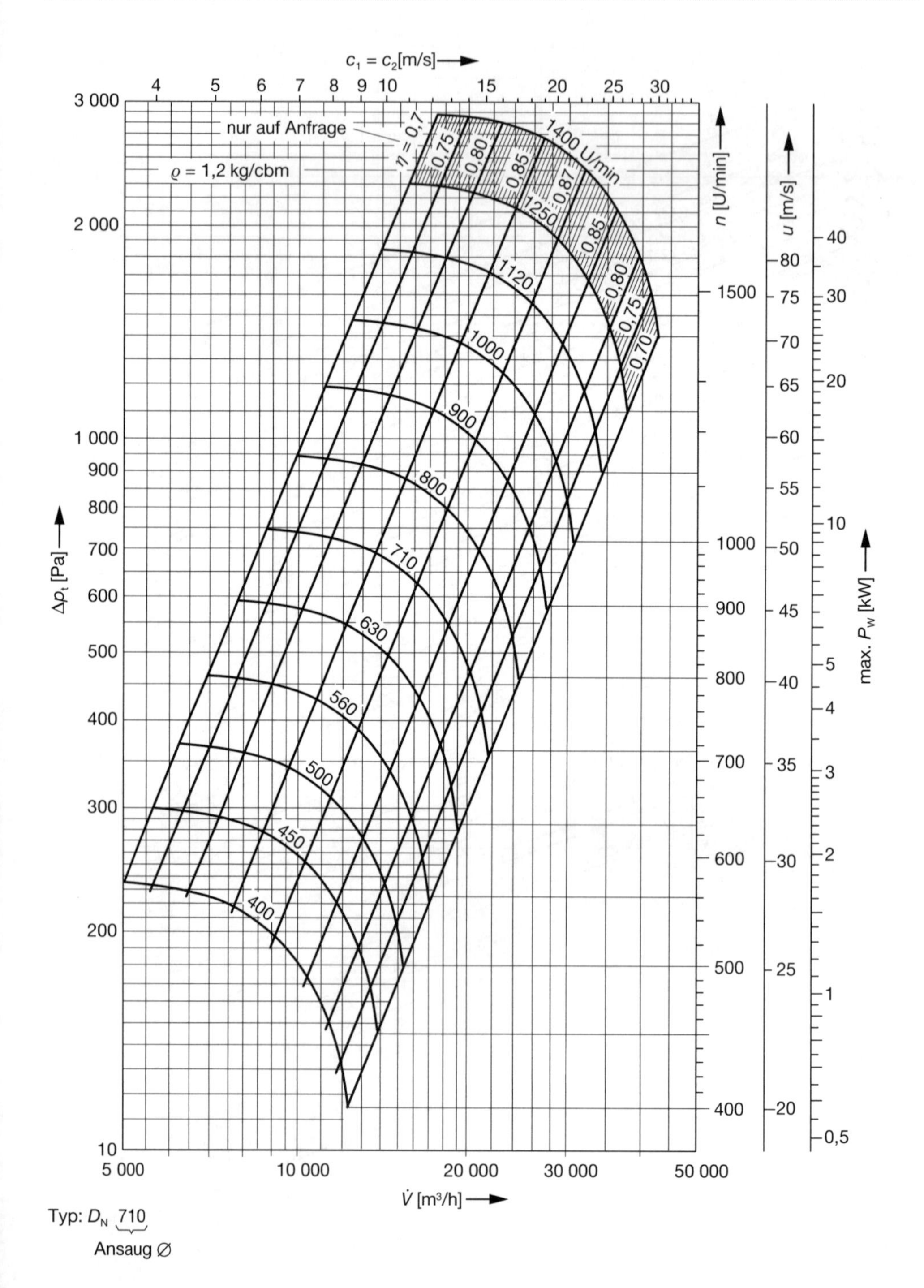

Bild 7.13 Einzelkennlinie mit den Hauptdaten

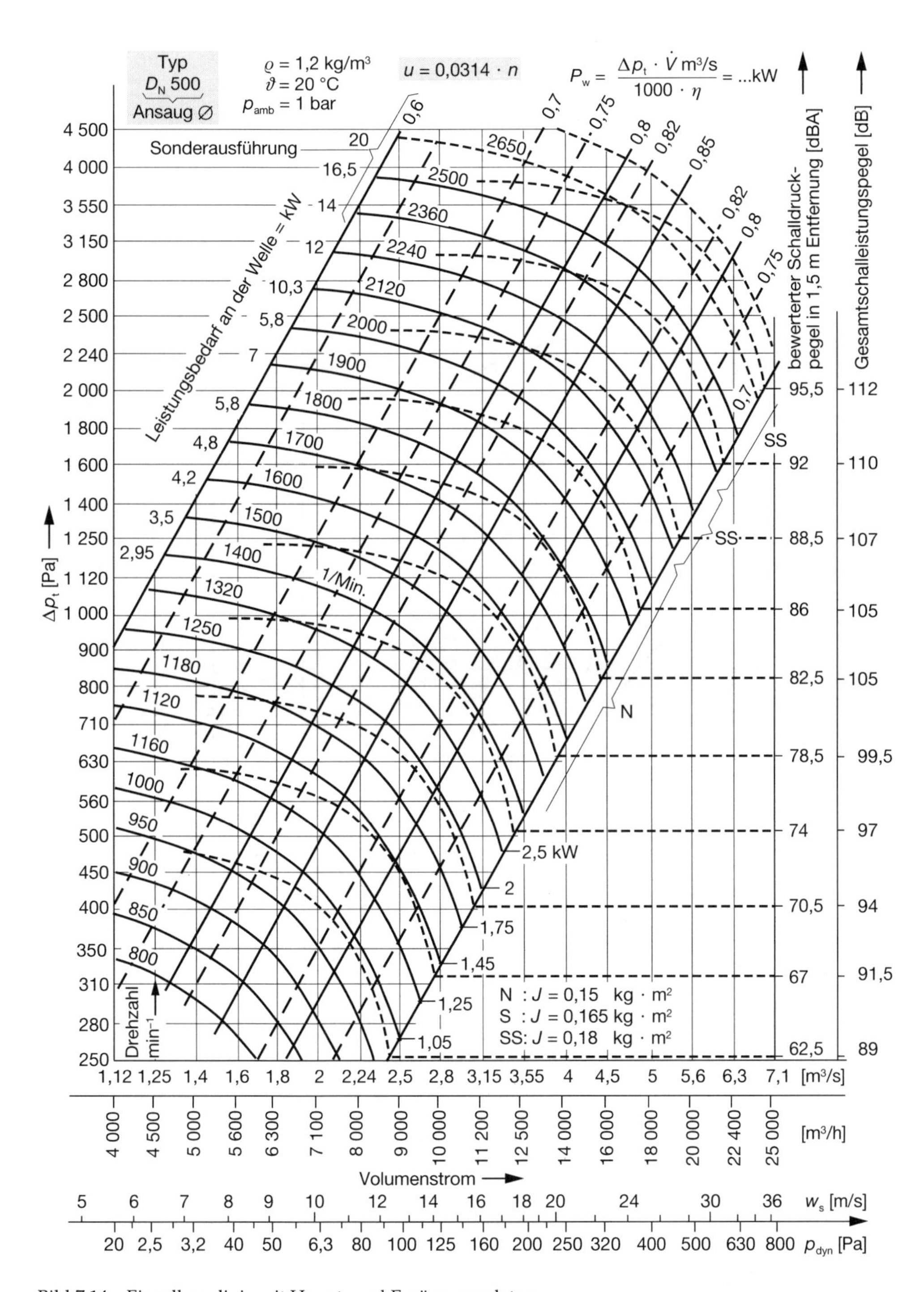

Bild 7.14 Einzelkennlinie mit Haupt- und Ergänzungsdaten

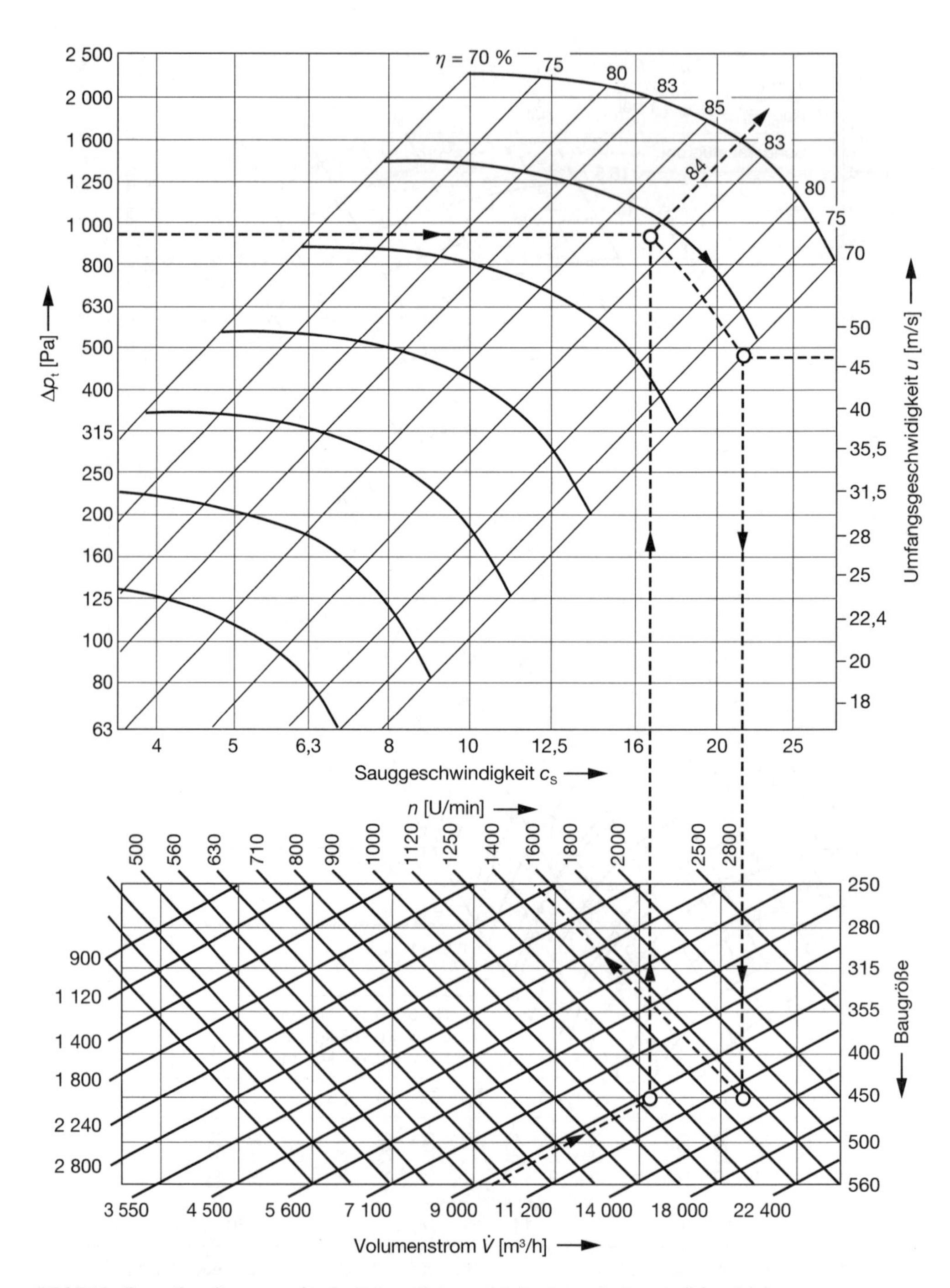

Bild 7.15 Baureihendiagramm für Radialventilatoren (rückwärts gekrümmte Schaufeln)

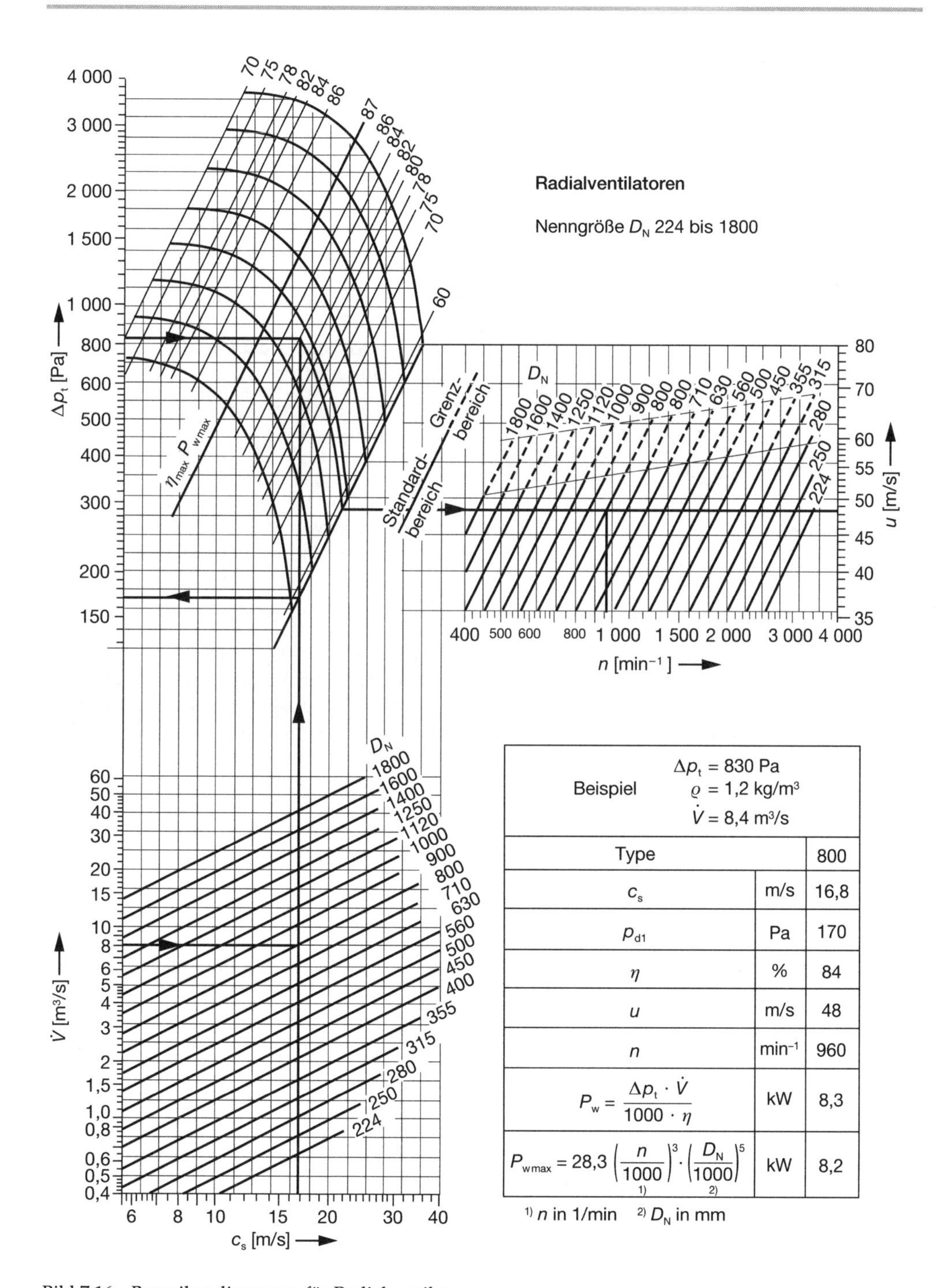

Beispiel	$\Delta p_t = 830$ Pa $\varrho = 1{,}2$ kg/m³ $\dot V = 8{,}4$ m³/s	
Type		800
c_s	m/s	16,8
p_{d1}	Pa	170
η	%	84
u	m/s	48
n	min^{-1}	960
$P_w = \dfrac{\Delta p_t \cdot \dot V}{1000 \cdot \eta}$	kW	8,3
$P_{wmax} = 28{,}3 \left(\dfrac{n}{1000}\right)^3 \cdot \left(\dfrac{D_N}{1000}\right)^5$ [1) 2)]	kW	8,2

1) n in 1/min 2) D_N in mm

Bild 7.16 Baureihendiagramm für Radialventilatoren

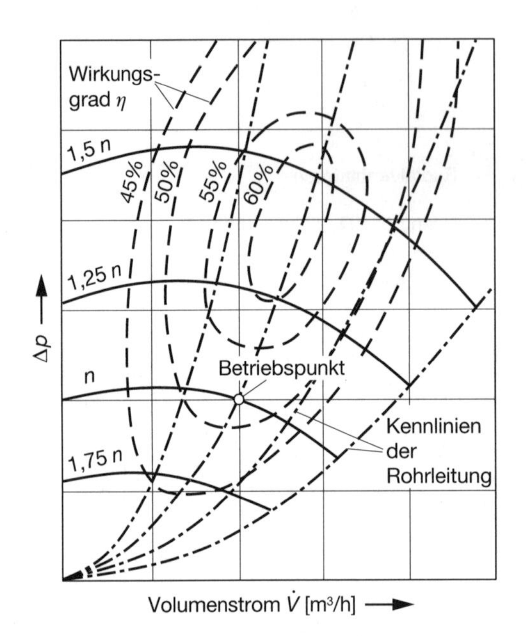

Bild 7.17 Betriebspunkt als Schnittpunkt von Ventilatoren- und Anlagenkennlinie

Im Beispiel ist der Betriebspunkt B_1 bei $\dot{V} = 10\ m^3/s$ und $\Delta p_{t1} = 1750$ Pa. Wie groß ist Δp_{t2} bei $V_2 = 5\ m^3/s$?

$$\Delta p_{t2} = 1750\ \text{Pa} \cdot \left(\frac{5}{10}\right)^2 = 438\ \text{Pa}.$$

7.6 Betriebspunkt

Der *Betriebspunkt* eines Ventilators ist durch den Schnittpunkt von Ventilatorenkennlinie $\Delta p_t\,(\dot{V})$ und Widerstandskennlinie $\Delta p_v\,(\dot{V})$ bestimmt.

Der Widerstand des Rohrnetzes (Rohrleitungskennlinie) einschließlich der darin eingebauten Apparate stellt sich in Form von durch den Nullpunkt gehenden Parablen dar.

Dies ergibt sich daraus, daß der Förderdruck proportional dem Quadrat vom geförderten Volumenstrom ist:

$$\Delta p_v = \text{konst.} \cdot \dot{V}^2$$

In Bild 7.17 sind für verschiedene Drehzahlen die Drosselkurven des Ventilators und die Rohrleitungskennlinen dargestellt.

Beispiel:
Es wird ein Ventilator für einen Volumenstrom von $\dot{V} = 10\,000\ m^3/h$ und aus Sicherheitsgründen für einen Gesamtdruck von $\Delta p_t = 1\,500$ Pa ausgelegt, obwohl bei dem Verlangten Volumenstrom nur ein Widerstand von 1 000 Pa vorhanden ist.

Was sind die Folgen?

Der Ventilator wird für den Punkt B in Bild 7.18 mit $\dot{V} = 10\,000\ m^3/h$, $\Delta p_t = 1500$ Pa und $P_w = 6{,}2$ kW sowie mit einem Motor von 7,5 kW ausgelegt.

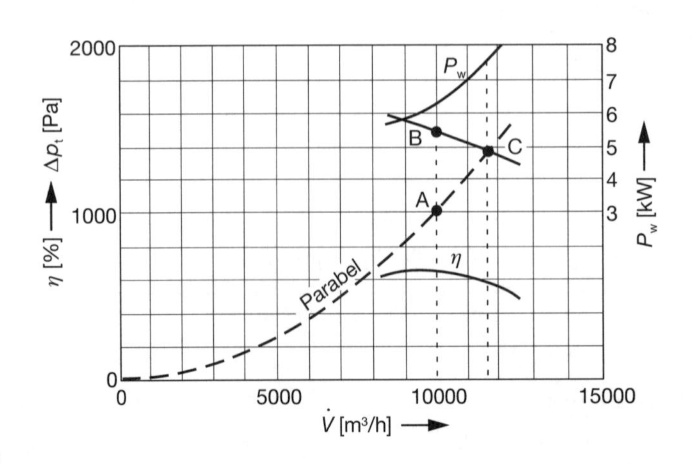

Bild 7.18 Bild zum Beispiel

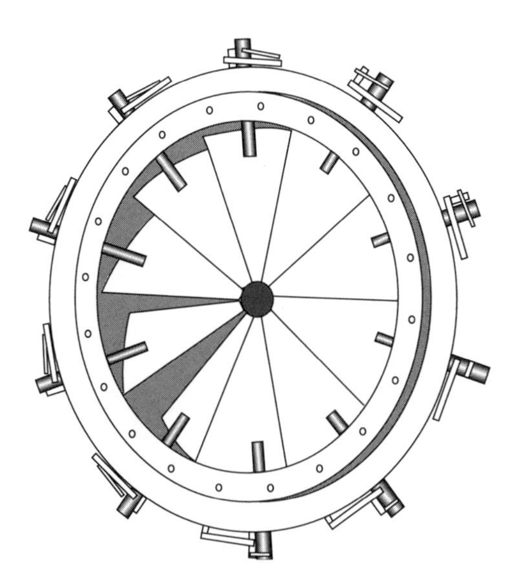

Bild 7.19 Drallregler

Der *erforderliche* Betriebspunkt liegt aber in A mit $\dot{V} = 10\,000\ \mathrm{m^3/h}$ und $\Delta p_t = 1\,000$ Pa.

Der Ventilator arbeitet dann weder in A noch in B, sondern in C (nämlich dem Schnittpunkt der Anlagenkennlinie *durch* A mit der Ventilatorenkennlinie): Der Volumenstrom liegt somit höher als verlangt ($\dot{V} = 11\,700\ \mathrm{m^3/h}$). Dabei steigt aber auch die erforderliche Wellenleistung auf 7,4 kW.

Um den Nennvolumenstrom zu erhalten, kann der Ventilator gedrosselt werden, d.h., der Widerstand der Anlage wird bei $\dot{V} = 10\,000\ \mathrm{m^3/h}$ zusätzlich um 500 Pa erhöht. Dadurch fällt der Betriebspunkt in B.

Wird dagegen die Drehzahl im Verhältnis $\dot{V}_A/\dot{V}_C$ gesenkt:

$$\frac{n_C}{n_A} = \frac{\dot{V}_C}{\dot{V}_A}$$

sinkt die Wellenleistung auf:

$$P_{W,A} = P_{W,C} \cdot \left(\frac{n_A}{n_c}\right)^3 = P_{W,C} \cdot \left(\frac{\dot{V}_A}{\dot{V}_C}\right)^3$$

$$= 7{,}4 \cdot \left(\frac{10\,000}{11\,700}\right)^3 = 4{,}6\ \mathrm{kW}$$

7.7 Regelung

Die Regelung der Luftmenge zur Anpassung an den Bedarf ist auf verschiedene Weise möglich.

7.7.1 Drosselregelung

mit verstellbarer Klappe bei konstanter Drehzahl, Regelbereich etwa 100 bis 70%. Billig aber unwirtschaftlich.

7.7.2 Drallregelung

bei konstanter Drehzahl, hierbei wird dem Volumenstrom vor Eintritt in das Laufrad durch verstellbare Schaufeln ein Vordrall erteilt. Besonders gut für große Leistungen. Regelbereich etwa 100 ... 50% (Bild 7.19).

7.7.3 Drehzahlregelung

geschieht durch verschiedene elektrische Antriebe:

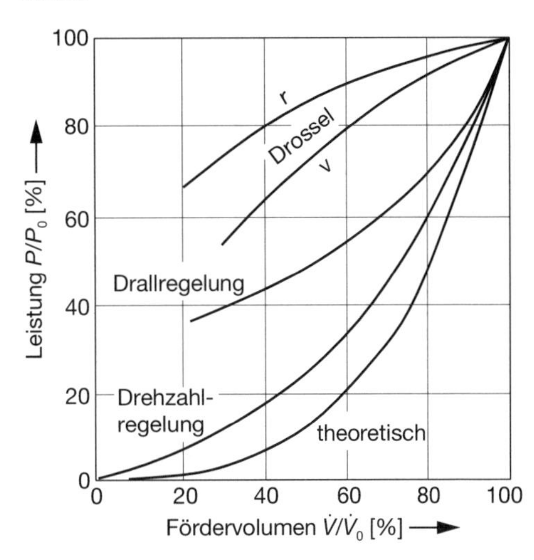

r rückwärts gekrümmt,
v vorwärts gekrümmt (Trommelrad)

Bild 7.20 Relativer Leistungsbedarf bei Radialventilatoren und verschiedenen Regelarten

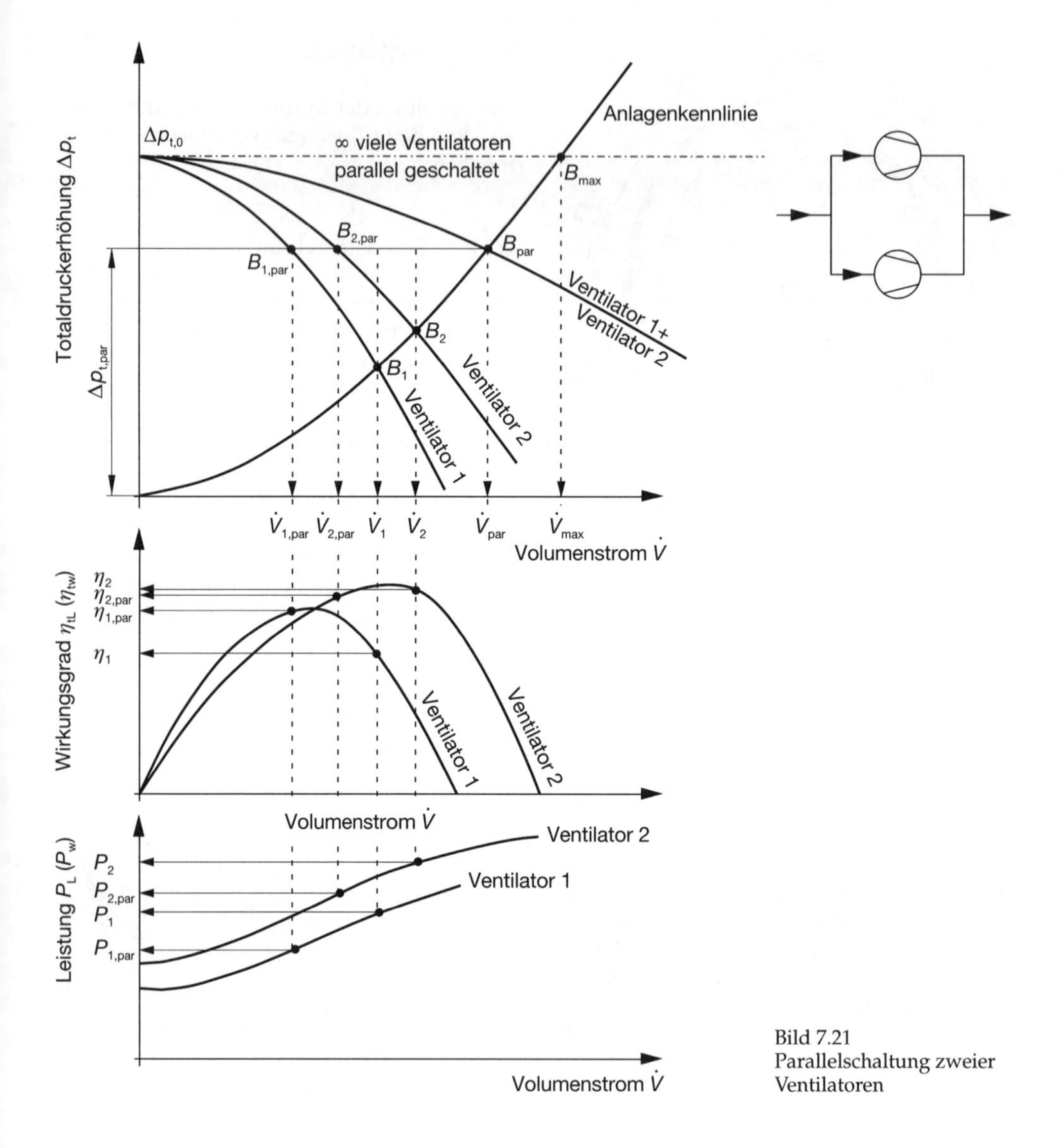

Bild 7.21
Parallelschaltung zweier Ventilatoren

- ☐ Schleifringläufer mit Regulierwiderstand,
- ☐ Gleichstromnebenschlußmotor,
- ☐ mechanische Regelgetriebe,
- ☐ polumschaltbarer Motor.

Der relative Leistungsbedarf bei verschiedenen Regelarten ist Bild 7.20 zu entnehmen.

Der theoretisch günstigste Verlauf ist gemäß den Proportionalitätsgesetzen durch die Parabel $(\dot{V}/\dot{V}_0)^3$ gegeben, da:

$P \sim \dot{V} \cdot \Delta p_V$ und:

$\Delta p_V \sim \dot{V}^2$ somit:

$$P \sim \dot{V}^3$$

Neben diesen bekannten Regelungsarten werden in der Lüftungstechnik häufig noch folgende Methoden eingesetzt:

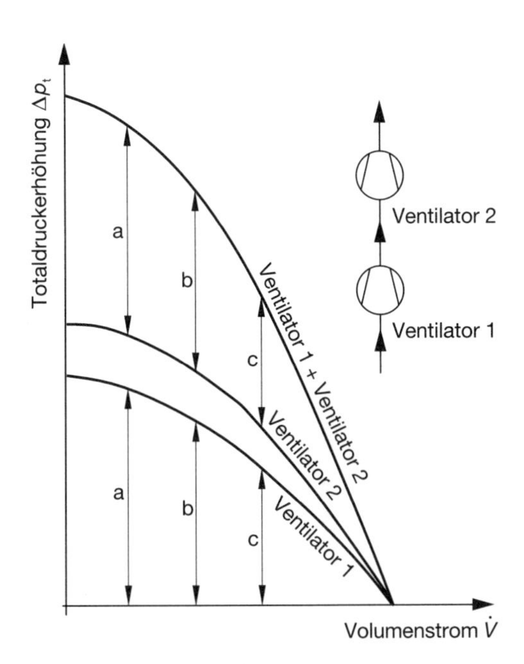

Bild 7.22 Reihenschaltung von Ventilatoren

- Parallelbetrieb – Bild 7.21
- Reihenschaltung – Bild 7.22
- Bypassregelung – Bild 7.23

In [7.9] und [7.11] sind die verschiedenen Regelverfahren ausführlich beschrieben, verglichen und bewertet, desgleichen in [7.12].

7.7.4 Parallel- und Reihenschaltung

Das Zusammenwirken von mehreren Ventilatoren in einer Anlage kommt in der Praxis sehr häufig vor. So werden z.B. bei luftgekühlten Wärmeaustauschern oft mehrere Ventilatoren parallel betrieben, um eine gleichmäßige Kühlung der Fläche zu erhalten.

Die Zusammenhänge zwischen Ventilator und Systemkennlinie sowie das Verhalten des Volumenstroms und des statischen Drucks bei Parallel- oder Reihenbetrieb werden näher erläutert.

7.7.4.1 Parallelschaltung

Man sprcht von Parallelschaltung, wenn zwei oder mehrere Ventilatoren nebeneinander zwischen einer gemeinsamen Saug- und Druckleitung arbeiten. Aber auch mehrere aus einem Raum absaugende Ventilatoren arbeiten nahezu parallel. Für die Parallelschaltung gilt:

Bei gleichem Druck addieren sich die Volumenströme.

Bild 7.24 zeigt den einfachsten Fall der Parallelschaltung: 2 gleiche Ventilatoren mit scheitelloser Kennlinie werden nebeneinander betrieben. Hier erhält man die resultierende Kennlinie, indem für den Druckwert der Ventilatorkennlinie der zugehörige Volumenstrom verdoppelt wird.

Etwas komplizierter werden die Verhältnisse bei der Parallelschaltung von gleichen Ventilatoren mit Kennlinien, die einen ausgeprägten Scheitel- oder Wendepunkt aufweisen.

Bild 7.25 zeigt die resultierende Kennlinie von 2 solchen Ventilatoren. Im Bereich des Wendepunktes der Kennlinie a ergibt eine Gerade parallel zur Abszisse (konst. Druck z.B. 75 N/m^2) die Schnittpunkte A, B und C. Da auch hier gilt, daß sich die Volumenströme bei konstantem Druck addieren, ergibt sich die resultierende Kennlinie an dieser Stelle aus der Verdoppelung der Volumenströme an den Punkten A, B und C zu den neuen Punkten AA, BB und CC.

Es ist aber auch möglich, daß sich die Volumenströme der Punkte A und B addieren.

Das führt zu den Kombinationen AB, AC, BC. Die Verbindung dieser Punkte führt zu einer schlingenförmigen Überlagerung der resultierenden Kennlinie. Die Systemkennlinie W wird also zwischen den Punkten AB und BC mehrfach geschnitten, d.h., hier ist ein instabiler Betrieb möglich. Besonders bei Zuschaltbetrieb ist deshalb darauf zu achten, daß die Systemkennlinie rechts vom Punkt BC liegt.

Bei Parallelbetrieb von ungleichen Ventilatoren ist besondere Vorsicht geboten. Da meistens der größere Ventilator einen höheren Druck erzielt, kann es vorkommen, daß die Luft durch den kleineren Ventilator zurückgeblasen wird.

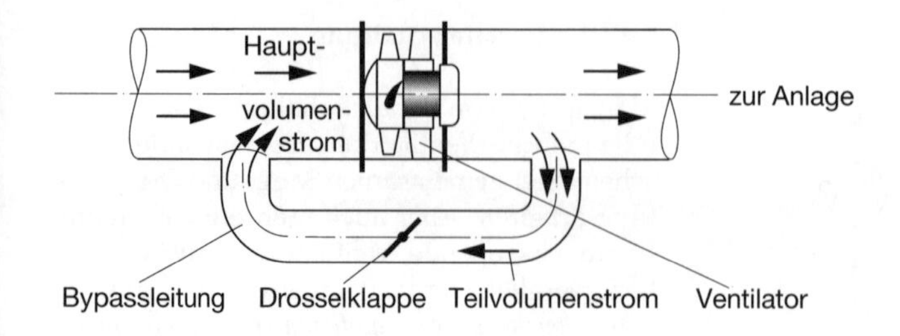

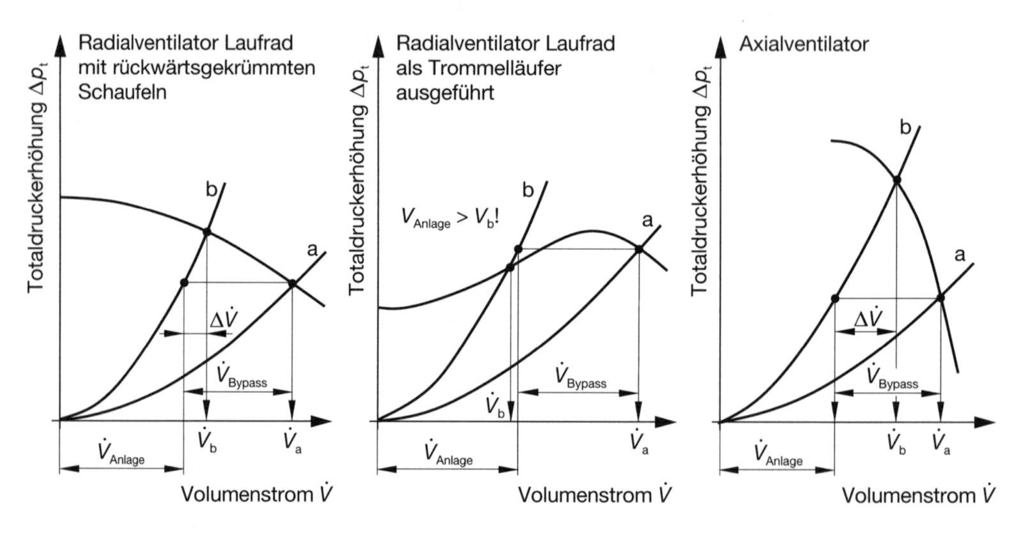

Bild 7.23 Bypassregelung verschiedener Ventilatoren
Kurve a Bypass geöffnet
Kurve b Bypass geschlossen

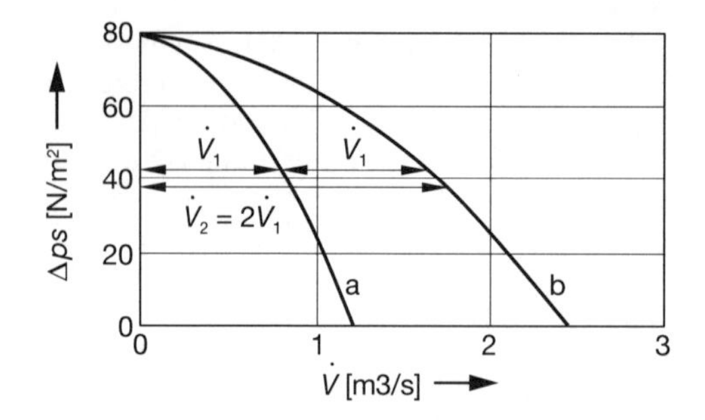

Bild 7.24 Parallelschaltung von zwei gleichen Ventilatoren mit scheitelloser Kennlinie
a Ventilatorkennlinie b Resultierende Kennlinie

7.7.4.2 Reihenschaltung

Für die Reihenschaltung von Ventilatoren gilt:

Bei konstantem Volumenstrom addieren sich die statischen Drücke.

Bei höheren Drücken ist jedoch der Einfluß der Kompressibilität der Luft nicht zu vernachlässigen. Bei 3 000 N/m² beträgt der Fehler bereits 1%.

Durch Reihenschaltung bei vorgegebener Anlagenkennlinie W läßt sich der Volumenstrom um $\Delta\dot{V}$ erhöhen (Bild 7.26).

Parallel- und Reihenschaltung von Ventilatoren sind wirtschaftliche Möglichkeiten, Anlagen mit wechselnden Betriebspunkten zu betreiben oder sich stetig wachsenden Anlagen anzupassen.

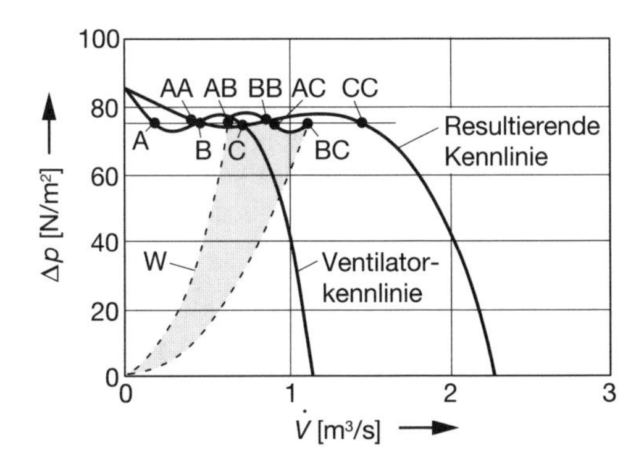

Bild 7.25 Instabiler Bereich bei Parallelschaltung von Ventilatoren, deren Kennlinie einen Scheitel- oder Wendepunkt aufweist

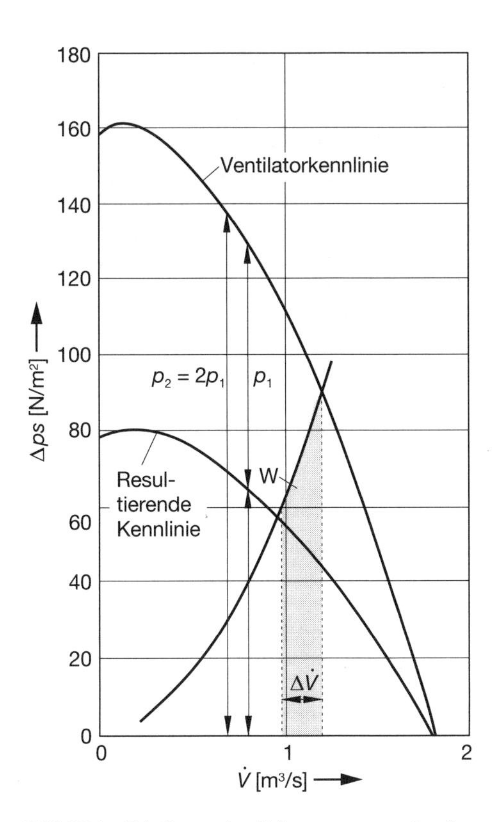

Bild 7.26 Erhöhung des Volumenstroms durch Reihenschaltung

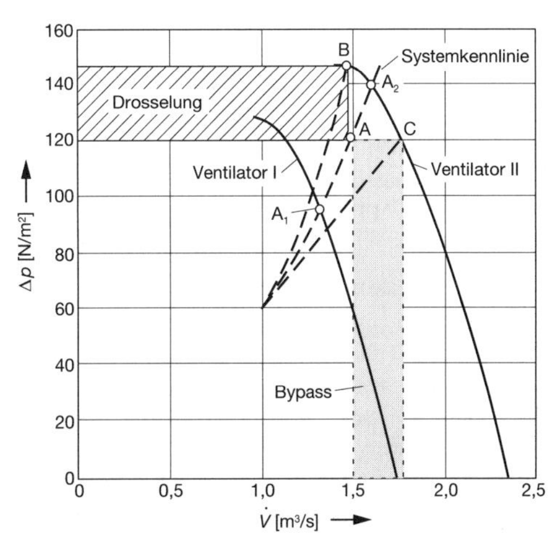

Bild 7.27 Anpassung der Ventilatorkennlinie an den gewünschten Betriebspunkt durch zusätzliche Drosselung oder Bypass

7.7.5 Drosselung oder Bypass?

Ventilatoren, bei denen weder eine Drehzahländerung noch eine Flügel- oder Leitradverstellung vorgesehen sind, arbeiten nur selten im Betriebspunkt, d.h. im Schnittpunkt der Systemkennlinie mit der Ventilatorkennlinie. In den meisten Fällen wird hier der Arbeitspunkt vom gewünschten Betriebspunkt nach oben oder unten abweichen. Kann diese Abweichung nicht in Kauf genommen werden, so muß auf der Anlagenseite Abhilfe geschaffen werden. Dies läßt sich entweder durch eine zusätzliche Drosselung oder durch einen Bypass erreichen.

In Bild 7.27 ist die Wirkungsweise beider Verfahren dargestellt. Angenommen wird hierbei, daß 2 Ventilatoren zur Auswahl stehen, zwischen deren Kennlinie der gewünschte Betriebspunkt liegt. Beim Ventilator I wird mit einer Minderleistung des Volumenstroms von A auf A_1 von etwa 11% gerechnet, beim Ventilator II mit einer Mehrleistung von A auf A_2 von etwa 8%.

Damit nun mit einem der beiden Verfahren der Betriebspunkt erreicht werden kann, muß der Ventilator II verwendet werden.

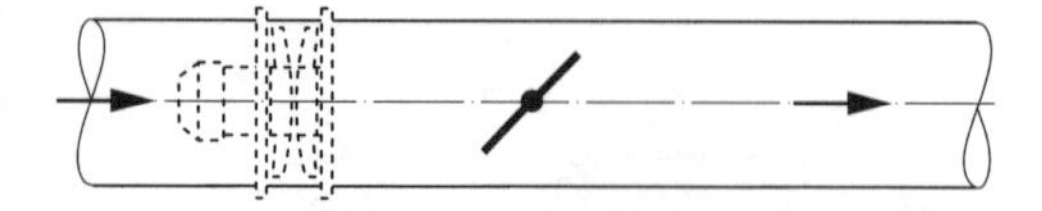

Bild 7.28 Zusätzliche Drosselung durch Einbau einer Drosselklappe in den Luftstrom

7.7.5.1 Zusätzliche Drosselung

Durch zusätzliche Drosselung des Luftstroms, z.B. mit einer Drosselklappe (Bild 7.28), läßt sich die Systemkennlinie der Anlage so ändern, daß bei der gewünschten Luftmenge (im Beispiel 1,5 m^3/s, Punkt A, Bild 7.27) ein Schnitt mit der Ventilatorkennlinie erzielt wird., d.h., Punkt A wird auf Punkt B verschoben. Die Systemkennlinie wird also in eine steilere Lage gebracht. Die schraffierte Fläche zwischen A und B sowie der Ordinate ist ein Maß für den Verlust, der durch die zusätzliche Drosselung entsteht und vom Motor als zusätzliche Leistung aufgebracht wird.

7.7.5.2 Bypass

Mit dem Bypass zweigt man eine Teilluftmenge vom Hauptluftstrom ab, um die gewünschte Luftmenge einzuhalten. Die Teilluftmenge kann entweder ins Freie abgeblasen oder mit Hauptluftstrom wieder saugseitig zugeführt werden. Zur richtigen Dosierung wird zweckmäßigerweise eine verstellbare Drosselklappe im Bypass eingebaut (Bild 7.29).

Auf diese Weise läßt sich die Systemkennlinie so ändern, daß Punkt A in Bild 7.27 nach C verschoben wird (p_s = konst. = 120 N/m^2). Die Systemkennlinie wird also in eine flachere Lage gebracht. Die Fläche zwischen A und C und der Abszisse ist ein Maß für den Verlust durch den Bypass.

7.7.5.3 Vergleich der Maßnahmen

Drosselung und Bypass ändern am Ventilator selbst nichts, nur an der Anlage. Da beide Maßnahmen mit verhältnismäßig hohen Verlusten verbunden sind, sollten sie nur bei Ventilatoren kleiner Leistungen angewandt werden. Ob die zusätzliche Drosselung oder der Bypass zu wählen ist, hängt im wesentlichen von der Kennlinie der Ventilatoren und dem Verlauf des Leistungsbedarfs zwischen den Punkten B und C ab.

Steigt dieser von B nach C an, z.B. bei Radialventilatoren mit vorwärts gekrümmter Beschaufelung, dann sollte man der Drosselung den Vorzug geben. Nimmt der Leistungsbedarf jedoch von B nach C ab, so empfiehlt sich die Lösung mit dem Bypass. Diese trifft für viele Axialventilatoren und zum Teil für Radialventilatoren mit rückwärts gekrümmter Beschaufelung zu.

Bei Anlagen mit wechselnden Betriebsbedingungen können die Drosselklappen über Stellantriebe verändert werden, so daß eine automatische Volumenstromregelung ermöglicht wird.

7.8 Beachtenswertes und praktische Anwendung

7.8.1 Einfluß der Dichte vom Fördermittel auf die Leistungsdaten der Ventilatoren

Die Leistungsdaten der Ventilatoren gelten üblicherweise für ein Fördermittel der Dichte 1,2 kg/m^3 entsprechend Luft von 20 °C und einem Barometerstand von 1 013 mbar (Normalzustand) mit einer Toleranz gemäß den VDI-Richtlinien 2044 «Abnahme und Leistungsversuche an Ventilatoren».

Bei abweichender Dichte ändern sich der

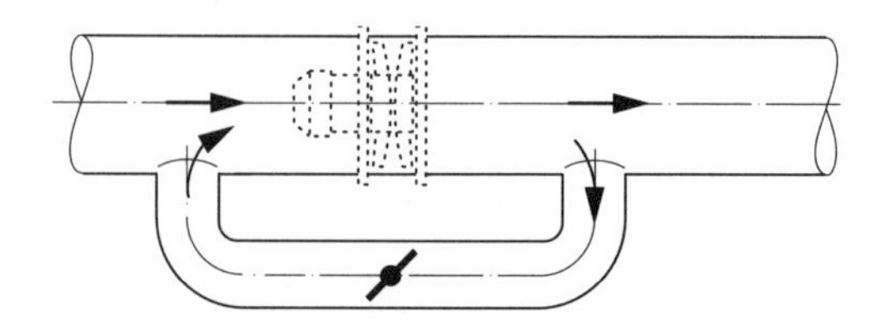

Bild 7.29 Abzweigen eines Teilluftstroms vom Hauptluftstrom (verstellbare Drosselklappe im Bypass)

vom Ventilator erzeugte Druck Δp_t und die Leistungsaufnahme an der Welle P_W proportional der Dichte. Der *Volumenstrom bleibt dagegen konstant*.

Allgemein gilt:

$$\Delta p_{t,1} = \Delta p_{t,L_0} \cdot \frac{\varrho_{G_0} \cdot b_1 \cdot T_0}{\varrho_{L_0} \cdot b_0 \cdot T_1} \qquad \text{(Gl. 7.32)}$$

Da der Leistungsbedarf P_W dem erzeugten Druck $\Delta p_{t,1}$ proportional ist, erhält man:

$$P_{W,1} = P_{W,L_0} \cdot \frac{\Delta p_{t,1}}{\Delta p_{t,L_0}} \qquad \text{(Gl. 7.33)}$$

Wenn es sich um die Förderung von Luft handelt, gilt das Verhältnis

$$\frac{\varrho_{G_0}}{\varrho_{L_0}} = 1$$

Speziell für Luft gelten folgende Beziehungen:
Bei n = konst. und ohne Berücksichtigung einer veränderten Aufstellungshöhe:

$$\dot{V} = \text{konst.}$$

$$\frac{\Delta p_{t,1}}{\Delta p_{t,2}} = \frac{\varrho_1}{\varrho_2} = \frac{T_2}{T_1} \qquad \text{(Gl. 7.34)}$$

$$\frac{P_1}{P_2} = \frac{\varrho_1}{\varrho_2} = \frac{T_2}{T_1} \qquad \text{(Gl. 7.35)}$$

Das Verhältnis b_1/b_0 ist von Bedeutung, wenn der Ventilator auf einer wesentlichen geodätischen Höhe aufgestellt werden soll. In Bild 7.30 ist die Abhängigkeit dieses Verhältnisses von der geodätischen Höhe ersichtlich.

Bei der Auswahl eines Ventilators ist folgendes zu beachten: Handelt es sich um einen Ventilator für eine lufttechnische Anlage, bei der geringfügige Abweichungen vom Normalzu-

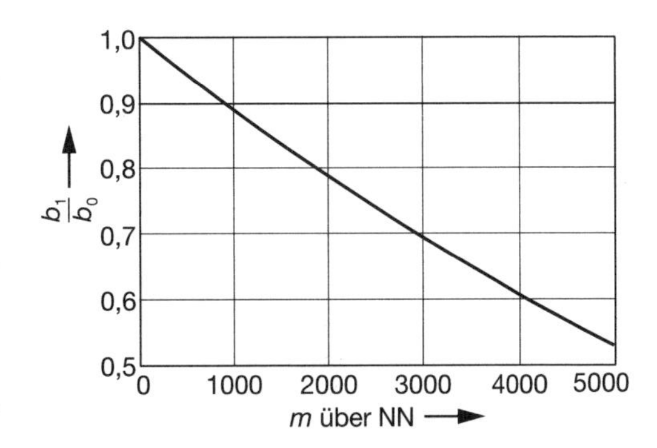

Bild 7.30 Relative Dichte von Luft in Abhängigkeit von der Aufstellungshöhe

stand der Luft vernachlässigt werden können, ist der Ventilator unmittelbar nach den Kennlinien oder Auswahltabellen auszuwählen.

Ist diese Vernachlässigung nicht möglich oder handelt es sich um die Förderung eines anderen Gases, muß der für die Anlage effektiv benötigte Druck $\Delta p_{t,1}$ umgerechnet werden. Es ist der Druck $\Delta p_{t,L_0}$ zu bestimmen, den der Ventilator bei Förderung von Luft bei Normalzustand erzeugen müßte, damit er bei der abweichenden Dichte den effektiv benötigten Druck $\Delta p_{t,1}$ tatsächlich erreicht.

Der *Volumenstrom bleibt unverändert.* Es empfiehlt sich, den Leistungsbedarf P_W nachzurechnen, insbesondere wenn:

$$\Delta p_{t,L_0} < \Delta p_{t,1}$$

Es bedeuten:

Kurzzeichen	Einheit	Erläuterung
$\Delta p_{t,1}$	N/m²	vom Ventilator erzeugter Gesamtdruck
$\Delta p_{t,L_0}$	N/m²	vom Ventilator erzeugter Gesamtdruck bei Förderung von Luft bei Normalzustand (s. Auswahltabellen oder Kennlinien)
ϱ_{G_0}	kg/m³	Dichte des geförderten Gases bei Normalzustand
ϱ_{L_0}	kg/m³	Dichte der Luft bei Normalzustand (1,2 kg/m³)

b_1	mbar	Barometerstand bei abweichender geodätischer Höhe
b_0	mbar	Barometerstand bei Normalzustand (1 013 mbar)
T_1	K	Temperatur der Luft oder des Gases
T_0	K	Temperatur der Luft oder des Gases bei Normalzustand (293 K)
$P_{W,1}$	kW	Leistungsaufnahme an der Welle
P_{W,L_0}	kW	Leistungsaufnahme an der Welle bei Förderung von Luft bei Normalzustand (s. Auswahltabelle oder Kennlinien)

Beispiel:

Benötigter Druck bei einer Anlage in 3 000 m Höhe über NN: $\Delta P_{t,1} = 250\ \mathrm{N/m^2}$
zu förderndes Gas: Methan; $\varrho_{G_0} = 0{,}679\ \mathrm{kg/m^3}$
Gastemperatur: $\vartheta_1 = 45\ °\mathrm{C}$
Gesucht: Auslegungsdruck $\Delta p_{t,L_0}$

$$\Delta P_{t,L_0} = \Delta P_{t_1} \cdot \frac{\varrho_{L_0} \cdot b_0 \cdot T_1}{\varrho_{G_0} \cdot b_1 \cdot T_0}$$

mit:

$$\frac{b_0}{b_1} = \frac{1}{0{,}692} \text{ (s. Bild 7.30);}$$

$$\frac{T_1}{T_0} = \frac{45 + 273}{293} = \frac{318}{293} = \frac{1}{0{,}92}$$

$$\Delta P_{t,L_0} = 250 \cdot \frac{1{,}23}{0{,}679} \cdot \frac{1}{0{,}692} \cdot \frac{1}{0{,}92}$$

$$\Delta P_{t,L_0} = 694\ \mathrm{N/m^2}$$

Der *Ventilator ist also für 694 N/m² auszulegen.* Der in den Auswahltabellen oder Kennlinien *angegebene* maximale *Leistungsbedarf* wird wie folgt umgerechnet:

$$\hat{P}_{W_1} = \hat{P}_{W,L_0} \cdot \frac{250}{694}$$

Beispiel 1 (Bild 7.31):
Ein Ventilator soll Luft von 100 °C bei vorgegebenem Kennlinienverlauf fördern.

Würde man die geforderte Kennlinie (Verlauf a) einfach dem Katalog entnehmen so würde unter Betriebsbedingungen, d.h. wegen der um den Faktor

$$\frac{T_0}{T_1} = \frac{273 + 20}{273 + 100} = 0{,}79$$

niedrigeren Dichte, ein um 21% niedrigerer Druck erzeugt (Verlauf c).

Damit die geforderte Kennlinie erreicht wird, muß also aus dem Katalog ein Kennlinienverlauf gewählt werden, der um den Faktor $1/0{,}79 = 1{,}27$ über den geforderten Druckwerten liegt (Verlauf b).

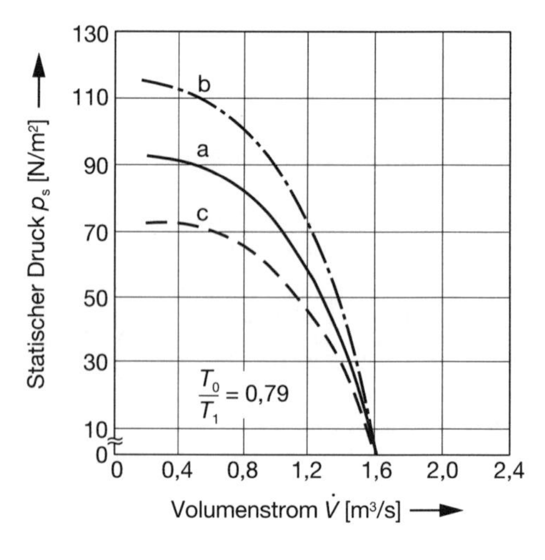

Bild 7.31 Kennlinienverlauf für Luft bei 100 °C

Beispiel 2 (Bild 7.32):
Ein Ventilator soll in 1 000 m Höhe aufgestellt werden. Fördermedium ist Luft von 20 °C, der Kennlinienverlauf a sei vorgegeben.

Nach Bild 7.30 sinkt die Dichte der Luft um den Faktor $b_1/b_0 = 0{,}885$ und somit proportional die Druckerzeugung des Ventilators c.

Damit die geforderte Druckerhöhung erreicht wird, muß aus dem Katalog ein Venti-

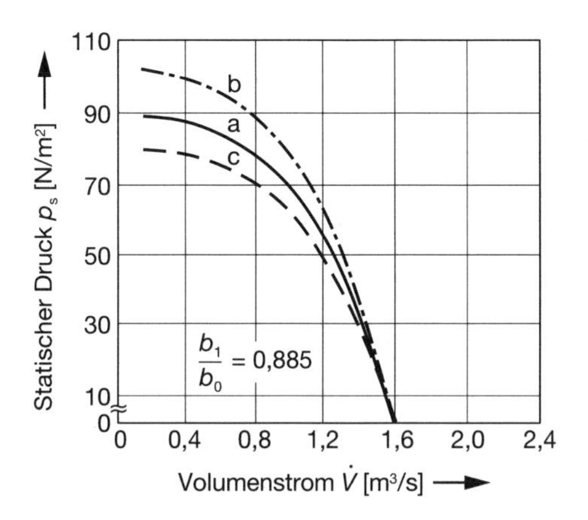

Bild 7.32 Kennlinienverlauf für Luft bei 20 °C und 1000 m Höhe

lator mit einer um den Faktor 1 : 0,885 = 1,13 höheren Druckerzeugnung b ausgewählt werden.

7.8.2 Diffusoren an Ventilatoren

Frei ausblasende Radial- und Axialventilatoren haben im Austrittsquerschnitt eine erhebliche Geschwindigkeitsenergie (dynamischer Druck), die in der Regel als Verlust zu betrachten ist.

Durch den Anbau eines Diffusors – ein sich stetig erweiterndes Rohrstück hinter dem Ventilator oder am Fortluftstutzen (Bild 7.33) – läßt sich ein Teil des dynamischen Drucks in statischen Druck (nutzbare Energie) umwandeln. Dieser gewonnene

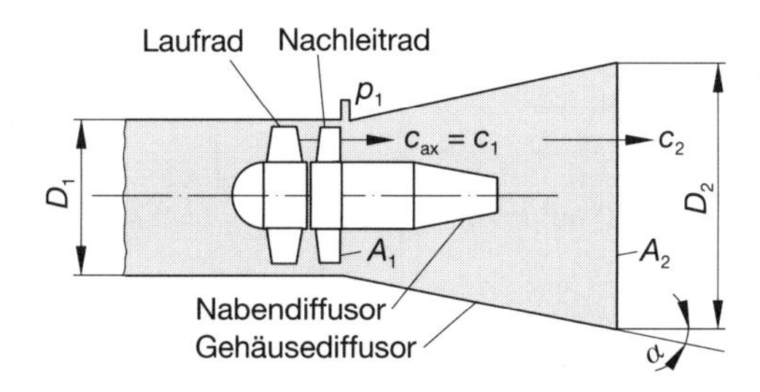

Bild 7.33 Axialventilator mit Nachleitrad, Nabendiffusor und Gehäusediffusor

Druck kommt dem Lüftungssystem zugute, so daß häufig die Antriebsleistung erheblich gesenkt werden kann und damit eine Einsparung an Investitions- und Betriebskosten erreicht wird; Berechnung s. Abschnitt 6.3.2.

Bild 7.34 zeigt übliche Diffusorwirkungsgrade bei axialer Durchströmung im stabilen Kennlinienbereich eines Axialventilators mit Nachleitrad.

Beispiel (Bild 7.35):
Es soll ein Axialventilator ohne und mit Diffusor verglichen werden.
Gegebene Werte:
Volumenstrom $V = 35\ \mathrm{m^3/s}$
Statischer Druck $p_{st} = 920\ \mathrm{N/m^2}$
$\varrho_{Luft} = 1,2\ \mathrm{kg/m^3}$
Gewählt wurde der Axialventilatordurchmesser $D_1 = 1{,}25$ m, $n = 1\,480\ \mathrm{min^{-1}}$

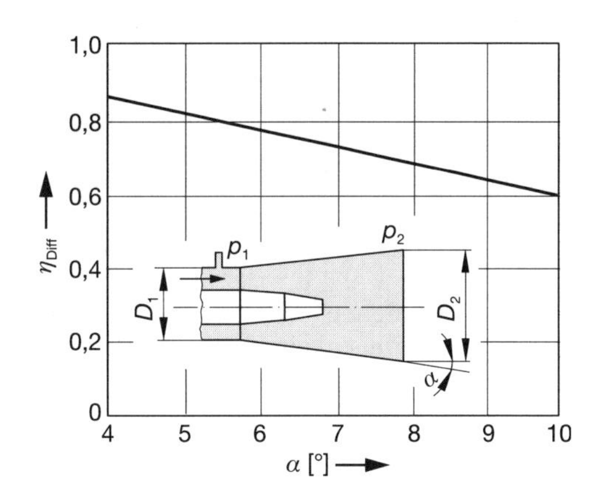

Bild 7.34 Diffusorwirkungsgrad in Abhängigkeit vom Öffnungswinkel bei gleichmäßiger axialer Zuströmung η_{Diff}

Leistungsbedarf ohne Diffusor:
Der dynamische Druck p_{d1} bei $V = 35\ \mathrm{m^3/s}$ beträgt 880 N/m². Damit ist

$$\Delta p_t = \Delta p_{st} + p_{d1} = 920 + 880 = 1\,800\ \mathrm{N/m^2}$$

Daraus ergibt sich ein Flügelwinkel von 32°.

Der Leistungsbedarf P_W bei 32° Flügelwinkel und dem geforderten Volumenstrom ergibt sich aus dem Diagramm mit 78 kW.

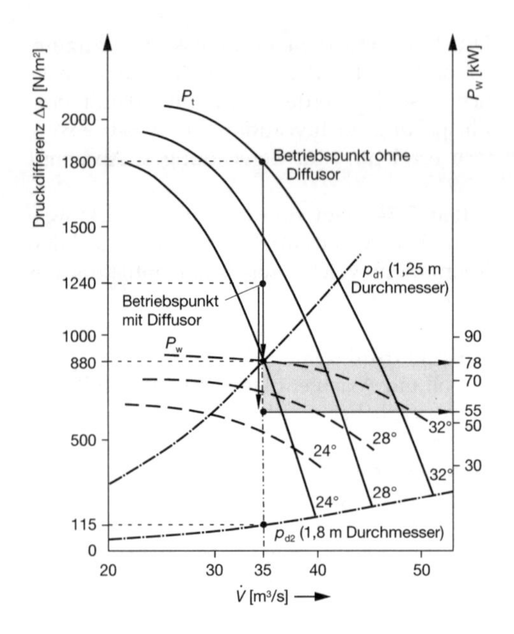

Bild 7.35 Kennlinien zum angegebenen Berechnungsbeispiel (dunkler Bereich = Leistungsersparnis)

Leistungsbedarf mit Diffusor:
Austrittsdurchmesser des Diffusors $D_2 = 1{,}8$ m, Öffnungswinkel $\alpha = 7°$, Diffusorwirkungsgrad $\eta_{\text{Diff}} = 0{,}73$.

Beim geforderten Volumenstrom ergibt sich aus der Diffusorkennlinie eine Druckdifferenz

$$\Delta p_{\text{d}2} = 115 \text{ N/m}^2.$$

Den statischen Druckrückgewinn errechnet man aus:

$$\Delta p_{\text{st}} = (\Delta p_{\text{d}1} - \Delta p_{\text{d}2}) \cdot \eta_{\text{Diff}} = 560 \text{ N/m}^2.$$

Die Umsetzungsverluste betragen 880–115 – 560 = 205 N/m².

Der erforderliche Gesamtdruck Δp_{t} beträgt:

$$\Delta p_{\text{t}} = \Delta p_{\text{st}} + p_{\text{d}2} + \text{Umsetzungsverlust}$$
$$= 920 + 115 + 205 = 1\,240 \text{ N/m}^2$$

Bei diesem Gesamtdruck und dem geforderten Volumenstrom ergibt sich ein Flügelwinkel von 26° und ein Leistungsbedarf $P_{\text{W}} = 55$ kW.

Die Leistungsersparnis beträgt also 78 – 55 = 23 kW ≈ 30%.

7.8.3 Temperaturerhöhung in Ventilatoren

Bei Verdichtung bzw. Energiezufuhr tritt eine Erwärmung der Luft ein, die sich durch die inneren Verluste im Ventilator noch vergrößert. Die wirkliche Temperaturerhöhung berechnet sich nach den Gesetzen der Thermodynamik wie folgt:

$$\Delta\vartheta = T_2 - T_1 = \frac{T_{2\text{is}} - T_1}{\eta_\text{i}} = \frac{T_1}{\eta_\text{i}} \cdot \left[\left(\frac{p_2}{p_1}\right)^{\frac{\varkappa-1}{\varkappa}} - 1\right] \quad \text{(Gl 7.37)}$$

Mit $T_1 = p_1/(\varrho_1 \cdot R)$ (aus Zustandsgleichung $p \cdot v = RT, v = 1/\varrho$ und $R = c_\text{p} - c_\text{v}$) ergibt sich nach passender Rechnung die Beziehung:

$$\Delta\vartheta = \frac{1}{\eta_\text{i} \cdot c_\text{p}} \cdot \frac{\varkappa}{\varkappa - 1} \cdot \frac{p_1}{\varrho_1} \left[\left(\frac{p_2}{p_1}\right)^{\frac{\varkappa-1}{\varkappa}} - 1\right] \quad \text{(Gl. 7.38)}$$

für die man auch schreiben kann:

$$\Delta\vartheta = \frac{\Delta p_\text{t}}{\varrho_1 \cdot \eta_\text{i} \cdot c_\text{p}} \cdot f \quad \text{(Gl. 7.39)}$$

Mit $c_\text{p} = 1\,005$ J/(kg K), $\varrho_1 = 1{,}2$ kg/m³ erhält man unter Berücksichtigung des 1. Hauptsatzes der Wärmelehre (1 J = 1 Nm) für Δp_t in mbar die Temperaturerhöhung

$$\Delta\vartheta = \frac{\Delta p_\text{t}}{12 \cdot \eta_\text{i}} \cdot f \quad \text{in K} \quad \text{(Gl. 7.40)}$$

Beispiel:

Gegeben:

$\Delta p_\text{t} = 50$ mbar; $\varrho_1 = 1{,}2 \frac{\text{kg}}{\text{m}^3}$; $\eta_\text{i} = 0{,}8$;

$f = 0{,}985$; $\vartheta_1 = 20$ °C

Gesucht: Temperatur t_2 im Ventilatoraustritt.

$$\Delta\vartheta = \frac{50 \cdot 0{,}985}{12 \cdot 0{,}8} = 5{,}1 \text{ K}; \quad \vartheta_2 = 25{,}1 \text{ °C}$$

Bei einem inneren Wirkungsgrad von ≈ 80% beträgt somit die Temperaturerhöhung

$$\Delta\vartheta \approx \frac{\Delta p_t}{10} \text{ in K} \quad \text{mit: } \Delta p_t \text{ in (mbar)}$$

Die Luft erhöht somit ihre Temperatur um ca. 1 K pro 10 mbar. Andererseits läßt sich über eine Druck- und Temperaturmessung der innere Wirkungsgrad relativ leicht ermitteln.

Nutzungsleistung P_N:
Die Nutzarbeit, bzw. die spez. Strömungsarbeit berechnet sich nach der Beziehung

$$Y = \frac{\varkappa}{\varkappa - 1} \cdot p_1 \cdot \frac{1}{\varrho_1} \cdot \left[\left(\frac{p_2}{p_1} \right)^{\frac{\varkappa-1}{\varkappa}} - 1 \right] \text{Nm/kg}$$

(Gl. 7.41)

Da hiermit unbequem zu rechnen ist, formt man diese Gleichung um zu:

$$P_{is} = \dot{V}_1 \cdot \Delta p_t \cdot f \quad \text{N m/s}$$

Bild 7.36 veranschaulicht den Faktor f.

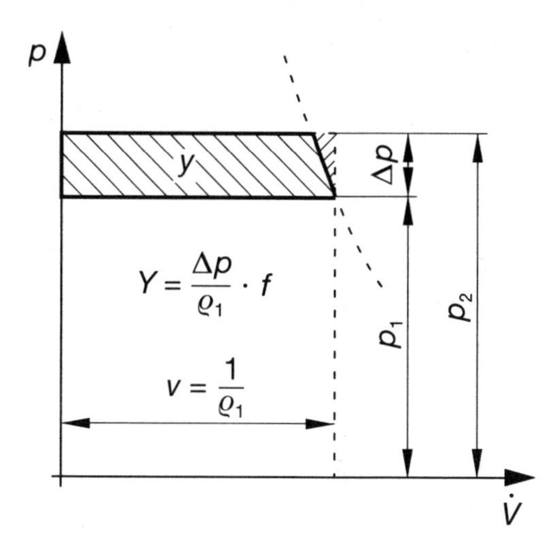

Bild 7.36
Förderleistung bei höheren Differenzdrücken

Der Faktor f ist aus Bild 7.37 zu entnehmen. Er hängt vom Druckverhältnis (absolute Drücke) ab. Für Gesamtdrücke unter 20 mbar ($p_2/p_1 < 1{,}02$) kann man f vernachlässigen.

Die Nutzleistung P_N ist:

$$P_N = \frac{\dot{V}_1 \cdot \Delta p_t}{10} \cdot f \quad \text{kW} \qquad \text{(Gl. 7.42)}$$

wobei $\dot{V}_1$ in m^3/s und Δp_t in mbar einzusetzen sind.

Überschlägig kann der Leistungsbedarf auch aus Bild 7.38 entnommen werden.

Beispiel:
Ein Ventilator soll Luft mit einem Volumenstrom im Normzustand entsprechend $\dot{V}$ = 5 m^3/s bei einem Barometerstand b_0 = 950 mbar und einer Temperatur ϑ_1 = 20 °C fördern. Δp_t = 70 mbar. Anordnung wie freiblasend.

$$p_1 = p_2 - \Delta p_t = 950 - 70 = 880 \text{ mbar}$$

$$\frac{p_2}{p_1} = \frac{950}{880} = 1{,}0795$$

Aus Bild 7.37 erhält man $f = 0{,}974$

$\dot{V} = 5\ m^3/s, \quad \varrho = 1{,}293\ kg/m^3,$

$R = 287$ N m/kg K

$$\varrho_1 = \frac{p_1}{RT_1} = \frac{880 \cdot 10^2}{287 \cdot 293} = 1{,}043 \text{ km/m}^3$$

$$\dot{V}_1 = \dot{V} \cdot \frac{\varrho}{\varrho_1} = 5 \frac{1{,}293}{1{,}043} = 6{,}20 \text{ m}^3/\text{s}$$

$$P_N = \frac{6{,}20 \cdot 70}{10} \cdot 0{,}974 = 42{,}3 \text{ kW}$$

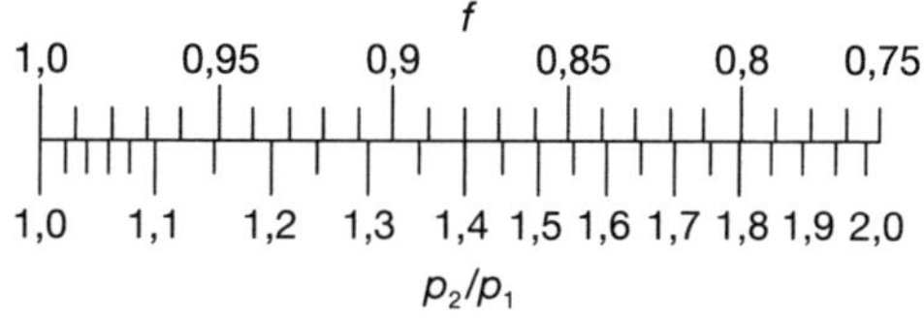

Bild 7.37 Leistungsfaktor f in Abhängigkeit vom Druckverhältnis, gültig für Luft ($\varkappa = 1{,}4$)

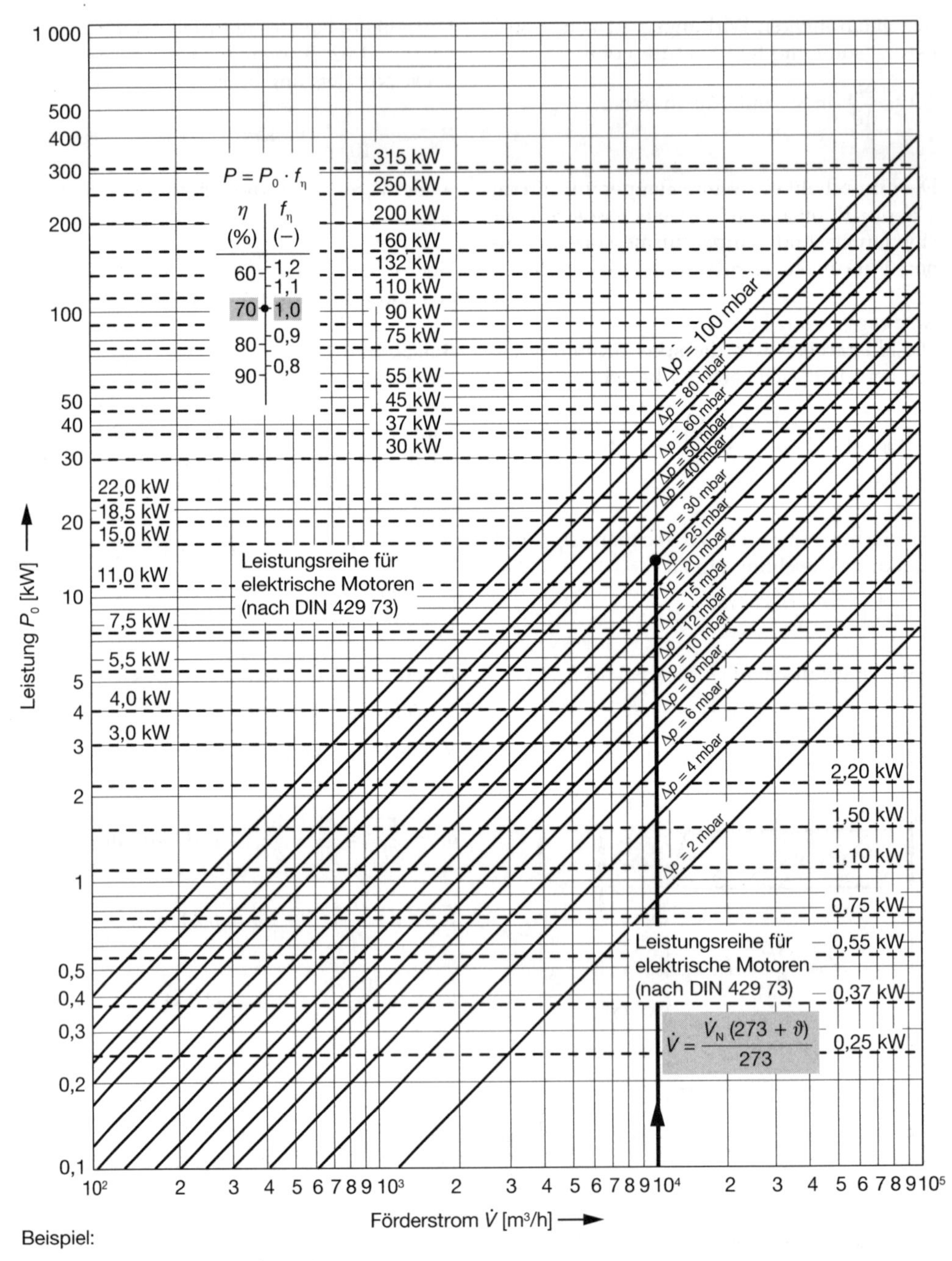

Beispiel:

Gegeben:

$\dot{V}$ = 10 000 m³/h
η = 70 %
Δp = 30 mbar

Gesucht:

$P = P_0 \cdot f_\eta = 11{,}5 \cdot 1{,}0$
P_M = 15 kW

Bild 7.38 Leistungsbestimmung bei Ventilatoren

7.9 Antriebsauslegung

7.9.1 Motoren

Der Leistungsbedarf P_W an der Welle des Ventilators kann berechnet werden (siehe Abschnitt 7.2.5). Im allgemeinen schlägt man dem Leistungsbedarf P_W noch eine gewisse Leistungsreserve zu. Diese beträgt bei direkt angebriebenen Ventilatoren etwa 5...10%, bei über Keilriemen angetriebenen Ventilatoren je nach Größe 10...20%.

Ein wichtiges Kriterium bei der Motorauswahl ist die Größe seines Beschleunigungsmomentes. Dieses muß in einem bestimmten Verhältnis zum Massenträgheitsmoment des Ventilators stehen, damit ein einwandfreier Anlauf gewährleistet ist.

Das Massenträgheitsmoment J bezieht sich auf die drehenden Teile des Ventilators, also Laufrad, Nabe, Welle. Es ist das Produkt aus der Masse der drehenden Teile, multipliziert mit dem Quadrat des *Trägheitsradius*. Es wird im allgemeinen experimentell ermittelt und vom Ventilatorenhersteller angegeben. Die Motorhersteller lassen im allgemeinen eine Anlaufzeit von 10 s zu. Damit kann der Motor überprüft werden nach der Beziehung:

$$t_A = \frac{J \cdot \omega}{M_b}, \quad \text{mit} \quad \omega = \frac{\pi \cdot n}{30} : t_A = \frac{J \cdot n_M}{9{,}55 \cdot M_b} \qquad \text{(Gl. 7.43)}$$

t_A Anlaufzeit in s
J Massenträgheitsmoment des Ventilatorrades und des Motors in kgm²
n_M Motordrehzahl in min⁻¹
M_b mittleres Beschleunigungsmoment in Nm als Differenz zwischen dem Motormoment M_M und dem Ventilatormoment M_W

Diese Beziehung gilt für direkten Antrieb. Bei Keilriemenantrieb ist mit dem sog. reduzierten Massenträgheitsmoment zu rechnen:

$$t_A = \frac{J_{red} \cdot n_M}{9{,}55 \cdot M_b} \qquad \text{(Gl. 7.44)}$$

$$J_{red.} = J_M + \left(\frac{n_V}{n_M}\right)^2 \cdot J_V$$

Das Moment M_w kann aufgrund der Wellenleistung P_w und der Ventilatordrehzahl n_v errechnet werden, das Beschleunigungsmoment M_b ist vom Motorenhersteller zu erfragen.

7.9.2 Keilriemenantrieb

Keilriemen besitzen eine sehr gute Haftung durch die Keilwirkung zwischen Riemen und Scheibe. Der Keilriemen sollte so angelegt sein, daß die Riemengeschwindigkeit nicht größer als 20 m/s wird. Die Bestimmung erfolgt unter Berücksichtigung der DIN 2218 nach Herstellerkatalogen, wo nach Wahl des Riemenprofils in Abhängigkeit von Scheibendurchmessern und Drehzahlen die übertragbaren Leistungen ermittelt werden.

7.9.3 Kupplungen

Kupplungen dienen zur Verbindung drehender Maschinenteile, hier also von Motor und Ventilatorrad.

Sie haben die Aufgabe, bei einer bestimmten Drehzahl n ein Drehmoment M zu übertragen.

Grundlage der Dimensionierung ist deshalb die Ventilatordrehzahl n_v und das Drehmoment an der Ventilatorwelle M_w bzw. die Wellenleistung P_w. Die Beziehung ist

$$M_w = \frac{P_w}{\omega} \quad \text{bzw. mit} \quad \omega \cdot \frac{\pi \cdot n}{30} \qquad \text{(Gl. 7.45)}$$

$$M_w = 9549 \cdot \frac{P_w}{n_v} \qquad \text{(Gl. 7.46)}$$

wobei:
M_w Drehmoment des Ventilators in Nm
P_w Wellenleistung in kW
n_v Ventilatordrehzahl in min⁻¹

In lufttechnischen Anlagen werden vorwiegend elastische, direkt wirkende Kupplungen eingesetzt. In besonderen Fällen (wenn der Motor in der max. Anlaufzeit nicht seine Nenndrehzahl erreicht) werden auch Fliehkraftkupplungen eingesetzt, bei denen erst der Motor auf seine Nenndrehzahl hochläuft und dann der Ventilator von der Kupplung durch Reibungskräfte beschleunigt wird, bis er seine Betriebsdrehzahl erreicht hat.

7.10 Einbauverlust durch die Anlage

Ventilatoren werden oft so eingebaut, daß die Strömungsverhältnisse vor und hinter ihnen nicht ideal sind. Die dabei auftretenden Verluste sind einbaubedingt und werden daher gewöhnlich als Einbauverluste bezeichnet.

Der Unterschied ist meistens gem. Bild 7.39 durch den Drall am Eintritt, zu kurze, gerade Kanäle am Austritt sowie durch Druckverluste in den Anschlußstützen am Ein- und Austritt gegeben.

Für die Berechnung gilt:

$$\Delta p_{\text{syst}} = \zeta_{\text{syst}} \cdot p_{\text{dN}}$$

Δp_{syst} Einbaudruckverlust, Pa
ζ_{syst} Einbaufaktor (Druckverlust-Beiwert)
p_{dN} Dynamischer Druck im saug- bzw. druckseitigen Anschluß-Strömungsnennquerschnitt des Ventilators, Pa

Aus den Bildern 7.40 bis 7.49 ist ersichtlich, wie die richtigen Einbaufaktoren und -druckverluste für verschiedene ein- und ausströmseitige Anschlüsse am Ventilator ermittelt werden können. Mit Hilfe des Diagramms in Bild 7.50 kann man den Einbaudruckverlust in Pa, bezogen auf die Luftgeschwindigkeit

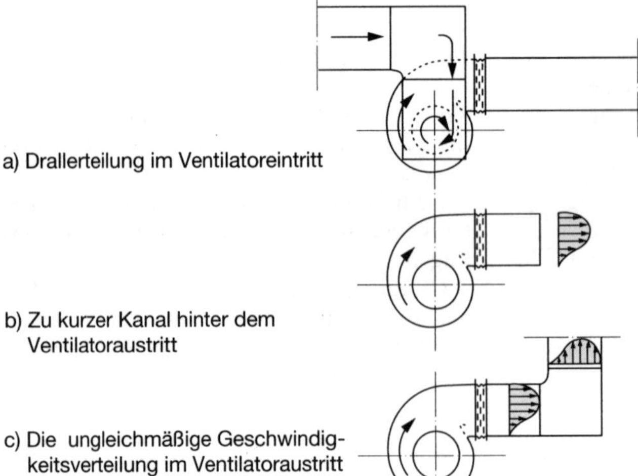
a) Drallerteilung im Ventilatoreintritt
b) Zu kurzer Kanal hinter dem Ventilatoraustritt
c) Die ungleichmäßige Geschwindigkeitsverteilung im Ventilatoraustritt beeinflußt den Druckabfall in den anschließenden Teilen.

Bild 7.39 Beispiele für prüfstandabweichende Ventilator-Einbauarten

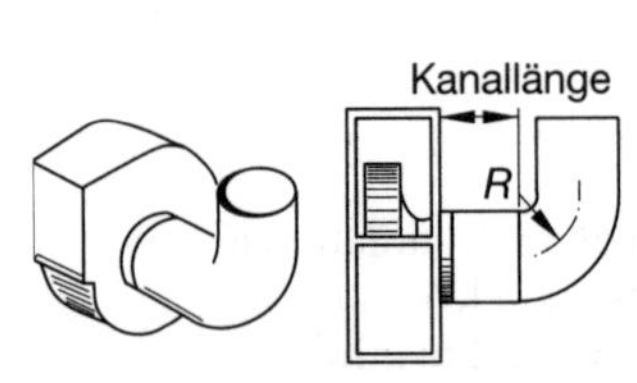
Kanallänge
R

R/D	Kanallänge		
	0	2*D*	5*D*
0,75	1,4	0,8	0,4
1,0	1,2	0,7	0,35
2,0	1,0	0,6	0,35
3,0	0,7	0,4	0,25

Bild 7.40
Einbaufaktoren, ζ_{syst}, von 90°-Krümmer mit kreisrundem Querschnitt vor dem Ventilatoreintritt

oder den dynamischen Druck, im ein- bzw. ausströmseitigen Anschluß-Nennquerschnitt des Ventilators ablesen.

Der Einbaudruckverlust muß bei der Berechnung des Anlagenwiderstandes zu den übrigen Verlusten addiert werden. Der Anlagenwiderstand wird zuerst auf übliche Art bis zu den Anschlußflanschen des Ventilators berechnet. Hinzu kommt dann der eventuelle Einbaudruckverlust an der Ein- oder Austrittsseite des Ventilators, Δp_{syst_1} bzw. Δp_{syst_2}.

Eine der häufigsten Ursachen dafür, daß eine Anlage nicht den gewünschten Volumenstrom liefert, ist gerade der Einbauverlust.

Bild 7.41
Einbaufaktoren, ζ_{syst}, von 90°-Kniestücken mit kreisrundem Querschnitt vor dem Ventilatoreintritt

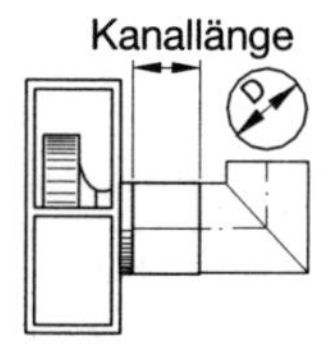

a) Einfaches 90°-Kniestück

R/D	Kanallänge 0	2D	5D
–	3,0	2,0	1,0

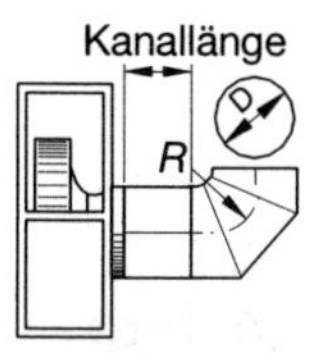

b) 90°-Kniestück mit 3 Segmenten

R/D	Kanallänge 0	2D	5D
0,5	2,5	1,6	0,8
0,75	1,6	1,0	0,5
1,0	1,2	0,7	0,35
2,0	1,0	0,6	0,35
3,0	0,8	0,5	0,3

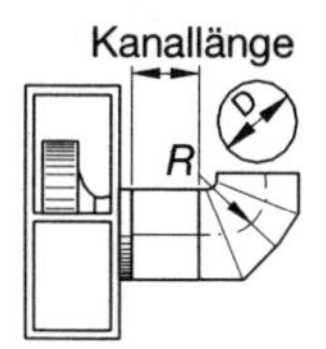

b) 90°-Kniestück mit 4 Segmenten

R/D	Kanallänge 0	2D	5D
0,5	1,8	1,0	0,6
0,75	1,4	0,8	0,4
1,0	1,2	0,7	0,35
2,0	1,0	0,6	0,35
3,0	0,7	0,4	0,25

Bild 7.42
Einbaufaktoren, ζ_{syst}, von Übergangsstück und 90°-Krümmer mit Rechteckquerschnitt mit und ohne Leitbleche, vor dem Ventilatoreintritt.

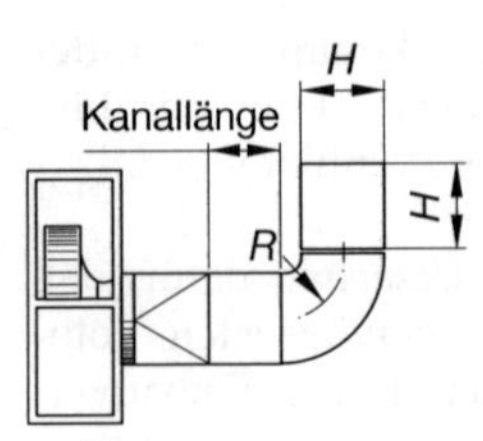

a) Übergangsstück und 90°-Krümmer mit Rechteckquerschnitt ohne Leitbleche

$\frac{R}{H}$	Kanallänge		
	0	$2D^1$	$5D^1$
0,5	2,5	1,6	0,8
0,75	2,0	1,2	0,7
1,0	1,2	0,7	0,35
2,0	0,8	0,5	0,3

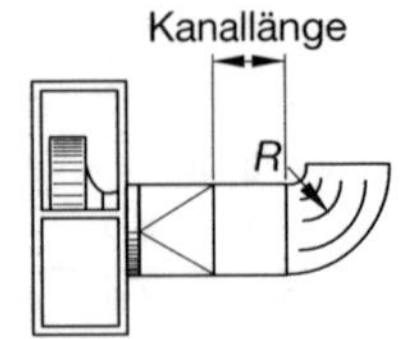

b) Übergangsstück und 90°-Krümmer mit Rechteckquerschnitt und 3 langen Leitblechen

$\frac{R}{H}$	Kanallänge		
	0	$2D^1$	$5D^1$
0,5	0,8	0,5	0,3
1,0	0,6	0,35	0,2
2,0	0,3	0,25	0,15

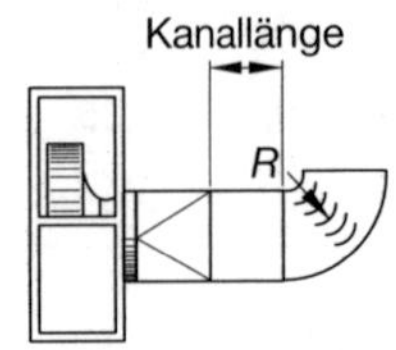

c) Übergangsstück und 90°-Krümmer mit Rechteckquerschnitt und mehreren kurzen Leitblechen

$\frac{R}{H}$	Kanallänge		
	0	$2D^1$	$5D^1$
0,5	0,8	0,5	0,3
1,0	0,6	0,35	0,2
2,0	0,3	0,25	0,15

$^1D = \frac{2 \cdot H}{\sqrt{\pi}}$

Der freie Querschnitt des quadratischen Kanals ($H \times H$) ist ebenso groß wie der freie Querschnitt des Ventilatorsaugstutzens ($H^2 = \pi \cdot D^2/4$). Der höchstzulässige Öffnungswinkel beträgt bei stetiger Querschnittsverengung (Konfusor) 15°, bei stetiger Querschnittserweiterung (Diffusor) 7,5°.

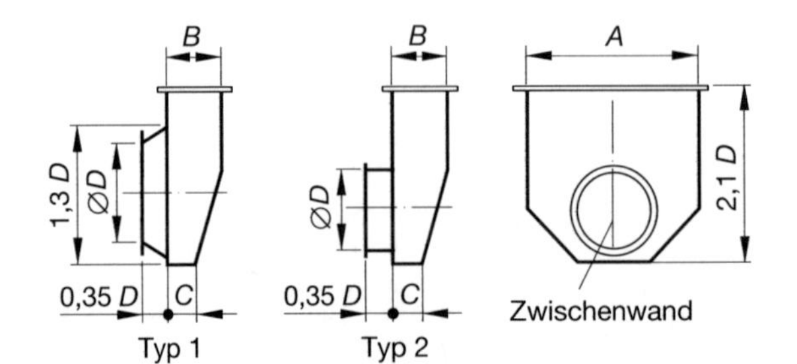

Typ	A	B	C	ζ_{syst}
1	$2{,}0 \times D$	$0{,}7 \times D$	$0{,}35 \times D$	0,4
1	$1{,}4 \times D$	$1{,}0 \times D$	$0{,}5 \times D$	0,4
2	$2{,}0 \times D$	$0{,}7 \times D$	$0{,}35 \times D$	0,9
2	$1{,}4 \times D$	$1{,}0 \times D$	$0{,}5 \times D$	0,9

Bild 7.43 Einbaufaktoren, ζ_{syst}, für Ventilatorsaugtaschen.

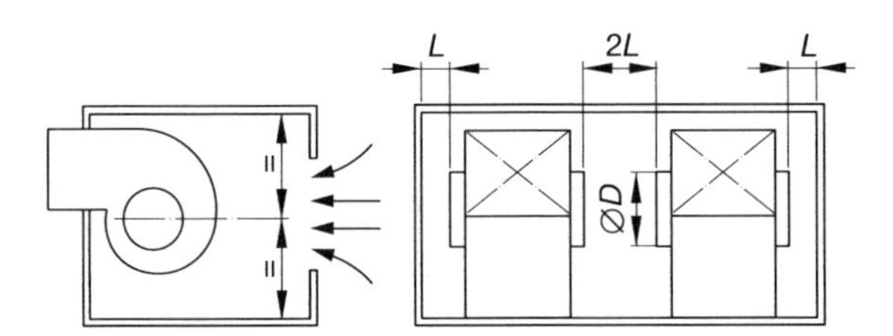

L = Abstand zwischen Einsaugquerschnitt und Wand	ζ_{syst}
0,75 × D	0,25
0,5 × D	0,4
0,4 × D	0,6
0,3 × D	0,8
0,2 × D	1,2

Bild 7.44
Einbaufaktoren, ζ_{syst}, für freisaugende Ventilatoren mit begrenztem Raum um den Ventilatoreintritt.

Bild 7.45
Geschwindigkeitsprofile in Kanälen hinter Radial- und Axialventilatoren.
Definition der voll wirksamen Kanallänge $L_{E_{100}}$, des tatsächlichen Kanalquerschnitts A_E und des Nennquerschnitts A_N.

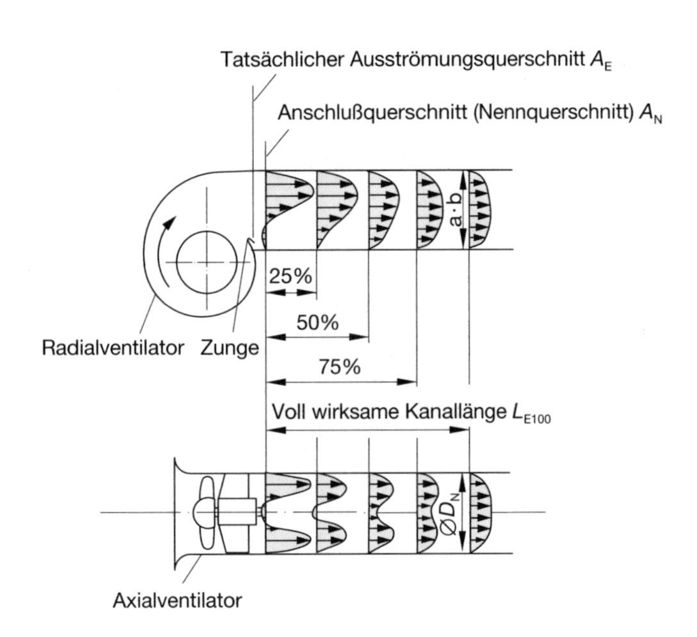

Die voll wirksame Kanallänge wird folgendermaßen definiert:
2,5 × Nennquerschnitt-Durchmesser D_N für Geschwindigkeiten bis zu 12 m/s. Zusätzlich noch 1 Durchmesser für jede weitere 5 m/s.
Bei Kanälen mit rechteckigem Querschnitt mit den Seiten a und b beträgt der gleichwertige Kanaldurchmesser = $\sqrt{\frac{4 \cdot ab}{\pi}}$

Bild 7.47 Einbaufaktoren, ζ_{syst}, falls der Ventilator druckseitig an den Querschnitt $A_K > A_N$ angeschlossen wird. (Am Prüfstand wurde bei der Kennlinienmessung ein Kanal mit A_N an den Ventilator druckseitig angeschlossen.)

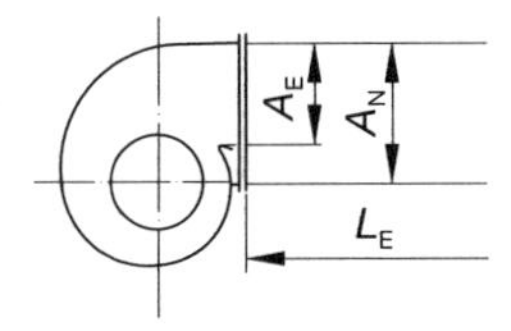

$\frac{A_E}{A_N}$	L_E			
	12%	25%	50%	100%
0,4	1,0	0,4	0,2	–
0,5	1,0	0,4	0,2	–
0,6	0,7	0,35	0,15	–
0,7	0,4	0,15	–	–
0,8	0,25	0,1	–	–
0,9	0,15	–	–	–
1,0	–	–	–	–

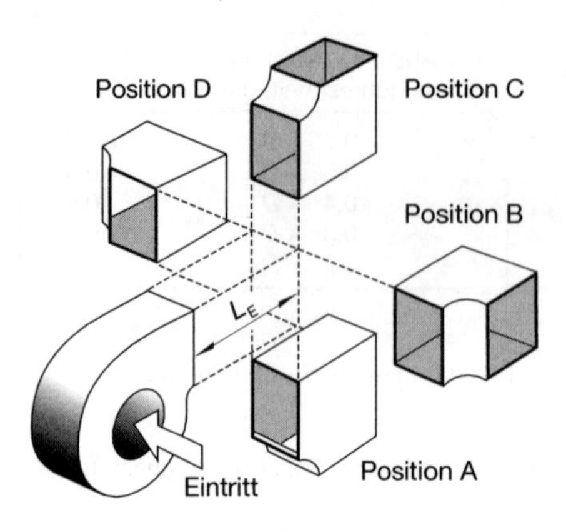

Kniestücke hinter Ventilatoraustritt (für einseitig saugenden Radialventilator)

Für zweiseitig saugende Ventilatoren und Kniestückposition B oder D soll der Mittelwert von den Einbaufaktoren für B und D verwendet werden.

$\frac{A_E}{A_N}$	Kniestück-Position	L_E 0%	12%	25%	50%	100%
0,4	A	3,0	2,5	1,8	0,8	Kein Einbaufaktor
	B	4,5	3,8	2,5	1,2	
	C	5,5	4,5	3,0	1,6	
	D	5,5	4,5	3,0	1,6	
0,5	A	2,0	1,6	1,2	0,6	
	B	2,8	2,3	1,8	0,8	
	C	3,8	2,8	2,3	1,0	
	D	3,8	2,8	2,3	1,0	
0,6	A	1,6	1,4	1,0	0,4	
	B	2,0	1,6	1,2	0,6	
	C	2,8	2,3	1,8	0,8	
	D	2,5	2,0	1,4	0,7	
0,7	A	0,7	0,6	0,4	0,2	
	B	1,0	0,8	0,6	0,3	
	C	1,4	1,2	0,8	0,35	
	D	1,2	1,0	0,7	0,35	
0,8	A	0,8	0,7	0,5	0,25	
	B	1,2	1,0	0,7	0,35	
	C	1,6	1,4	1,0	0,4	
	D	1,4	1,2	0,8	0,35	
0,9	A	0,7	0,6	0,4	0,2	
	B	1,0	0,8	0,6	0,3	
	C	1,2	1,0	0,7	0,35	
	D	1,0	0,8	0,6	0,3	
1,0	A	1,0	0,8	0,6	0,3	
	B	0,7	0,6	0,4	0,2	
	C	1,0	0,8	0,6	0,3	
	D	1,0	0,8	0,6	0,3	

Bild 7.48 Einbaufaktoren, ζ_{syst}, für Kniestück hinter Ventilatoraustritt.

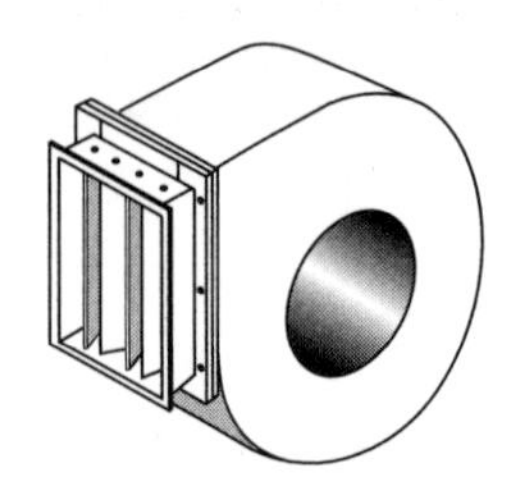

$\frac{A_E}{A_N}$	Einbauverlust Δp_{syst}
0,4	7,5 × Δp_{Klappe}[1]
0,5	4,8 ×
0,6	3,3 ×
0,7	2,4 ×
0,8	1,9 ×
0,9	1,5 ×
1,0	1,2 × Δp_{Klappe}

[1] Δp_{Klappe} = Klappenwiderstand bei gleichmäßiger Geschwindigkeitsverteilung

Bild 7.49 Einbauverlust, Δp_{syst}, für Jalousieklappen hinter dem Ventilatoraustritt.

Bild 7.50
Diagramm zur Berechnung des Einbauverlustes

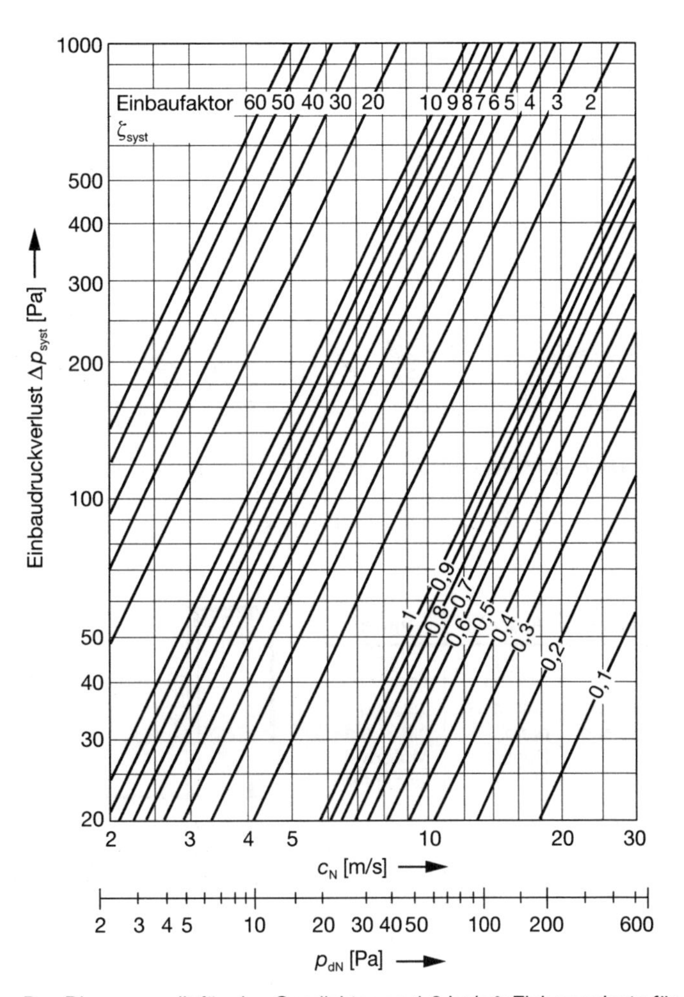

Das Diagramm gilt für eine Gasdichte von 1,2 kg/m³; Einbauverluste für andere Gasdichten lassen sich nach folgender Formel berechnen:

$$\text{tatsächlicher Einbauverlust} = \text{Einbauverlust lt. Diagramm} \cdot \frac{\text{tatsächliche Gasdichte}}{1{,}2}$$

Falls mehrere Einbauverluste entstehen, muß jeder einzelne Einbauverlust berechnet und anschließend addiert werden.

7.11 Gehäusestellung und Bauformen

Die kennzeichnende Art der Gehäusestellung von Radialventilatoren kann aus Bild 7.51 und die Bauformkurzbezeichnung aus Bild 7.52 entnommen werden.

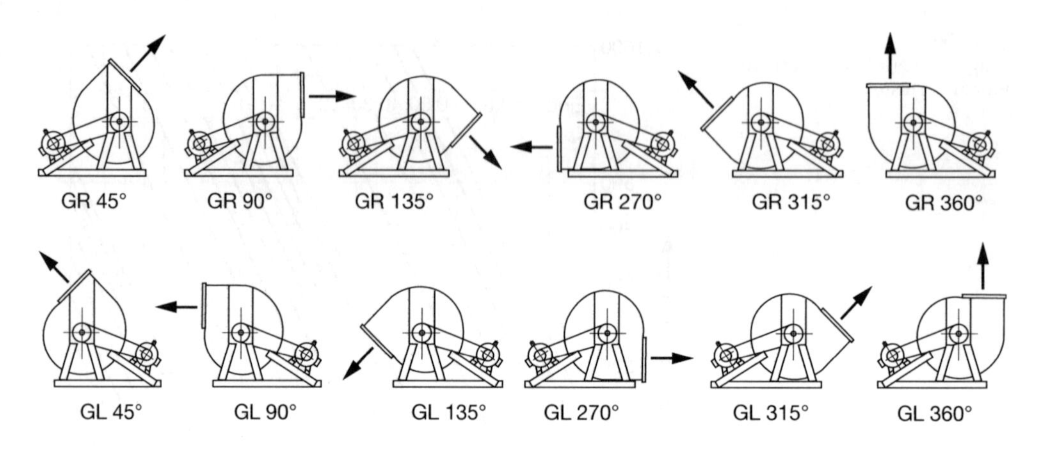

Bild 7.51 Gehäusestellungen/Drehrichtungen

Bauart	Anschluß	Antrieb
R	U	M
einseitig saugend	unmittelbarer Rohranschluß	Laufrad direkt auf Motorwellenzapfen
Z	E	K
zweiseitig saugend	mit Einströmdüse	über Kupplung
	S	R
	mit Saugkasten	über Riemen

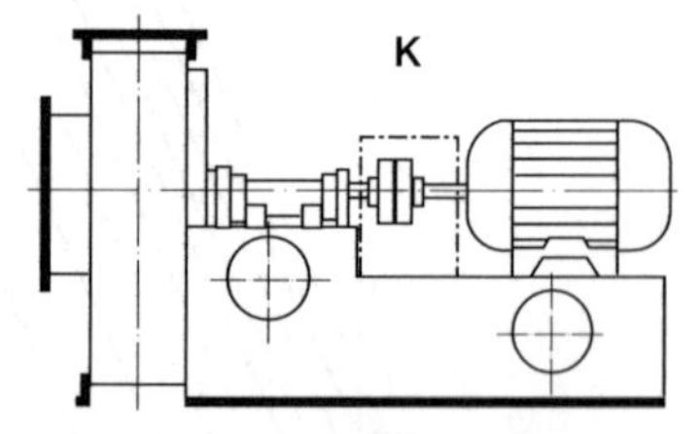

Das Laufrad ist fliegend gelagert. Der Antrieb erfolgt direkt über eine elastische Kupplung (Bauform K).

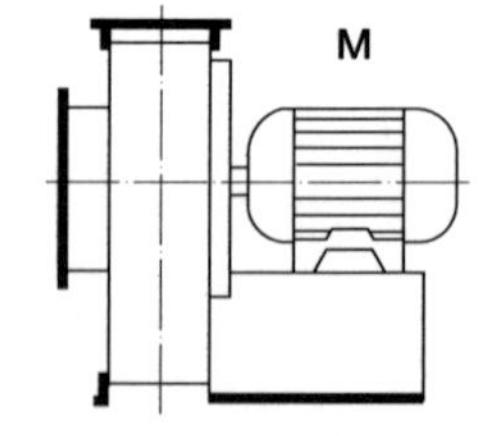

Das Ventilatorlaufrad ist direkt auf dem Motorwellenstumpf montiert (Bauform M).

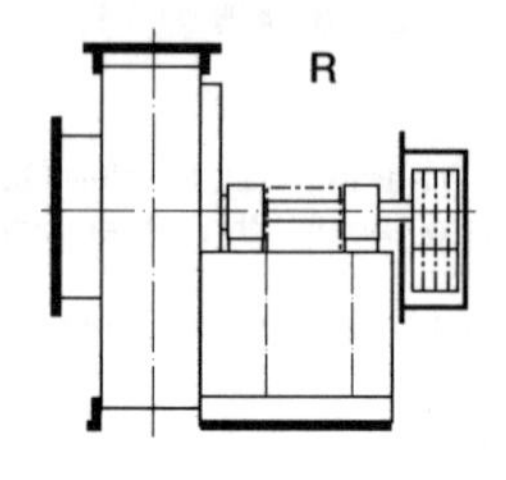

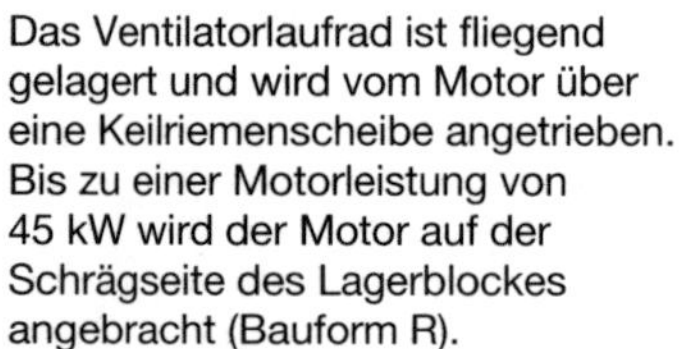
Das Ventilatorlaufrad ist fliegend gelagert und wird vom Motor über eine Keilriemenscheibe angetrieben. Bis zu einer Motorleistung von 45 kW wird der Motor auf der Schrägseite des Lagerblockes angebracht (Bauform R).

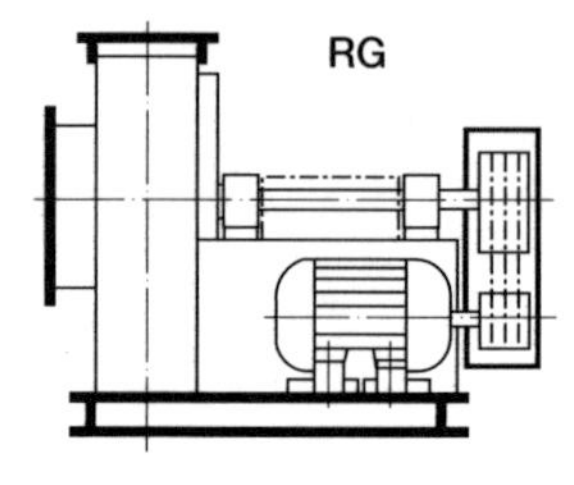

Für Motorleistungen über 45 kW wird der Motor auf einem separaten Grundrahmen aufgestellt (Bauform RG).

Bild 7.52 Bauformen nach VDMA 24 164

8 Einbauten

8.1 Grafische Symbole für Kanaleinbauten

Grafische Symbole von Kanaleinbauten nach DIN 1946 T 1 (10.88) sind in Bild 8.1 dargestellt.

In den Bildern 8.2 und 8.3 sind Beispiele aufgeführt.

8.2 Luftfilter

8.2.1 Allgemeines

Luftfilter sind Geräte und Apparate, mit denen teilchen- und gasförmige Verunreinigungen aus der Luft gefiltert und abgeschieden werden. Die atmosphärische Luft ist durch verschiedene Stoffe unterschiedlicher Teilchengröße und unterschiedlichen Materials verunreinigt. Die Teilchen bilden ein disperses Gemisch, der Durchmesser liegt in der Größe zwischen 0,001 und ca 500 μm. Für dieses große Teilchenspektrum kommen für die Abscheidung verschiedene physikalische Effekte zum Tragen; gasförmige Verunreinigungen werden durch chemische und/oder physikalische Sorptionsvorgänge abgeschieden; die Schadstoffe werden damit an das Sorptionsmaterial gebunden.

Die natürliche Luft weist Verunreinigungen in der Konzentration zwischen 0,05 und 3,0 mg/m^3 auf.

Die Abscheidung der Teilchen im Filter beruht auf verschiedenen physikalischen Effekten, wobei der *Diffusionseffekt*, der *Trägheitseffekt*, der *Sperreffekt* und der *Siebeffekt* die wichtigsten Abscheideeffekte darstellen.

Für alle 4 genannten Effekte läßt sich ein Diagramm aufstellen, aus dem die qualitative Wirkung der Abscheidemechanismen und deren Überlagerung ersichtlich ist (Bild 8.4).

Für das Haften der Teilchen auf der Faseroberfläche sind *elektrostatische Kräfte* (van der Waalssche Kräfte) verantwortlich. Der Abscheidegrad einer Einzelfaser und einer Faserschicht wird vom Material des Partikels und der Faser sowie vom Oberflächenzustand der Faser beeinflußt.

Man unterteilt die Filter in Grob- und Feinstäube (meist auch als *Vorfilter* bezeichnet) und in Filter für Feinst- oder Schwebestäube (auch als *Schwebstoff-Filter* bezeichnet), wobei die Unterteilung aufgrund von genormten Prüfverfahren vorgenommen wird.

Die Abscheidung wird bestimmt durch das Verhältnis:

$$\frac{\text{abgeschiedene Staubmasse}}{\text{angebotene Staubmasse}}$$

Die Messung erfolgt über die Staubkonzentration von Roh- und Reinluft (g_{roh} und g_{rein}). Damit wird der Abscheidegrad:

$$\eta = \frac{g_{roh} - g_{rein}}{g_{roh}} \cdot 100\% \qquad \text{(Gl. 8.1)}$$

Der *Durchlaßgrad* ist dann: $D_g = 100 - \eta$

Kontrolle durch Wägung des Prüflings.

Bei allen Filtern ist zu bedenken, daß der Abscheidegrad nicht konstant ist, sondern veränderlich. Er steigt bei mechanischen Filtern mit zunehmender Verschmutzung infolge der zusätzlichen Filtration durch den eingespeicherten Staub. Der in der Praxis vorhandene Abscheidegrad weicht meist vom auf dem Prüfstand gemessenen Wert etwas ab, weil der Staub der Außenluft sehr verschiedenartig ist.

8.2.2 Filterprüfung

Zur Ermittlung der Leistungsfähigkeit eines Luftfilters muß dieser einem Testverfahren unterzogen werden, das die Bedingungen der Praxis möglichst gut nachbildet.

Für Filter zur Abscheidung von Teilchen sind diese Testverfahren in Deutschland in den Normen DIN 24 185 (für *Grob-* und

Grafische Symbole		
Grundreihe	Nebenreihe	Anwendungsbeispiele
Ventilatoren, Verdichter (VE)		
Ventilatoren, Verdichter allgemein (DIN 30 600, Reg.-Nr. 00715)		Radial-Ventilatoren Axial-Ventilatoren Kältemittelverdichter
Luftfilter (LF)		
Filter, allgemein (DIN 30 600, Reg.-Nr 0669)	Schwebstoffilter (DIN 30 600, Reg.-Nr 01014) Rollbandfilter (DIN 30 600, Reg.-Nr 01017) Sorptionsfilter (DIN 30 600, Reg.-Nr 01018) Elektrofilter (DIN 30 600, Reg.-Nr 06098)	EU5: Filter mit Klassifizierung (z.B. EU 5) Filter ohne Klassifizierung Q: Schwebstoff-filter (z.B. Klasse Q) EU2: Rollbandfilter (z.B. EU 2) Rollbandfilter ohne Klassifizierung Sorptionsfilter

Bild 8.1 Grafische Symbole von Kanaleinbauten

Grafische Symbole		
Grundreihe	Nebenreihe	Anwendungsbeispiele
Lufterwärmer[8]), Luftkühler[8]) (LH, LK)		
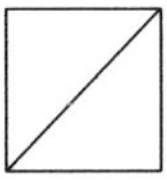 Umformer, Lufterwärmer (DIN 30 600, Reg.-Nr. 00044)	 Lufterwärmer Luft/Dampf, (DIN 30 600, Reg.-Nr. 06085)	  Lufterwärmer Luft/Wasser bzw. Flüssigkeit; Lufterwärmer Luft/Dampf,
	 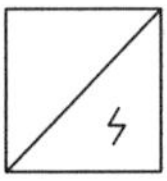 Lufterwärmer direkt befeuert (DIN 30 600, Reg.-Nr. 06086); Elektro-Lufterwärmer (DIN 30 600, Reg.-Nr. 06087)	  Lufterwärmer direkt befeuert; Elektro-Lufterwärmer
	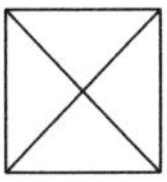  Luftkühler Luft/Wasser bzw. Flüssigkeit (DIN 30 600, Reg.-Nr. 06088); Luftkühler Luft/Dampf, (DIN 30 600, Reg.-Nr. 06089)	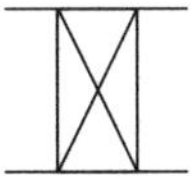  Luftkühler Luft/Wasser bzw. Flüssigkeit in Leitung (Zeichnung); Luftkühler Luft/Dampf, in Leitungen (Schaltschema)
	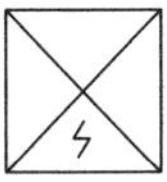 Elektro-Luftkühler, Peltierkühler (DIN 30 600, Reg.-Nr. 06090)	 Elektro-Luftkühler, Peltierkühler
[8]) Umformer im Sinne von DIN 30 600		

Bild 8.1 Fortsetzung

Grafische Symbole			
Grundreihe	Nebenreihe		Anwendungsbeispiele
Luftbefeuchter, Luftentfeuchter (LB, LE)			
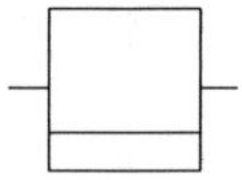 Luftbefeuchter (-entfeuchter), allgemein (DIN 30 600, Reg.-Nr. 06099)	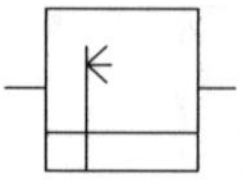 Sprühbefeuchter (-entfeuchter), (DIN 30 600, Reg.-Nr. 06100)		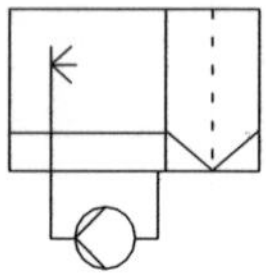 Adiabatischer Umlaufsprühbefeuchter mit Tropfenabscheider
	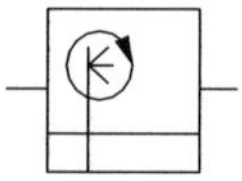 Zentrifugal-befeuchter (-entfeuchter) (DIN 30 600, Reg.-Nr. 06101)	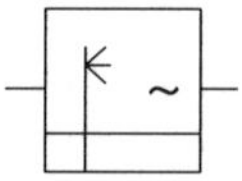 Schwingungs-befeuchter (-entfeuchter) (DIN 30 600, Reg.-Nr. 06102)	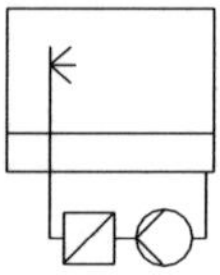 Nicht adiabatischer Umlaufsprühbefeuchter (-entfeuchter)
	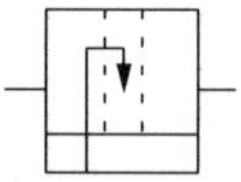 Riesel-befeuchter (-entfeuchter) (DIN 30 600, Reg.-Nr. 06104)	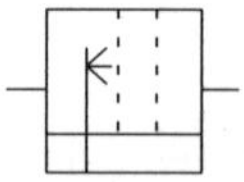 Sprüh-/Riesel-befeuchter (-entfeuchter) (DIN 30 600, Reg.-Nr. 06103)	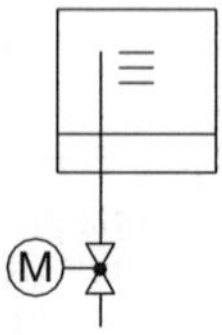 Dampfbefeuchter für Fremddampf
	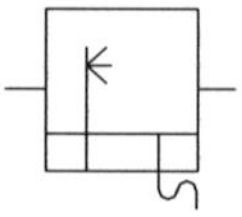 Durchlauf-Sprühbefeuchter (-entfeuchter) (DIN 30 600, Reg.-Nr. 06105)	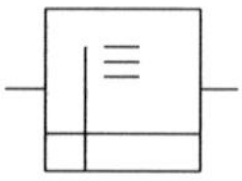 Dampf-befeuchter (DIN 30 600, Reg.-Nr. 06391)	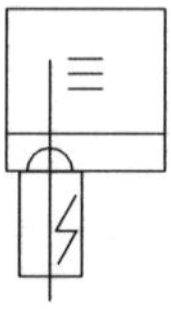 Dampfbefeuchter mit Elektro-Dampferzeuger

Bild 8.1 Fortsetzung

Grafische Symbole		
Grundreihe	Nebenreihe	Anwendungsbeispiele
Abscheider (TA), Luftlenkeinrichtungen (LLE)		
Abscheider, allgemein (DIN 30 600, Reg.-Nr 00659)	Prallabscheider (DIN 30 600, Reg.-Nr 00763)	
Strömungsgleichrichter (DIN 30 600, Reg.-Nr 06098)	Tropfenabscheider (DIN 30 600, Reg.-Nr 06097)	Adiabatischer Umlaufsprühbefeuchter mit Strömungsgleichrichter und Tropfenabscheider
Kammern (KA)		
Mischkammer, allgemein (DIN 30 600, Reg.-Nr 06131)	Mischkammer, mit beliebiger Anzahl von Eingängen (DIN 30 600, Reg.-Nr 06134)	Mischkammer in Luftleitung, Klappen mit pneumatischem Antrieb (Schaltschema)
Verteilerkammer, allgemein (DIN 30 600, Reg.-Nr 06132)	Verteilerkammer, mit beliebiger Anzahl von Ausgängen (DIN 30 600, Reg.-Nr 06133)	Verteilerkammer in Luftleitung, Klappen mit Elektromotorantrieb (Schaltschema) M

Bild 8.1 Fortsetzung

Grafische Symbole				
Grundreihe	Nebenreihe		Anwendungsbeispiele	
Klappen (KL)				
Klappe, allgemein (DIN 30 600, Reg.-Nr 06147)	Klappe mit Gehäuse (DIN 30 600, Reg.-Nr 06148)	Luftdichte Klappe (DIN 30 600, Reg.-Nr 06149)	Drosselklappe in Luftleitungen (Schaltschema)	Drosselklappe in Luftleitung (Zeichnung)
	Kn Brandschutz-klappe, Feuer-widerstands-klasse Kn (DIN 30 600, Reg.-Nr 06150)	Rauchschutz-klappe (DIN 30 600, Reg.-Nr 00607)	K90 Brandschutzklappe in Luftleitung, Feuerwiderstandsklasse K 90 (Schaltschema)	
	Gliederklappe, gleichläufig (DIN 30 600, Reg.-Nr 06151)	Gliederklappe, gegenläufig (DIN 30 600, Reg.-Nr 06152)	K90 Brandschutzklappe in Luftleitung, Feuerwiderstandsklasse K 90 (Zeichnung)	
	Rückschlag-klappe (DIN 30 600, Reg.-Nr 00806)	Überström-klappe (DIN 30 600, Reg.-Nr 06153)	Rückschlagklappe in Luftleitung (Schaltschema)	Überströmklappe in Luftleitung (Schaltschema)
	Umschaltklappe (DIN 30 600, Reg.-Nr 06154)			

Bild 8.1 Fortsetzung

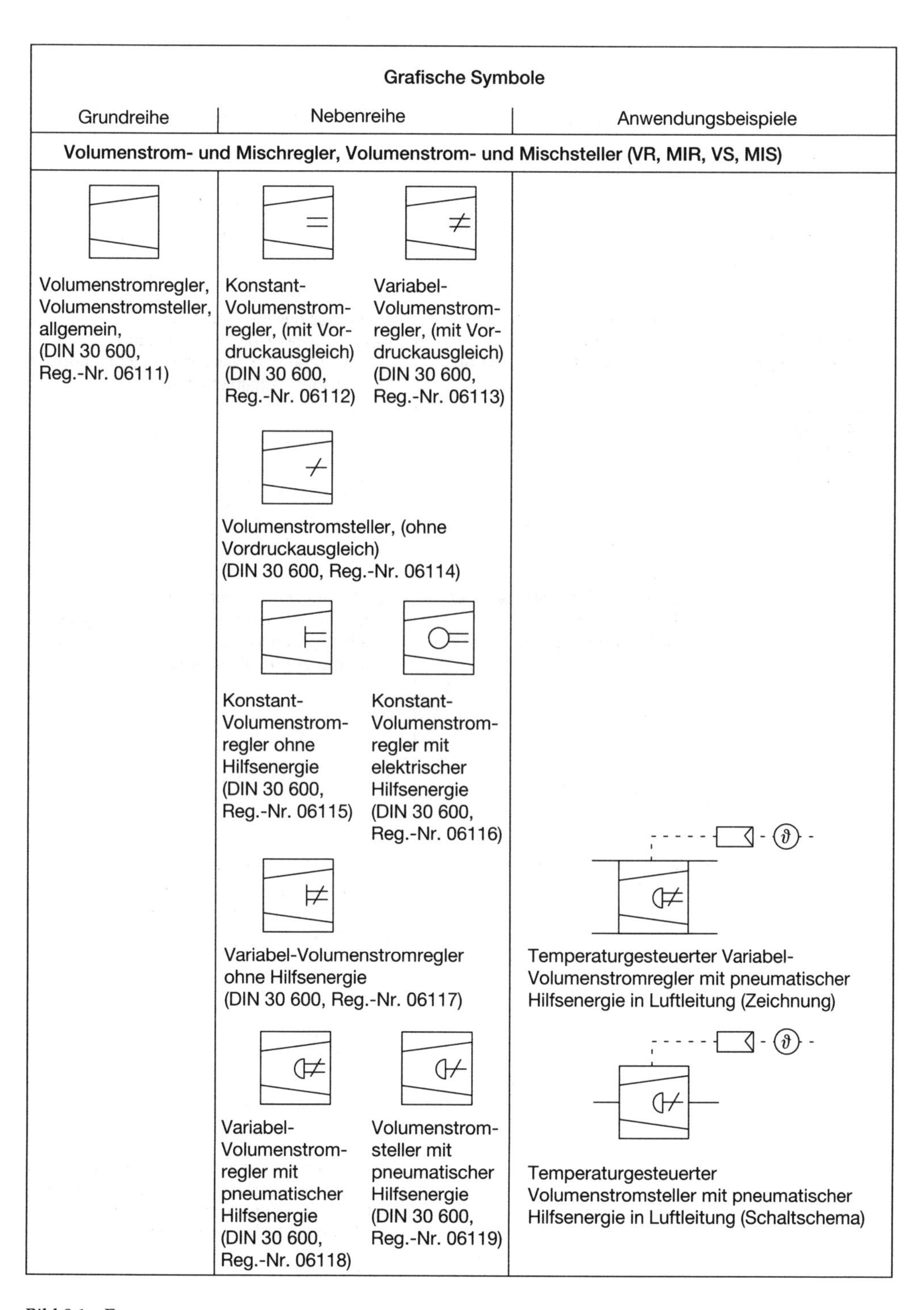

Grafische Symbole		
Grundreihe	Nebenreihe	Anwendungsbeispiele
Volumenstrom- und Mischregler, Volumenstrom- und Mischsteller (VR, MIR, VS, MIS)		
Volumenstromregler, Volumenstromsteller, allgemein, (DIN 30 600, Reg.-Nr. 06111)	Konstant-Volumenstromregler, (mit Vordruckausgleich) (DIN 30 600, Reg.-Nr. 06112)	
	Variabel-Volumenstromregler, (mit Vordruckausgleich) (DIN 30 600, Reg.-Nr. 06113)	
	Volumenstromsteller, (ohne Vordruckausgleich) (DIN 30 600, Reg.-Nr. 06114)	
	Konstant-Volumenstromregler ohne Hilfsenergie (DIN 30 600, Reg.-Nr. 06115)	
	Konstant-Volumenstromregler mit elektrischer Hilfsenergie (DIN 30 600, Reg.-Nr. 06116)	
	Variabel-Volumenstromregler ohne Hilfsenergie (DIN 30 600, Reg.-Nr. 06117)	Temperaturgesteuerter Variabel-Volumenstromregler mit pneumatischer Hilfsenergie in Luftleitung (Zeichnung)
	Variabel-Volumenstromregler mit pneumatischer Hilfsenergie (DIN 30 600, Reg.-Nr. 06118)	
	Volumenstromsteller mit pneumatischer Hilfsenergie (DIN 30 600, Reg.-Nr. 06119)	Temperaturgesteuerter Volumenstromsteller mit pneumatischer Hilfsenergie in Luftleitung (Schaltschema)

Bild 8.1 Fortsetzung

Grafische Symbole		
Grundreihe	Nebenreihe	Anwendungsbeispiele
Kälteanlagen (KM, HM)		
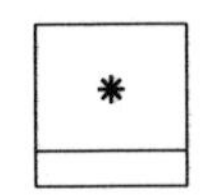 Heiz- und Kühlmaschine (Wärmepumpe, Kältemaschine), allgemein (DIN 30 600, Reg.-Nr 06143)	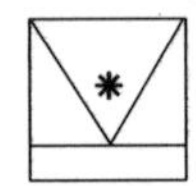 Strahl-Kühlmaschine/ -Heizmaschine (DIN 30 600, Reg.-Nr 06144)	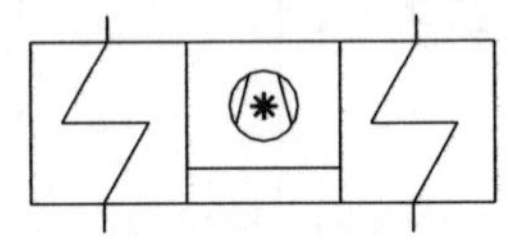 Kompressionskühlmaschine in Blockbauweise mit Wasserkühler (Verdampfer) und wasserbeaufschlagtem Verflüssiger (Schaltschema)
	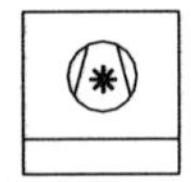 Kompressionskühlmaschine/ -Heizmaschine (DIN 30 600, Reg.-Nr 06145)	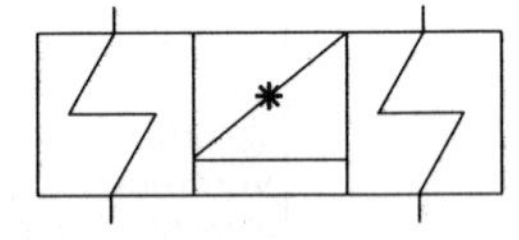 Absorptionsheizmaschine in Blockbauweise mit Heizwassererzeugung (Verflüssiger) und wasserbeaufschlagtem Verdampfer (Schaltschema)
	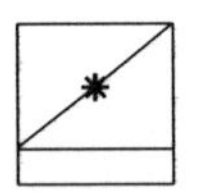 Absorptionskühlmaschine/ -Heizmaschine (DIN 30 600, Reg.-Nr 06146)	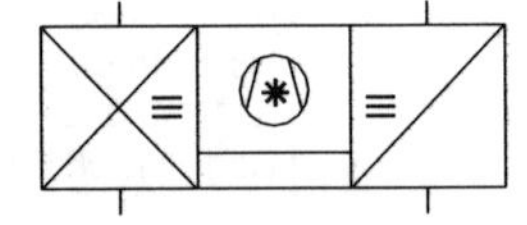 Kompressionskühlmaschine in Blockbauweise mit Luftkühler (Direktverdampfer) und luftgekühltem Verflüssiger (Schaltschema)
		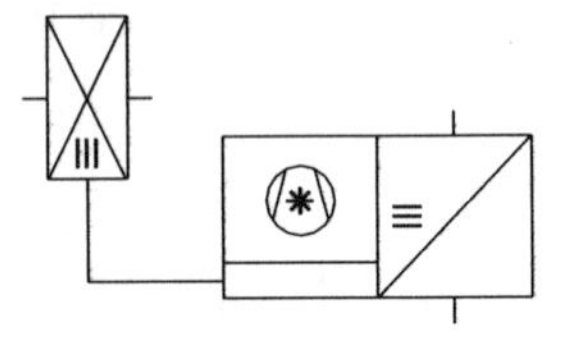 Kompressionskühlmaschine in Splittbauweise mit separatem Luftkühler (Direktverdampfer): Verdichter und luftgekühlter Verflüssiger in einer Baueinheit (Schaltschema)

Bild 8.1 Fortsetzung

Grafische Symbole		
Grundreihe	Nebenreihe	Anwendungsbeispiele
Messung, Steuerung, Regelung (MSR)		
Fühler, Meßort (DIN 30 600, Reg.-Nr 01254)	Kanalfühler, allgemein (DIN 30 600, Reg.-Nr 06155)	Kanal-Temperaturfühler (ϑ); Kanal-Differenzdruckfühler (z.B. Meßblende) (ΔP); Kanalfühler für relative Feuchte (φ); Kanal-Volumenstromfühler ($\dot{V}$)
	Raumfühler, allgemein (DIN 30 600, Reg.-Nr 06156)	Raum-Temperaturfühler (ϑ); Raumfühler für relative Feuchte (φ)
	Außenfühler, allgemein (DIN 30 600, Reg.-Nr 06157)	Außen-Temperaturfühler (ϑ); Außen-enthalpiefühler (h)
Regler, allgemein (DIN 30 600, Reg.-Nr 00156)	Elektrischer Analogregler (DIN 30 600, Reg.-Nr 06158)	
	Elektrischer Digitalregler (DIN 30 600, Reg.-Nr 06159)	Außenfühler für relative Feuchte (φ)
		PI

Bild 8.1 Fortsetzung

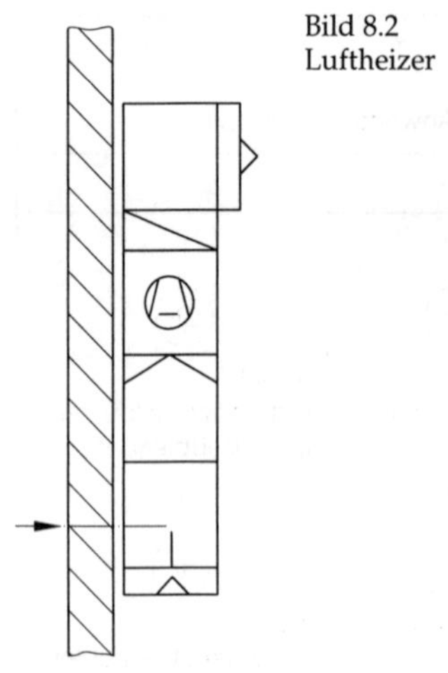

Bild 8.2
Luftheizer

Feinstaubfilter) und DIN 24184 (für *Schwebstoff-Filter*) beschrieben. Das Testverfahren für Grob- und Feinstaubfilter hat sich international durchgesetzt. Die Norm 24185 (Tabelle 8.1) ist wortgleich mit der Europäischen Norm EUROVENT 4/5 und der amerikanischen Richtlinie ASHRAE 52-76, die auch die Basis für die anderen Normen bildete.

Nach der Norm DIN 24185 werden zur Beurteilung der Leistungsfähigkeit eines Grob- und Feinstaubfilters folgende Parameter ermittelt:

- ☐ Volumenstrom,
- ☐ Anfangs- und Enddruckdifferenz,
- ☐ Abscheidegrad,
- ☐ Wirkungsgrad,
- ☐ Staubspeicherfähigkeit.

Das Testverfahren arbeitet zur Bestimmung des Abscheidegrades und der Staubspeicherfähigkeit mit einem *synthetischen Prüfstaub*, der aus einer Mischung besteht von:

72% Gesteinsmehl,
25% Ruß,
3% Baumwoll-Linters.

Der *Abscheidegrad* für eine beliebige Staubaufgabeperiode wird durch die Beziehung bestimmt:

$$A = \left(1 - \frac{W_2}{W_1}\right) \cdot 100\% \qquad \text{(Gl. 8.2)}$$

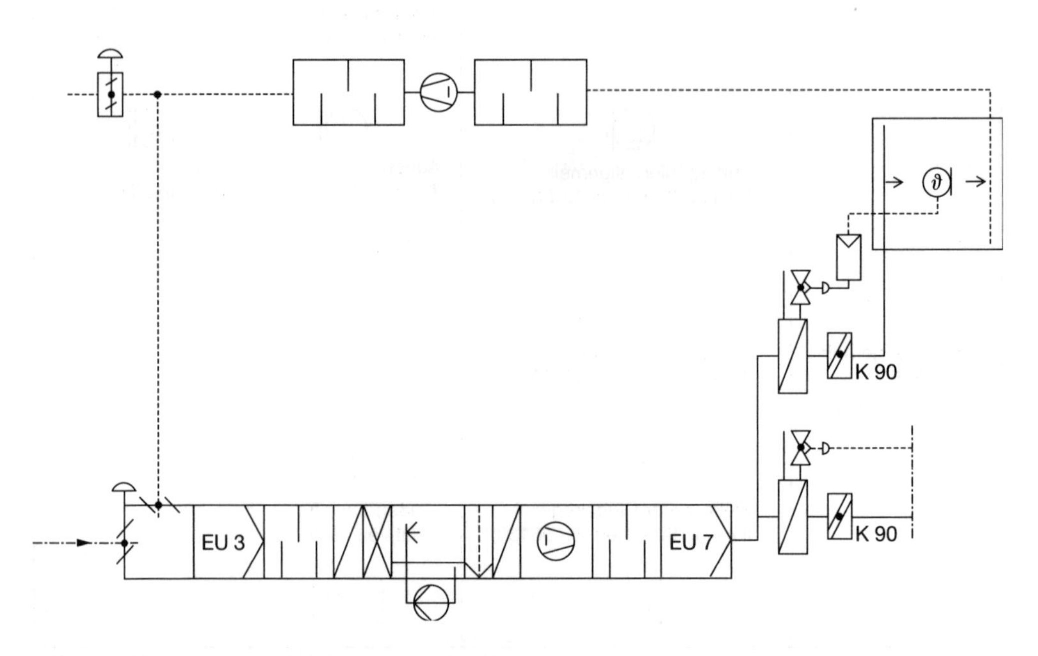

Bild 8.3 RLT-Anlagen mit Zuluftgerät bzw. Zuluftkammer

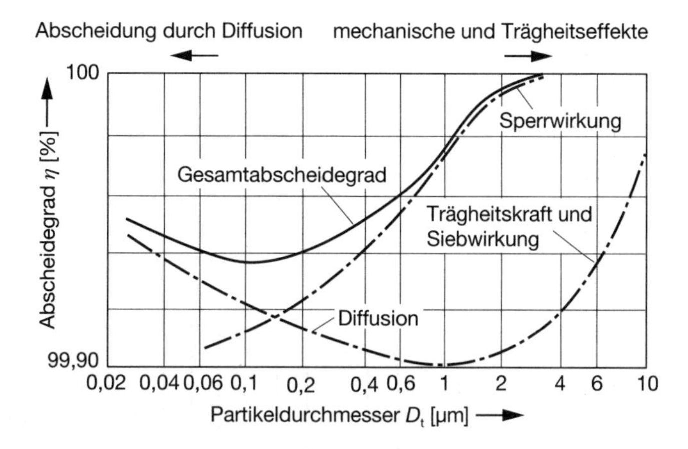

Bild 8.4
Einfluß der Abscheidemechanismen auf den Gesamtabscheidegrad in einem Glasfaserfilter

W_2 Masse des durch den Prüfling nicht abgeschiedenen synthetischen Staubes,

W_1 Masse des aufgegebenen synthetischen Staubes

Das Ergebnis wird durch Wägung ermittelt. Der mit diesem Verfahren erziehlte Abscheidegrad wurde auch als gravimetrischer Abscheidegrad bezeichnet.

8.3 Lufterhitzer

8.3.1 Bauformen

Lufterhitzer dienen in LT-Anlagen zur Lufterwärmung.

Lamellenrohr-Lufterhitzer (auch Rippenrohr-Lufterhitzer genannt) bestehen aus neben- und hintereinander befindlichen *berippten Rohren*, die an beiden Enden in gemeinsame *Sammelkammern* eingeschweißt sind (Bild 8.5). Die Luft strömt quer zu den Rohren zwischen den Rippen, das Heizmittel – Dampf, Warmwasser oder Thermoöl – innerhalb der Rohre. Rohre und Rippen gewöhnlich aus Stahl, im Vollbad verzinkt, aus Kupfer verzinnt, oder aus Kupfer mit Aluminiumrippen. Rippenabstand ca. 1,6 ... 6 mm, Rippenstärke 0,1 ... 0,4 mm. Rippen rund, quadratisch, rechteckig, sechseckig, dreieckig, usw. Häufig sind 2, 3 oder mehr Rohre durch gemeinsame Rippen geführt. Die Rippenrohre können senkrecht aber auch waagrecht liegen.

Einen Heizkörper, der nur aus einer Reihe nebeneinander befindlicher Rohre besteht, nennt man einen *1reihigen* Lufterhitzer. Ist die Heizleistung einer Rohrreihe nicht ausreichend, setzt man 2, 3 oder mehr Rohrreihen hintereinander, so daß auf diese Weise größere Heizleistungen erreichbar sind. Dann werden meist auch gemeinsame Verteiler und Sammler am Eintritt und Austritt des Heizmittels installiert.

8.3.2 Wärmedurchgang [8.1] beim Lufterhitzer

Bei Lamellenrohr-Lufterhitzern ist der allgemeine Wärmedurchgangskoeffizient:

$$k_a = \frac{1}{\frac{1}{\alpha_i} \cdot \frac{A_a}{A_i} + \frac{\delta}{\lambda} \cdot \frac{A_a}{A_i} + \frac{1}{\alpha_a}} \quad [\mathrm{W/(m^2 \cdot K)}] \qquad \text{(Gl. 8.3)}$$

A_a äußere Oberfläche einschließlich Rippen in m^2

A_i innere Oberfläche in m^2

α_i innerer Wärmeübergangskoeffizient in $W/(m^2 \cdot K)$

α_a scheinbarer äußerer Wärmeübergangskoeffizient in $W/(m^2 \cdot K)$

δ Wanddicke in m

λ Wärmeleitfähigkeit des Wandmaterials in $W/(m \cdot K)$

Tabelle 8.1 Luftfilter-Klasseneinteilung nach DIN 24 185, Teil 2 – 10.80 (entspricht EUROVENT-Klasseneinteilung)

Filterklassen nach DIN 24 185 Teil 2[1])			Filterklassen nach DIN 24 185 Teil 100, Entwurf Februar 1978			Einteilung der Güteklassen nach StF[2])	
Filterklasse	Mittlerer Abscheidegrad gegenüber synthetischem Staub in %	Mittlerer Wirkungsgrad gegenüber atmosphärischem Staub in %	Filterklasse	Mittlerer Abscheidegrad gegenüber synthetischem Staub in %	Mittlerer Wirkungsgrad gegenüber atmosphärischem Staub in %	Güteklasse	Bezeichnung
EU 1	$A_m < 65$	–	A	$A_m < 65$	–	A	Grobstaub- oder Vorfilter
EU 2	$65 \leq A_m < 80$	–	B_1	$65 \leq A_m < 80$	–	B	Feinstaubfilter
EU 3	$80 \leq A_m < 95$	–	B_2	$80 \leq A_m < 95$	$30 \leq E_m < 45$		
EU 4	$90 \leq A_m$	–					
EU 5	–	$40 \leq E_m < 60$	C_1	–	$45 \leq E_m < 75$	C	Hochwertige Feinstaubfilter
EU 6	–	$60 \leq E_m < 80$	C_2	–	$75 \leq E_m < 90$		
EU 7	–	$80 \leq E_m < 90$					
EU 8	–	$90 \leq E_m < 95$	C_4	–	$90 \leq E_m$		
EU 9[3])	–	$95 \leq E_m$	–	–	–		
		Partikelgröße in µm					
EU 10	85	0,3 . . . 0,5	Q				Schwebstofffilter
EU 11	95		R				
EU 12	99,5		S				
EU 13	99,95						
EU 14	99,995	0,05	ST				
EU 15	99,9995	0,1	T				
EU 16	99,99995	0,12 . . . 0,2	U				
EU 17	99,999995	0,2 . . . 0,5	V				
EU 18	99,9999995	0,2 . . . 0,5	–				

[1]) Die Luftfilter-Klasseneinteilung nach DIN 24 185 Teil 2 entspricht der vom EUROVENT beschlossenen europäischen Klasseneinteilung, die zur weiteren Beratung an die ISO weitergeleitet wird (EUROVENT – Europäisches Komitee der Hersteller von lufttechnischen und Trocknungsanlagen, Lyoner Str. 18, 60528 Frankfurt/M.).

[2]) Die Einteilung der Güteklassen nach den «Richtlinien zur Prüfung von Filtern für die Lüftungs- und Klimatechnik», herausgegeben vom Staubforschungsinstitut des Hauptverbandes der gewerblichen Berufsgenossenschaften e.V., Bonn (StF), wurde durch die Luftfilter-Klasseneinteilung nach DIN 24 185 Teil 100, Entwurf Februar 1978, ersetzt.

[3]) Luftfilter mit einem hohen mittleren Wirkungsgrad können bereits einer Schwebstofffilter-Klasse nach DIN 24 184 «Typprüfung von Schwebstofffiltern» entsprechen.

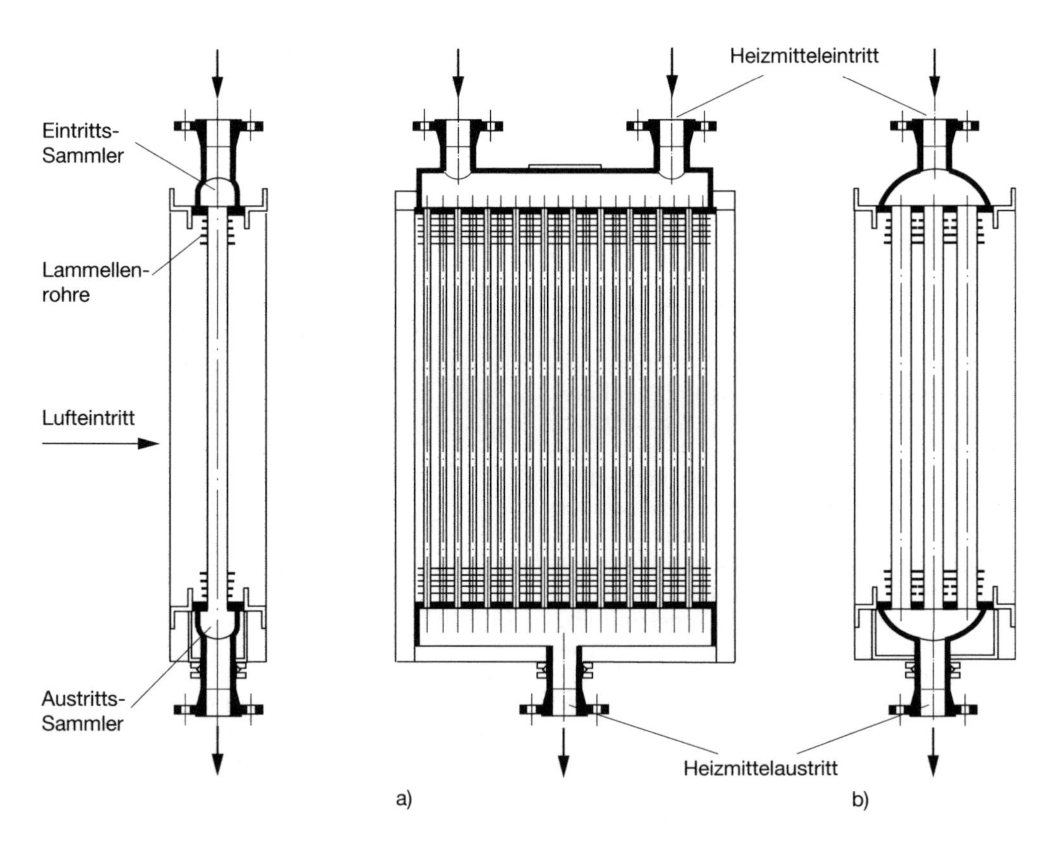

Bild 8.5 Schema eines Lamellenrohr-Lufterhitzers für Dampf.
a) Lufterhitzer mit einer Rohrreihe b) Lufterhitzer mit drei Rohrreihen

Bei *Dampfbetrieb* und $A_a/A_i < 10$ vereinfacht sich die Formel zu:

$$k_a \approx \alpha_a,$$

da $\frac{\delta}{\lambda}$ und $\frac{1}{\alpha_i}$ gegenüber $\frac{1}{\alpha_a}$ klein sind.

Bei *Wasserbetrieb*:

$$k_a \approx \frac{1}{\frac{1}{\alpha_i} \cdot \frac{A_a}{A_i} + \frac{1}{\alpha_a}}$$

wobei nach [2] gilt:

$$\alpha_i \approx 2\,000 \cdot \left(1 + \frac{0{,}76}{100} \cdot \vartheta_W\right) \cdot \frac{w^{0,8}}{d_i^{0,2}} \qquad \text{(Gl. 8.4)}$$

Bei Rechnungen mit Rippenrohren wird häufig auch der Ausdruck *Rippenwirkungsgrad* η_R gebraucht:

$$\eta_R = \frac{\vartheta_L - \vartheta_{RM}}{\vartheta_L - \vartheta_{RO}} \qquad \text{(Gl. 8.5)}$$

$$\eta_R = \frac{\text{mittlere Übertemperatur der Rippen}}{\text{mittlere Übertemperatur der Rohroberfläche}}$$

Die *k*-Werte lassen sich nur näherungsweise erfassen und müssen daher genauer durch Versuche ermittelt werden. Sie werden durch zahlreiche Faktoren beeinflußt: z.B. Turbulenzgrad der Luft, Rohranordnung, Verbindungsart zwischen Rippe und Rohr, Verschmutzung, Zahl der Rohrreihen usw. Alle Berechnungsverfahren haben deshalb eine beschränkte Genauigkeit.

8.4 Luftkühler

8.4.1 Bauformen

Die Luftkühler entsprechen in ihrer Bauform [8.2] genau den Lufterhitzern für einen Warmwasserpumpenbetrieb. Man kann grundsätzlich einen für Lufterwärmung in einer Pumpenwarmwasserheizung vorgesehenen Wärmeaustauscher auch zur Kühlung der Luft verwenden, indem man statt warmen Wassers kaltes Wasser oder eine Wasser-Glykol-Mischung durch die Rohre fördert. Wegen der geringen Temperaturdifferenz zwischen Luft und Wasser wird die Wassergeschwindigkeit in den Rohren noch etwas höher gewählt als bei der Pumpenheizung, falls ein genügender Förderdruck zur Verfügung steht. Ferner müssen meist mehrere Elemente hintereinandergeschaltet werden. Das Kaltwasser fließt dabei in der Regel im *Kreuzgegenstrom* zur Luft von einem Element ins andere, wobei die Wasserkammern der einzelnen Elemente miteinander verbunden sind (Bild 8.6).

Wichtig ist die richtige Anordnung der Entlüftungs- und Entleerungshähne, damit einerseits der Kühler in allen Rohren von Wasser durchflossen wird, andererseits eine leichte Entleerung möglich ist.

8.4.2 Wärmedurchgang beim Luftkühler

Bei der Ermittlung des Wärmedurchgangskoeffizienten sind zwei Fälle zu unterscheiden, je nachdem, ob bei der Kühlung Wasser aus der Luft abgeschieden wird oder nicht.

8.4.3 Kühler ohne Wasserabscheidung

Für den Wärmedurchgang gilt auch hier wie bei den Warmwasserlufterhitzern:

$$\dot{Q} = k_a \cdot A \cdot \Delta\vartheta_m \qquad \text{(Gl. 8.6)}$$

$$k_a = \frac{1}{\frac{1}{\alpha_i} \cdot \frac{A_a}{A_i} + \frac{1}{\alpha_a}} \quad \text{in W/(m}^2 \cdot \text{K)}.$$

α_i erhält man aus [8.2].

Die *Wassergeschwindigkeit* w in den Rohren wird je nach dem zur Verfügung stehenden Druck zwischen 0,5 ... 2 m/s gewählt. Nach Möglichkeit sollte eine Wassergeschwindigkeit von $w = 1$ m/s nicht unterschritten werden, da bei geringeren Werten der Wärmedurchgang erheblich geringer wird.

Die meist auftretenden Wassertemperaturen liegen zwischen 0 und 20 °C. Überschlägig kann man mit $w = 1{,}0$ m/s und $\vartheta_W = 10$ °C rechnen und erhält dann $\alpha_i = 4\,000$ W/(m² · K) bei Wasser. Die sich

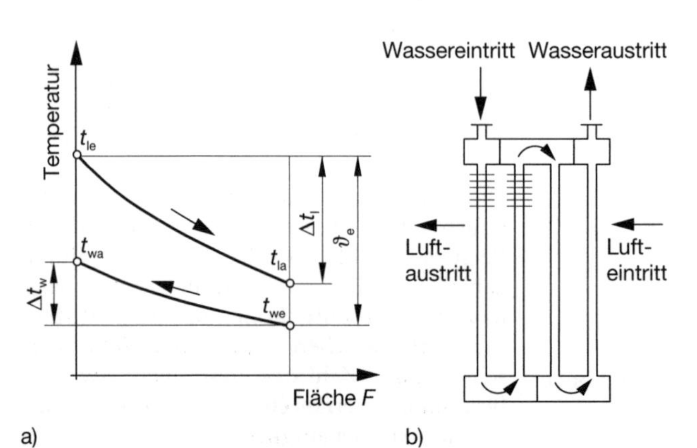

Bild 8.6
Luftkühler
a) Temperaturdiagramm von Oberflächenkühlern bei Gegenstrombetrieb.
b) Schema eines Oberflächenkühlers.

ergebenden Wärmedurchgangskoeffizienten stimmen praktisch mit den Werten für Warmwasserlufterhitzer überein.

8.4.4 Kühler mit Wasserabscheidung

Wasserabscheidung aus der Luft findet immer dann statt, wenn die *Rohroberflächentemperatur unterhalb der Taupunkttemperatur* der Luft liegt. Im *h-x*-Diagramm liegt die Zustandsänderung der Luft auf der geraden Verbindungslinie vom Zustandspunkt der Luft zum Zustandspunkt gesättigter Luft von der Temperatur der Rohroberfläche (nicht etwa des Wassers!), wobei die Temperatur der Rohroberfläche als konstant angenommen ist. Man stellt sich den Vorgang als Mischungsprozeß zwischen zuströmender Luft und Luft aus der Grenzschicht des Rohres vor.

Da sich jedoch die Wassertemperatur und damit die Rohroberflächentemperatur von Rohrreihe zu Rohrreihe ändert, verläuft die Zustandsänderung der Luft auf einer mehr oder weniger gekrümmten Kurve. Dies ist besonders bei gerippten Rohren zu beachten, wo die Rippen teils naß, teils trocken sein können.

Die Wärme wird von der Luft auf das Wasser in doppelter Weise übertragen. Das geschieht u.a. in Form der *trockenen fühlbaren Wärme*, wie eben beschrieben wurde, und dann in Form der *feuchten latenten Wärme*, indem Wasserdampf aus der Luft an den kalten Flächen des Kühlers niedergeschlagen wird, wobei die Verdampfungswärme des Wassers frei wird und auf das Kühlwasser in den Rohren übergeht. Das Kühlwasser erwärmt sich also unter sonst gleichen Verhältnissen mehr, wenn Wasser niedergeschlagen wird, als wenn dies nicht der Fall ist.

Für die Übertragung der Gesamtwärme von der Luft an die feuchte Oberfläche des Rohres gilt:

$$\dot{Q} = \dot{Q}_{tr} + \dot{Q}_{ft} \qquad \text{(Gl. 8.7)}$$

$$\dot{Q} = \alpha_{tr} \cdot A \cdot \left((\vartheta_L - \vartheta_G) + \frac{\Delta h_V \cdot (x_L - x_G)}{c} \right)$$

$$\dot{Q} = \alpha_{tr} \cdot A \cdot (\vartheta_L - \vartheta_G) \cdot \left(1 \cdot \frac{\Delta h_V \cdot \Delta x_G}{c \cdot \Delta\vartheta_G} \right)$$

$$\dot{Q} = \alpha_{tr} \cdot A \cdot (\vartheta_L - \vartheta_G) \cdot \frac{\Delta h}{c \cdot \Delta\vartheta_G}$$

$$\dot{Q} = \alpha_{tr} \cdot A \cdot \Delta h = \sigma \cdot A \cdot \Delta h \qquad \text{(Gl. 8.8)}$$

α_{tr} Wärmeübergangskoeffizient für die fühlbare Wärme in $W/(m^2 \cdot K)$
σ α_{tr}/c = Verdunstungszahl in $kg/(m^2 \cdot s)$
ϑ_L Lufttemperatur in °C
ϑ_G Oberflächentemperatur (Grenzschichttemperatur) in °C
x_L Wassergehalt der Luft in kg/kg
x_G Wassergehalt der Luft in der Grenzschicht am Rohr in kg/kg
c spez. Wärmekapazität der trockenen Luft in $J/(kg \cdot K) \approx 1000$.

In dieser Gleichung bedeutet $\Delta h/\Delta\vartheta$ die Richtung der Zustandsänderung der Luft im *h-x*-Diagramm (Bild 8.7).

Der Gesamtwärmeübergang ist um den Faktor $\Delta h/(c \cdot \Delta\vartheta)$ größer als bei trockener Kühlung. Einzige Unbekannte ist in der Gleichung die Grenzschichttemperatur ϑ_G, die sich mit der Belastung ändert.

Man kann nach dieser Gleichung den Wärmeübergang durch eine schrittweise (iterative) Rechnung ermitteln, indem man $\Delta h/\Delta\vartheta$

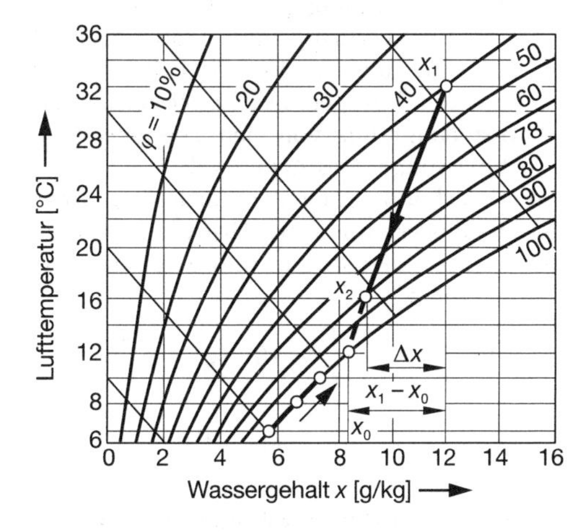

Bild 8.7 Zustandsänderung der Luft bei Kühlung und Entfeuchtung

zunächst schätzt und später korrigiert, was jedoch sehr zeitraubend ist, falls nicht ein Programm zur Verfügung steht. Ein Näherungsverfahren ist mit Mittelwerten zu rechnen.

8.5 Fliehkraftabscheidung

8.5.1 Abscheidung im Zyklon

Bei der Entstaubung im **Zyklon** liegen die gleichen Strömungsverhältnisse vor wie bei der Suspensionstrennung im **Hydrozyklon**. Die Staubteilchen bewegen sich auf einer **Spiralbahn**. Die dabei wirkende Fliehkraft führt zur Abscheidung des Staubes.

Die **Zyklonberechnung** wird nach der Theorie von BARTH, MUSCHELKNAUTZ und BRUNNER vorgenommen. Diese Berechnungsmethode geht von folgenden Annahmen aus:

- Die **größte Umfangsgeschwindigkeit** u_1 herrscht im Zyklon auf einer Zylinderfläche, deren Durchmesser gleich dem Tauchrohrdurchmesser d_1 ist (Bild 8.8). Diese Mantelfläche ist die Trennfläche A für den Abscheidungsvorgang.
- Die gesamte Reibung – vorwiegend Wandreibung – greift auf einer Zylinderfläche an mit dem Radius $r_R = (r_1 \cdot r_z)^{0,5}$ und der Höhe H (Bild 8.8). Vor und hinter dem Reibungszylinder herrscht verlustlose **Potentialströmung** gemäß $u \cdot r =$ konst.
- Der **Druckverlust** Δp im Zyklon wird auf die Strömungsgeschwindigkeit v_1 im Tauchrohr bezogen. Der **Druckverlustbeiwert** hängt nur von den geometrischen Abmessungen des Zyklons ab.

Der Berechnungsgang zur Auslegung eines Gaszyklons erfordert zunächst die Annahme von Konstruktionsdaten, und zwar die Verhältniszahlen:

$$\frac{A_0}{A_1} = 0{,}5 \ldots 1{,}8 \qquad \frac{H}{r_1} = 10 \ldots 25 \qquad \frac{s}{r_1} = 3$$

$$\frac{r_z}{r_1} = 3 \ldots 4 \qquad \frac{b}{r_0} = 0{,}2 \ldots 0{,}5$$

Weiter muß ein die **Strahleinschnürung** im Einlauf berücksichtigender Beiwert α angenommen werden. Er ist bei üblichen Einlaufkonstruktionen $\alpha = 0{,}75$. Schließlich ist für die **Wandreibung** ein Beiwert $\lambda = 0{,}005 \ldots 0{,}01$ anzunehmen.

Bei Zyklonberechnungen nach der Theorie von *Barth* werden die folgenden Formeln verwendet:

- Verhältnis **Umfangsgeschwindigkeit** u_1 zur **Tauchrohrgeschwindigkeit** v_1:

$$\frac{u_1}{v_1} = \frac{1}{\alpha \cdot \frac{A_0}{A_1} \cdot \frac{r_1}{r_0} + \lambda \cdot \frac{H}{r_1}} \qquad \text{(Gl. 8.9)}$$

- **Druckverlust** Δp:

$$\Delta p = \zeta \cdot \frac{\varrho_D}{2} \cdot v_1^2 \qquad v_1 = \frac{\dot{V}}{A_1} \qquad \text{(Gl. 8.10)}$$

Näherungsweise kann der **Druckverlustbeiwert** ζ mit Hilfe von Bild 8.9 bestimmt werden. Es ist: $\zeta \approx 1{,}2 \cdot \zeta_1$

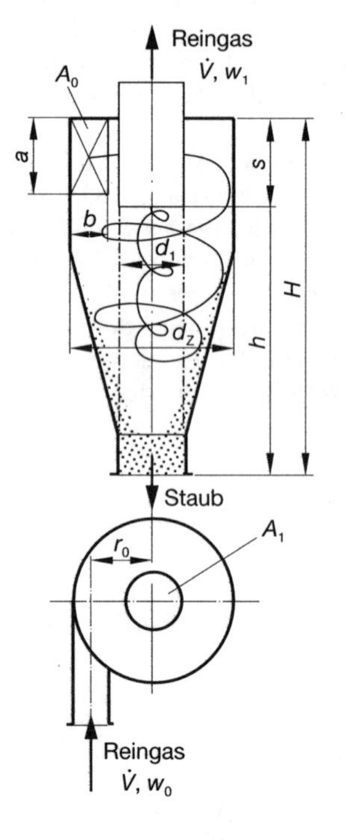

Bild 8.8 Hauptabmessung eines Zyklons

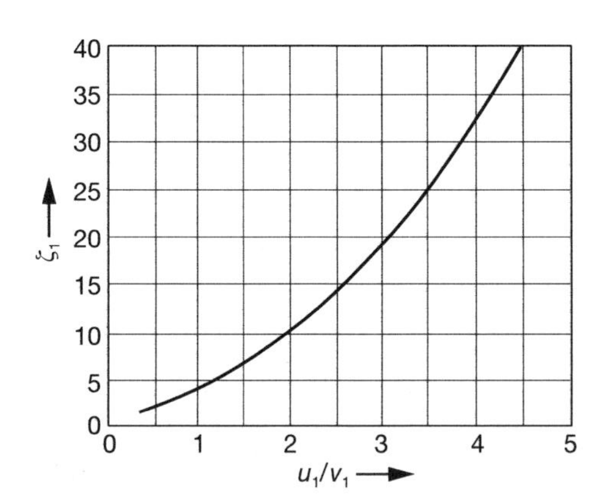

Bild 8.9 Druckverlustbeiwert

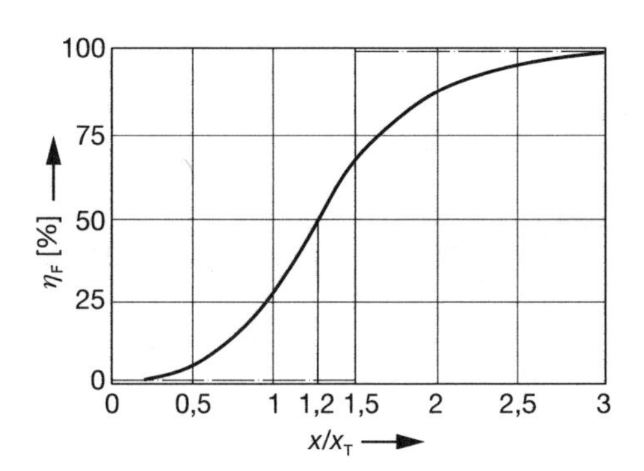

Bild 8.10 Typische Fraktionsentstaubungsgradkurve eines Tangentialzyklons

☐ **Trennkorngröße** x_T:

$$x_T = \sqrt{\frac{18 \cdot \eta \cdot w_z \cdot r_1}{u_1^2 \cdot \Delta\varrho}} \qquad \text{(Gl. 8.11)}$$

☐ **Absetzgeschwindigkeit** im Zentrifugalfeld w_z:

$$w_z = \frac{\dot{V}}{2 \cdot \pi \cdot r_1 \cdot h} = \frac{x^2 \cdot \Delta\varrho \cdot u_1^2}{18 \cdot \eta \cdot r_1} \qquad \text{(Gl. 8.12)}$$

In diesen Formeln bedeuten:

$\dot{V}$ Durchsatz in m^3/h
u_1 maximale Umfangsgeschwindigkeit in m/s
v_1 Tauchrohrgeschwindigkeit in m/s
Δp Druckverlust in Pa
ϱ_D Gasdichte in kg/m^3
ζ Druckverlustbeiwert (dimensionslos)
w_z Zentrifugalabsetzgeschwindigkeit in m/s
η dynamische Viskosität in Pa · s
ϱ_T Feststoffdichte in kg/m^3
geometrische Größen A_1, A_0, r_1, r_0, H in m^2 (s. Bild 8.8)

Die **Abscheidegüte** eines Zyklons kann nur berechnet werden, wenn die **Fraktionsabscheidegradkurve** und die **Rückstandssummenkurve** des Staubs im Rohgas bekannt sind. Bild 8.10 zeigt eine für Radialzyklone typische Fraktionsabscheidegradkurve, aufgetragen über dem Verhältnis x/x_T. Hierin ist x eine beliebige Korngröße und x_T die rechnerisch ermittelte Trennkorngröße.

Man erkennt: Korn mit **rechnerisch** ermittelter Trennkorngröße ($x/x_T = 1$) wird nur zu ungefähr 30% ausgeschieden. Die Kronscheide mit $\eta_F = 50\%$ liegt bei $x = 1{,}2 \cdot x_T$. Zu annähernd 100% werden Staubteilchen abgeschieden, deren Korngröße mindestens dreimal so groß ist, wie die rechnerisch ermittelte Trennkorngröße.

Zur näherungsweisen Berechnung des Gesamtabscheidegrads wird die Fraktionsabscheidegradkurve durch einen Stufensprung von 0 auf 100% bei $x/x_T = 1{,}5$ ersetzt. Der Gesamtabscheidegrad η_G ist dann gleich dem Rückstand R_0 für $x = 1{,}5 \cdot x_T$.

Die **Abscheidegüte eines Zyklons** wird allgemein durch folgende Zusammenhänge bestimmt:

> Die Abscheidegüte nimmt zu mit:
> 1. abnehmendem Zyklondurchmesser,
> 2. zunehmendem Druckverlust (Optimalwert 1 000 ... 1 500 Pa),
> 3. wachsender Zyklonhöhe (Optimalwert 8 ... 10 · d_1),
> 4. zunehmender Staubkonzentration im Rohgas.

Tabelle 8.2: Richtwerte für Gaszyklone

Bauart	Zyklondurchmesser in mm	Korngrößenbereich in µm	Druckverlust in Pa	Abscheidegrad in %
Tangential-Einzelzyklon	1000 ... 6000 ... (10000)	100 ... 5000	400 ... 1500	70 ... 90
Axial-Multizyklon	100 ... 300	5 ... 2000	200 ... 600	70 ... 96

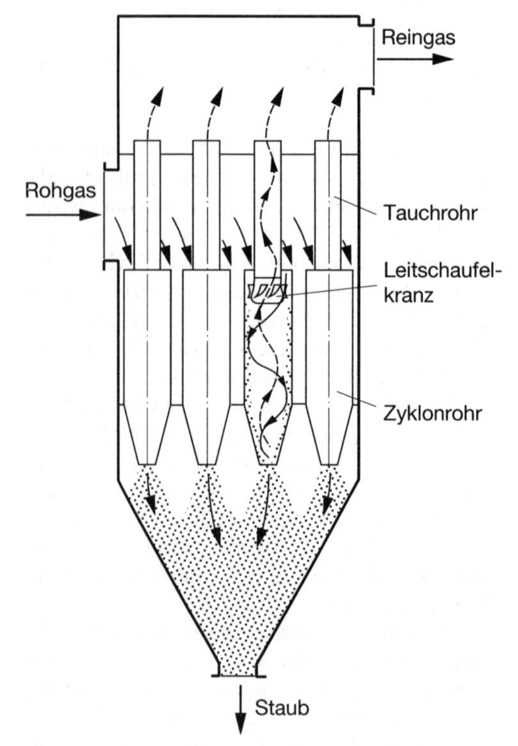

Bild 8.11 Axial-Multizyklon

Es werden bei der Entstaubung 3 **Zyklonbauarten** angewendet: Tangentialzyklone, Axialzyklone und Multizyklone (Tabelle 8.2).

Tangentialzyklone haben eine tangentiale Gaszuführung. Bei den **Axialzyklonen** erhält das axial einströmende Rohgas durch **Leitschaufeln** die erforderliche Drehströmung (Bild 8.11). Axialzyklone werden ebenso wie Radialzyklone berechnet.

Für Axialzyklone gilt grundsätzlich: Mit Leitschaufeln lassen sich nicht so große Umfangsgeschwindigkeiten erzeugen wie mit tangentialer Einströmung. Daher ist bei Axialzyklonen die Trennkorngröße höher und der Druckverlust niedriger als bei Tangentialzyklonen. Axialzyklone eignen sich für einen großen Rohgasdurchsatz.

Beim Multizyklon (Bild 8.11) werden 10 ... 100 Kleinzyklone – vorwiegend Axialzyklone – parallelgeschaltet und in einem gemeinsamen Gehäuse zusammengefaßt. Multizyklone eignen sich zur Abscheidung feiner Stäube bei großem Rohgasdurchsatz und geringem Platzbedarf.

Beispiel:

In einem Radialzyklus werden $\dot{V} = 2\,000\,\text{m}^3$ staubhaltige Abluft mit $\varrho_\text{D} = 1{,}2\,\text{kg/m}^3$ durchsetzt. Der Zyklon hat folgende Abmessungen (Bild 8.8):

$d_1 = 250$ mm, $d_z = 1\,500$ mm, $r_0 = 325$ mm, $H = 3\,000$ mm, $a = 500$ mm, $b = 100$ mm.

Wie groß ist der Druckverlust Δp?

Lösung:

1. *Querschnittsverhältnis A_0/A_1:*

$$A_0 = a \cdot b = 0{,}5\,\text{m} \cdot 0{,}1\,\text{m} = 0{,}05\,\text{m}^2$$

$$A_1 = \frac{d_1^2 \cdot \pi}{4} = \frac{0{,}25^2 \cdot \pi}{4} = 0{,}049\,\text{m}^2$$

$$\frac{A_0}{A_1} = 1$$

2. *Geschwindigkeitsverhältnis u_1/v_1:*

$$\frac{u_1}{v_1} = \frac{1}{\alpha \cdot \frac{A_0}{A_1} \cdot \frac{r_1}{r_0} + \lambda \cdot \frac{H}{r_1}}$$

Bild 8.12
Kanalanschlüsse bei den Einbauten

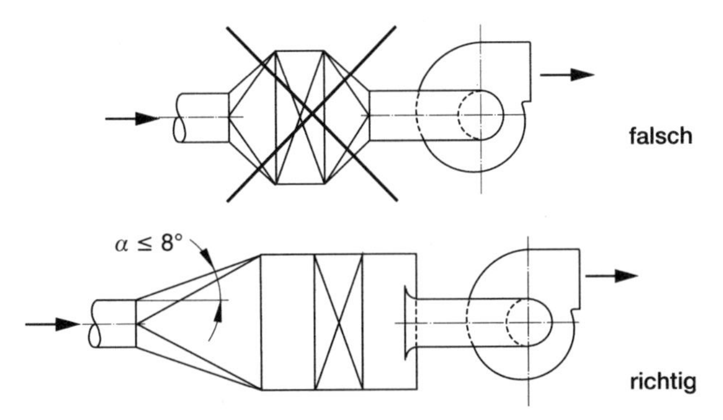

a) Wärmeaustauscher saugseitig falsch und richtig vor dem Ventilator angeordnet (α nach Tab. 8.40)

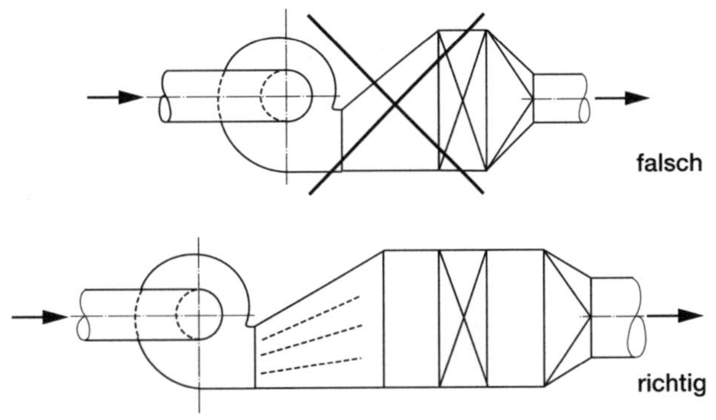

b) Wärmeaustauscher druckseitig falsch und richtig hinter dem Ventilator angeordnet

$$= \frac{1}{0{,}75 \cdot 0{,}38 + 0{,}005 \cdot 24}$$

$$\frac{u_1}{v_1} = \frac{1}{0{,}375} = 2{,}67$$

3. Druckverlustbeiwert:

$$\zeta = 1{,}2 \cdot \zeta_1$$

aus Diagramm Bild 8.9: $\zeta_1 \approx 15 \quad \rightarrow \zeta = 18$

4. Tauchrohrgeschwindigkeit v_1:

$$v_1 = \frac{\dot{V}}{A_1} = \frac{2\,000\,\mathrm{m^3/h}}{0{,}049\,\mathrm{m^2} \cdot 3\,600\,\mathrm{s/h}}$$

$$v_1 = 11{,}3\,\mathrm{m/s}$$

5. Druckverlust Δp:

$$\Delta p = \zeta \cdot \frac{\varrho_D}{2} \cdot v_1^2 = 18 \cdot \frac{1{,}2}{2}\,\mathrm{kg/m^3} \cdot 11{,}3^2\,\mathrm{m^2/s^2}$$

$$\Delta p = 1\,388\,\mathrm{Pa}$$

8.6 Anschluß von Einbauten

Die Einbauten sind strömungstechnisch so an das Kanalsystem anzuschließen, daß eine gleichmäßige Luftverteilung im Ein- und Austritt gewährleistet ist. Um dies zu erreichen sind gem. Bild 8.12 z.B. für Wärmeaustauscher und Filter die günstigen sowie die ungünstigen Kanalanschlüsse dargestellt.

9 Geräusche

9.1 Allgemeines

Die vom Ventilator erzeugten Geräusche werden in den angeschlossenen Kanal stromauf und stromab und damit auch in die gelüfteten Räume übertragen. Ein Teil wird in den umgebenden Raum abgestrahlt, ein weiterer Teil durch Körperschall auf den Boden übertragen.

Grundsätzlich gilt die Regel, die Geräusche am Ort ihrer Entstehung so gering wie möglich zu halten, also geräuscharme Ventilatoren und Motoren zu wählen. Wo dies nicht möglich ist, sind geeignete Maßnahmen zur Schalldämmung und -dämpfung zu treffen, um die Ausbreitung des Schalles zu verhindern.

Bei der akustischen Berechnung kann von dem Schema ausgegangen werden, wie es Bild 9.1 zeigt und wie es auch dem funktionalen Aufbau von lufttechnischen Anlagen entspricht.

Die auftretenden Strömungsgeschwindigkeiten bewegen sich dabei im Zentralgerät zwischen 3...6 m/s. Die höchsten Strömungsgeschwindigkeiten treten im Ventilator als stärkste Geräuschquelle auf, die Werte von über 100 m/s erreichen können.

Die Strömungsgeschwindigkeiten in den Kanalsystemen erreichen unter Berücksichtigung wirtschaftlicher Gesichtspunkte Werte bis zu 30 m/s, während die Luftaustrittsgeschwindigkeiten in den Luftauslässen zwischen 4 ... 30 m/s liegen können.

9.2 Geräuschbeurteilung

Das schwächste Geräusch, das ein gesundes menschliches Ohr noch wahrnehmen kann, beträgt ca. 20 µPa, die *Schmerzgrenze* liegt bei etwa 2 mbar.

Durch den Bereich der 13 Zehnerpotenzen Schallenergie ergibt sich eine dritte Möglichkeit, für die Schallintensität eine geeignete Größe zu finden. Man hat einer Zehnerpotenz die Bezeichnung 1 Bel gegeben und jede noch einmal in 10 Teile (1 Bel = 10 Dezibel) unterteilt, so daß die Schallintensität eingeteilt wird in 130 dB mit der willkürlich festgelegten *0-Linie* bei $2 \cdot 10^{-4}$ µbar.

Schalldruckpegel (in dB):

$$L = 10 \cdot \lg\left(\frac{p}{p_0}\right)^2 = 20 \cdot \lg\left(\frac{p}{p_0}\right) \qquad \text{(Gl. 9.1)}$$

Der Schalldruckpegel ist eine dimensionslose *physikalische* Größe. Die Maßeinheit Dezibel ist benannt nach Graham Bell (1847 bis 1922).

Die Skala des dB-Pegels erstreckt sich demnach von der Hörschwelle $L_p = 0$ bis zur Schmerzgrenze

$$L = 20 \cdot \lg\left(\frac{20 \cdot 10^8}{20 \cdot 10}\right) = 140 \text{ dB.}$$

Auch für *Schallintensität und Schalleistung P* wird der dB-Maßstab verwendet:

$$L_i = 10 \cdot \lg\left(\frac{I}{I_0}\right) \quad [\text{dB}] \qquad \text{(Gl. 9.2)}$$

$$L_w = 10 \cdot \lg\left(\frac{P}{P_0}\right) [\text{dB}] \qquad \text{(Gl. 9.3)}$$

Der Bezugswert I_0 ist dabei 10^{-12} W/m², der Bezugswert

$$P_0 = S_0 \cdot \frac{p_0^2}{\varrho \cdot c} = 10^{-12} \text{ W. Fläche } S_0 = 1 \text{ m}^2.$$

Der *Schalleistungspegel* beträgt:

$$L_w = 10 \cdot \lg\left(\frac{p^2}{p_0^2} \cdot \frac{S}{S_0}\right) = 10 \cdot \lg\left(\frac{p}{p_0}\right)^2 + 10 \lg\left(\frac{S}{S_0}\right)$$

$$L_w = L_p + 10 \cdot \lg\left(\frac{S}{S_0}\right) \qquad \text{(Gl. 9.4)}$$

Bei $S = S_0$ ist $P_W = P_p$.

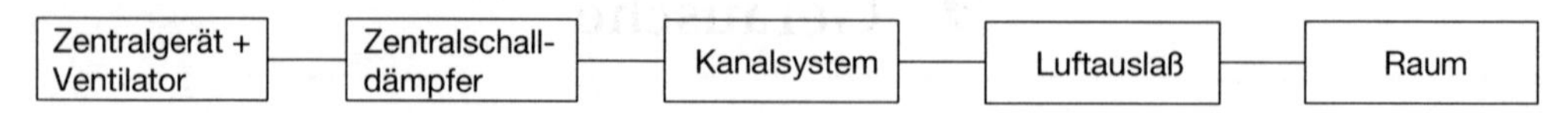

Bild 9.1 Schematischer Aufbau einer lufttechnischen Anlage

Der Schalleistungspegel ist für eine gegebene Schallquelle kennzeichnend, da er nicht wie der Druckpegel von anderen Faktoren wie Kanalfläche, Absorption usw. abhängig ist. Er ist zahlenmäßig gleich dem Schalldruckpegel, wenn sich der Druckpegel auf die Fläche von $S = 1\,m^2$ bezieht.

Bei der Addition von mehreren Schallquellen ist zu beachten, daß sich nicht die Drücke, sondern die Intensitäten $I_1, I_2 \ldots$ oder die Schalldruckquadrate $p_1^2, p_2^2 \ldots$ addieren.

Addieren sich n Schallquellen gleicher Intensität l, so ist der Gesamtpegel:

$$L_g = 10 \cdot \lg(n \cdot l) = L + 10 \cdot \lg(n) \qquad \text{(Gl. 9.5)}$$

Bei:

2 → gleich starken Schallquellen → 3 dB
10 → vergrößert sich der Gesamt- → 10 dB
100 → pegel um: → 20 dB
(s. Bild 9.2)

Die Addition ist nur anwendbar, wenn die Schallquellen dicht beieinander liegen. Bei räumlicher Verteilung ist:

$$L_g \approx L + 5 \cdot \lg(n) \qquad \text{(Gl. 8.9)}$$

Addieren sich mehrere Schallpegel $L_1, L_2 \ldots$, so ist der resultierende Gesamtpegel L_g:

$$L_g = 10 \cdot \lg(10^{0,1 \cdot L_1} + 10^{0,1 \cdot L_2} + \ldots) \qquad \text{(Gl. 9.7)}$$

(s. Bild 9.3).

Das menschliche Ohr ist nicht für alle Frequenzen gleichermaßen empfindlich. Die *subjektiv empfundene Lautstärke* steht in keinem gesetzmäßigen Verhältnis zu dem physikalisch meßbaren Schalldruck oder der Schallstärke. Um nun ein Maß für die Lautstärke zu erhalten, ist man folgendermaßen vorgegangen:

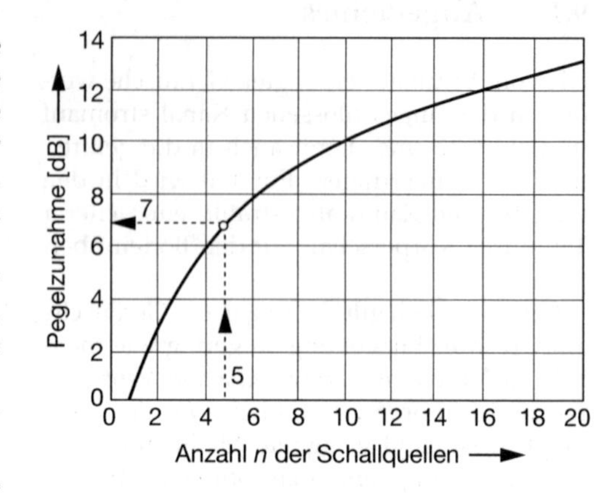

Bild 9.2 Addition von gleichlauten Schallquellen

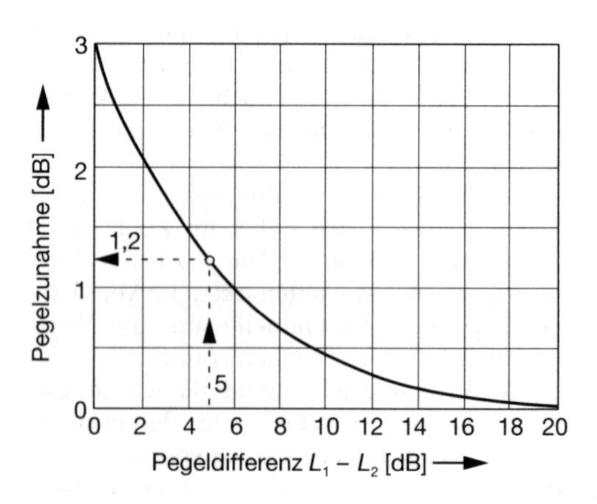

Bild 9.3 Pegelzunahme von zwei unterschiedlichen Schallquellen mit einer Pegeldifferenz (ΔL).

Man definiert zunächst für Töne von 1 000 Hz die *Einheit der Lautstärke L*, das *Phon*, wie folgt:

$$L = 10 \cdot \lg\left(\frac{I}{I_0}\right) \quad \text{(phon)}$$

oder, da: $I = p^2/420$

$$L = 20 \cdot \lg\left(\frac{p}{p_0}\right) \qquad \text{(Gl. 9.8)}$$

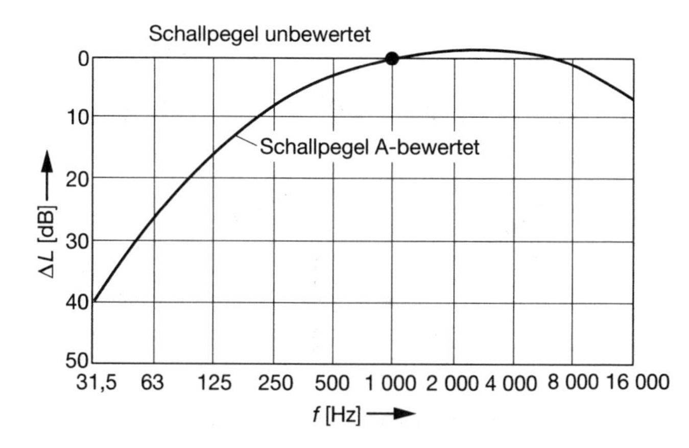

Bild 9.4
A-Bewertung

Die Lautstärke eines 1 000-Hz-Tones ist also zahlenmäßig gleich groß wie der Schallpegel in dB.

Um nun für Töne anderer Frequenz ebenfalls die Lautstärke anzugeben, hat man Töne von 1 000 Hz bei verschiedener Lautstärke mit Tönen anderer Frequenz subjektiv verglichen und festgestellt, auf welchen Schalldruck der *Normalschall* von 1 000 Hz eingeregelt werden muß, damit er, von einer größeren Anzahl von Beobachtern gehört, im Mittel ebenso laut erscheint wie der zu messende Ton.

9.2.1 Bewertete Schallpegel

Um bei der Messung von Geräuschen mit einem einzigen Zahlenwert auszukommen und objektiv vergleichbare Werte zu erhalten, hat man in die Schalldruckmeßgeräte Filter eingebaut, die Schalldrücke in den verschiedenen Frequenzbereichen unterschiedlich bewerten (Bild 9.4). Es wird gewissermaßen die Empfindlichkeit des menschlichen Ohres simuliert. Die gemessene Größe ist ein sogenannter *A-bewerteter Schalldruckpegel* L_{pA}, der in dB(A) angegeben wird und im ganzen Schallpegelbereich gültig ist.

9.3 Ventilatorengeräusche

Von einem Ventilator abgestrahlte Geräusche setzen sich aus folgenden Komponenten zusammen:

9.3.1 Drehklanggeräusche

Drehklanggeräusche entstehen durch das Wechselspiel des rotierenden Strömungsfeldes des Laufrades mit einem ortsfesten Störkörper, wie z.B. Spiralenzunge, Leitschaufeln, Stützen. Das Drehklanggeräusch hängt davon ab, wie weit die Zunge vom Laufrad entfernt ist und wie groß die Unterschiede im Geschwindigkeitsprofil sind. Je ausgeglichener dieses Profil ist, desto geringer ist die Schallerzeugung. Mit größer werdendem Zungenabstand r (Bild 9.5) nimmt das Drehklanggeräusch ab, allerdings auch der Ventilatorwirkungsgrad.

Die Grundfrequenz des Drehklangs beträgt:

$$f_D = n \cdot z \qquad \text{(Gl. 9.9)}$$

f_D Frequenz in Hz
n Drehzahl in s^{-1}
z Schaufelzahl

Obertöne sind im allgemeinen schwach ausgeprägt.

9.3.2 Turbulenz- und Wirbelgeräusche

Turbulenz- und Wirbelgeräusche entstehen u.a. durch:

- Turbulenzen der anströmenden Luft,
- turbulente Grenzschichten an den Leitschaufeln,

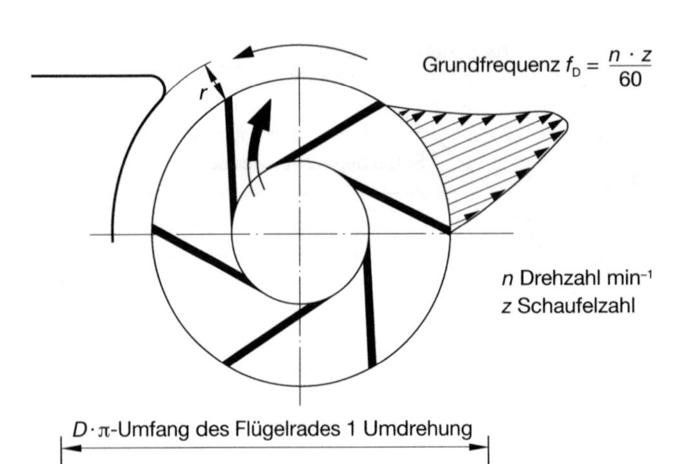

Bild 9.5
Rotierendes relatives Stromfeld

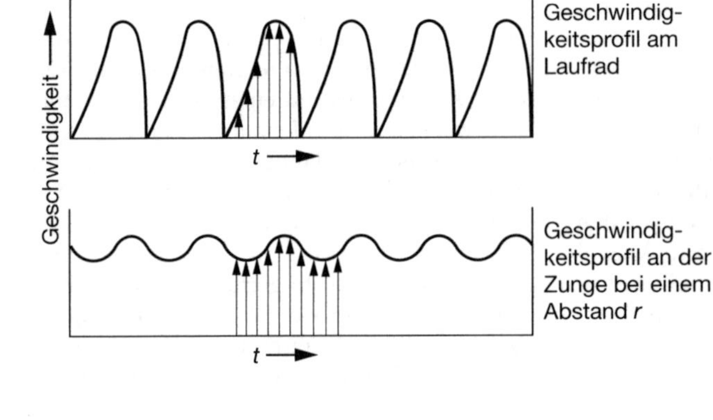

- ☐ Wirbelablösungen an den Schaufelkanten,
- ☐ Spaltströmungen,
- ☐ Strömungsablösungen.

Diese Geräusche haben im Gegensatz zu den Drehklanggeräuschen Breitbandcharakter mit einem Maximum bei einer von der *Strouhalzahl* abhängigen Frequenz:

$$f = Str \cdot \frac{w}{d} \qquad \text{(Gl. 9.10)}$$

f Frequenz des Geräuschmaximums in Hz
Str Strouhalzahl = 0,15 … 0,2
w Strömungsgeschwindigkeit in m/s
d charakteristische Abmessung in m

Diese Geräusche wachsen mit der 5. bis 7. Potenz der Strömungsgeschwindigkeit bzw. Umfangsgeschwindigkeit und damit der Drehzahl.

9.3.3 Sekundäre Geräusche

Unter sekundären Geräuschen versteht man:

- ☐ Geräusche des Antriebsmotors,
- ☐ Geräusche des Keilriementriebes u.U. Getriebes,
- ☐ Geräusche der Lager,
- ☐ Geräusche von Gehäuseteilen.

Diese Geräusche sind meist vernachlässigbar, da ihre Pegel so tief liegen, daß sie die unter a) und b) aufgeführten primären Geräusche nicht beeinflussen.

9.3.4 Abschätzung vom Ventilatorgeräusch

Genaue systematische Messungen über den Schalleistungspegel verschiedener Ventilatorbauarten zeigen, daß trotz erheblicher Unterschiede in Bauart und Wirkungsweise verhältnismäßig einfache Formeln anwendbar sind. Angenähert kann man (nach Madison-Graham oder nach Allen) für alle Ventilatoren im optimalen Betriebspunkt bei ungestörter Zu- und Abströmung den Schalleistungspegel am Saug- oder Druckstutzen setzen (Bild 9.6):

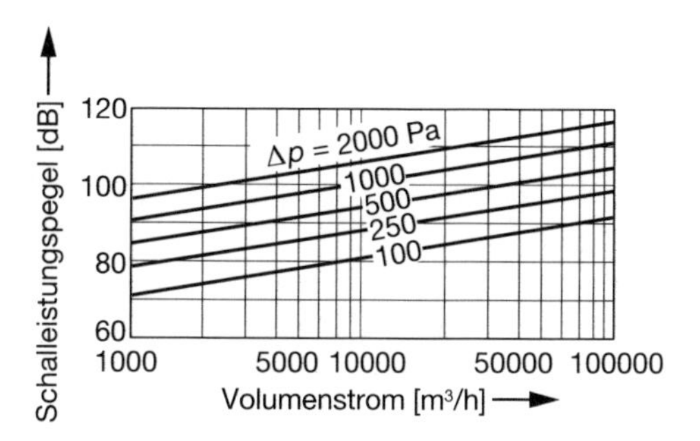

Bild 9.6 Schalleistungspegel von Ventilatoren

Schalleistung (in dB):

$$L_W = L_{WS} + 10 \cdot \lg(\dot{V}) + 20 \cdot \lg(\Delta p_t) \quad \text{(Gl. 9.11)}$$

$$L_W = L_{WS} + 10 \cdot \lg(P) + 20 \cdot \lg(\Delta p_t) \quad \text{(Gl. 9.12)}$$

$\dot{V}$ Volumenstrom in m^3/h bzw. m^3/s
Δp_t Gesamtdruckdifferenz in Pa
P Luftleistung in kW

Dabei gilt für die *spezifische Schalleistung* für alle Ventilatoren ungefähr:

$$L_{WS} = 1 \pm 4 \text{ dB} \quad \text{wenn } \dot{V} \text{ in } m^3/h$$

oder

$$L_{WS} = 37 \pm 4 \text{ dB} \quad \text{wenn } \dot{V} \text{ in } m^3/s$$

in die Gleichung für L_W eingesetzt wird.

Der spezifische Schalleistungspegel L_{WS} kann genauer durch Versuche für jeden Ventilatortyp auch abhängig vom Kennlinienpunkt und der Einbausituation ermittelt werden.

Demnach hat ein Radialventilator von 10 kW Leistung eine um 10 dB größere Schalleistung als ein Ventilator mit 1 kW Leistung. Arbeitet der Ventilator nicht im günstigsten Betriebspunkt, kann die Schalleistung durchaus um 5 dB höher liegen (Bild 9.7). Bei Störungen im Zu- und Abfluß können oktavweise Pegelspitzen von 10 ... 15 dB auftreten.

Radialventilatoren mit vorwärts gekrümmten Schaufeln (Trommelläufer) sind am leisesten; sie haben jedoch einen hohen Leistungsbedarf. Etwas lauter sind Ventilatoren mit rückwärts gekrümmten Schaufeln. Axialventilatoren sind am lautesten.

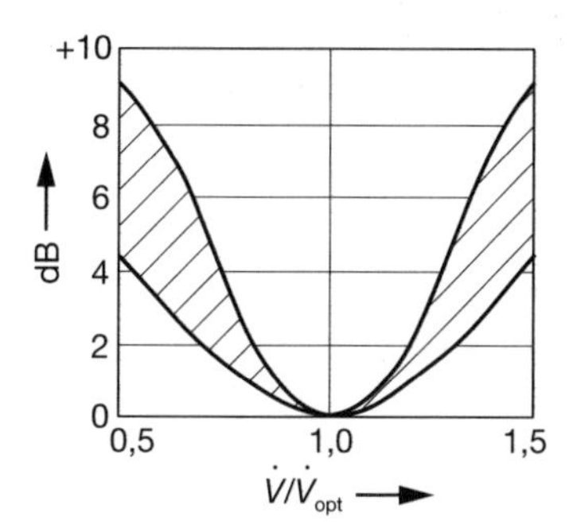

Bild 9.7 Geräuschpegeländerung bei Axial- und Radialventilatoren mit rückwärts gekrümmten Schaufeln, wenn der Betriebspunkt vom Bestpunkt abweicht.

Die Ventilatoren haben ein akustisches Minimum in der Nähe des höchsten Wirkungsgrades (Bild 9.7), ausgenommen Trommelläufer, bei denen das Geräusch vom Wirkungsgradmaximum weiter abnimmt.

Umrechnung auf andere Drehzahlen bei allen Ventilatoren:

$$L_{W,2} = L_{W,1} + 50 \cdot \lg\left(\frac{n_2}{n_1}\right) \quad \text{(Gl. 9.13)}$$

Die Schalleistung steigt also mit der 5. Potenz der Drehzahl; bei Drehzahlverdoppelung also um $50 \cdot \lg(2) = 15$ dB.

Umrechnung auf einen anderen Durchmesser:

$$L_{W,2} = L_{W,1} + 20 \cdot \lg\left(\frac{D_2}{D_1}\right) \quad \text{(Gl. 9.14)}$$

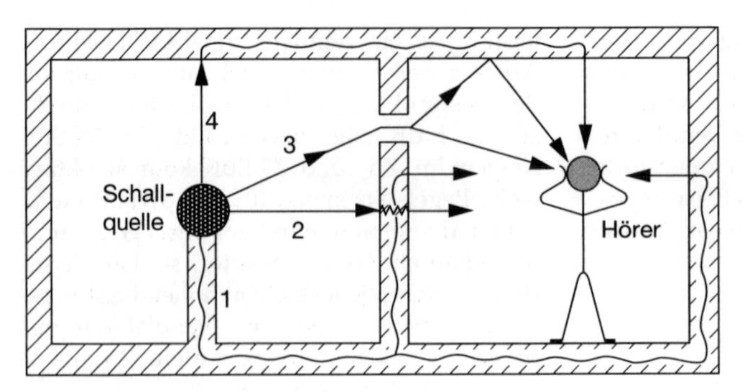

1 Körperschall – Luftschall
2 Luftschall – Körperschall – Luftschall
3 Luftschall
4 Luftschall – Körperschall – Luftschall

Bild 9.8
Schallwege von der Quelle zum Empfänger

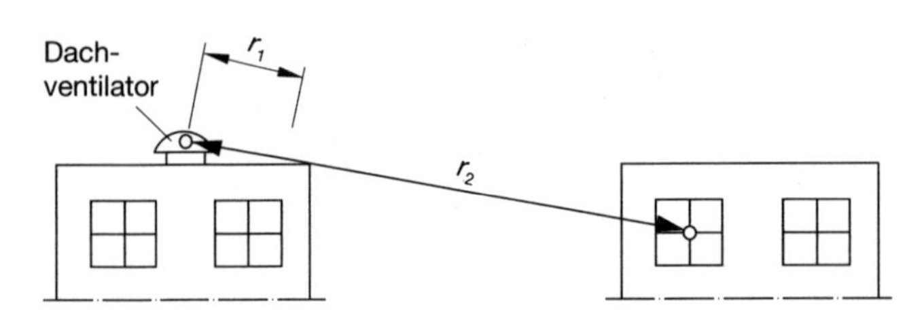

Bild 9.9
Schallpegel bei Dachventilatoren

9.4 Geräuschausbreitung

Die in einem Ventilator oder Motor erzeugten Geräusche breiten sich als *Körperschall* und *Luftschall* aus (Bild 9.8).

9.4.1 Körperschall

wird in festen Körpern, also Fundamenten, Wänden, Fußböden sowie in den Wandungen der Luftkanäle weitergeleitet. Er wird durch Abstrahlung von den Begrenzungsflächen in Luftschall umgewandelt oder dadurch hörbar.

9.4.2 Luftschall

breitet sich in den geräuscherzeugenden Quellen unmittelbar in der Luft aus, insbesondere durch die Kanäle der Luftverteilung und gelangt so in den gelüfteten Raum. Ist der Kanal kurz oder ist seine natürliche Schalldämpfung gering, sind zusätzliche Schalldämpfmaßnahmen erforderlich.

Bei der kugelförmigen Ausbreitung von *Schall im Freien* gilt für die Differenz zwischen Schalldruck L_p und Schalleistung L_W:

$$\Delta L_S = L_W - L_p = 10 \cdot \lg\left(4 \cdot \pi \cdot \frac{r_2^2}{r_1^2}\right) \quad \text{(Gl. 9.15)}$$

Abstandsverdoppelung senkt den Pegel also um 6 dB.

Bei großen Schallquellen, z.B. Dachventilatoren, muß man berücksichtigen, daß das Schallfeld erst in einer gewissen Entfernung r_1 von der Schallquelle voll ausgebildet ist. So erhält man mit dem Bezugsradius $r_1 = 1$ m und Berücksichtigung von Reflexionen und Richtwirkung des Bodens ($Q = 2$) die Schallpegelsenkung angenähert aus der Gleichung:

$$\Delta L_S = 20 \cdot \lg(r_2) + 14 \text{ dB (A)} \quad \text{(Gl. 9.16)}$$

Tabelle 9.1 Zulässige Schallimmission auf Nachbarschaft [1)]

	dB (A)	
	tags	nachts
Immissionswerte «Außen»		
Einwirkort:		
gewerbliche Anlagen	70	70
vorwiegend gewerbliche Anlagen	65	50
gewerbliche Anlagen und Wohnungen gemischt	60	45
vorwiegend Wohnungen	55	40
ausschließlich Wohnungen	50	35
Kurgebiete, Krankenhäuser	45	35
Immissionswerte «Innen»		
Einwirkort:		
Innerhalb von Wohnungen	35	25
Die Immissionswerte sollen außen *kurzzeitig* um nicht mehr als 30 dB (A) (nachts 20 dB (A)) und innen um nicht mehr als 10 dB (A) überschritten werden.		

[1)] VDI-Richtlinie 2058, Blatt 1 (9.85)

Beispiel (s. Bild 9.9):
Schalleistung des Dachventilators
$L_W = 85$ dB(A)
Entfernung $r_2 = 50$ m

Schallpegelsenkung:

$$\Delta L_S = 20 \cdot \lg (r_2) + 14 \text{ dB(A)}$$
$$\Delta L_S = 20 \cdot \lg (50) + 14 \text{ dB(A)}$$
$$\Delta L_S = 34 + 14 \text{ dB (A)}$$
$$\Delta L_S = 48 \text{ dB (A)}$$

Schalldruck bei r_2: $L_p = 85 - 48 = 37$ dB(A)

9.5 Luftschalldämpfung

Der am Auslaß eines Ventilators vorhandene Schalleistungspegel $L_{W,1}$ verringert sich in der Regel im Kanalsystem bis zu den Luftauslässen auf $L_{W,2}$ und bewirkt im Raum am nächstgelegenen Sitzplatz einen vom menschlichen Ohr empfundenen Schalldruck. Nennt man diesen Schalldruckpegel $L_{p,1}$ und den nach Tabelle 9.1 zulässigen geringeren Pegel $L_{p,2}$, so ist der Mindestwert der erforderlichen Schallpegelsenkung:

$$D = L_{p,1} - L_{p,2} \quad [\text{dB}] \qquad \text{(Gl. 9.17)}$$

Hierfür ist normalerweise ein Schalldämpfer erforderlich, der im Luftkanal eingebaut wird, wenn die natürliche Dämpfung des Kanalsystems nicht ausreicht. Die gesamte Dämpfung (Schallpegelsenkung) läßt sich in zwei Teile gliedern:
Die *natürliche* und die *künstliche Dämpfung*.

9.5.1 Natürliche Luftschalldämpfung

Die vom Ventilator erzeugte Schalleistung nimmt auf dem Weg über den Lüftungskanal in den zu belüftenden Raum auch ohne zusätzliche Schalldämpfer ab.

9.5.1.1 In geraden Kanälen

wird das dünnwandige Blech in Schwingungen versetzt, was in Strömungsrichtung eine *Längsdämpfung* ergibt. Die Kanaloberfläche strahlt allerdings diese Schallenergie entsprechend seiner Dämmwirkung teilweise in den umgebenden Raum ab. Die *Längsdämpfung* hängt von der Steifigkeit des Kanals ab. Bei tiefen Frequenzen wird mehr gedämpft als bei hohen, entsprechend umgekehrt ist die Dämmung. Rechteckkanäle haben daher höhere Längsdämpfung als runde Kanäle. Die

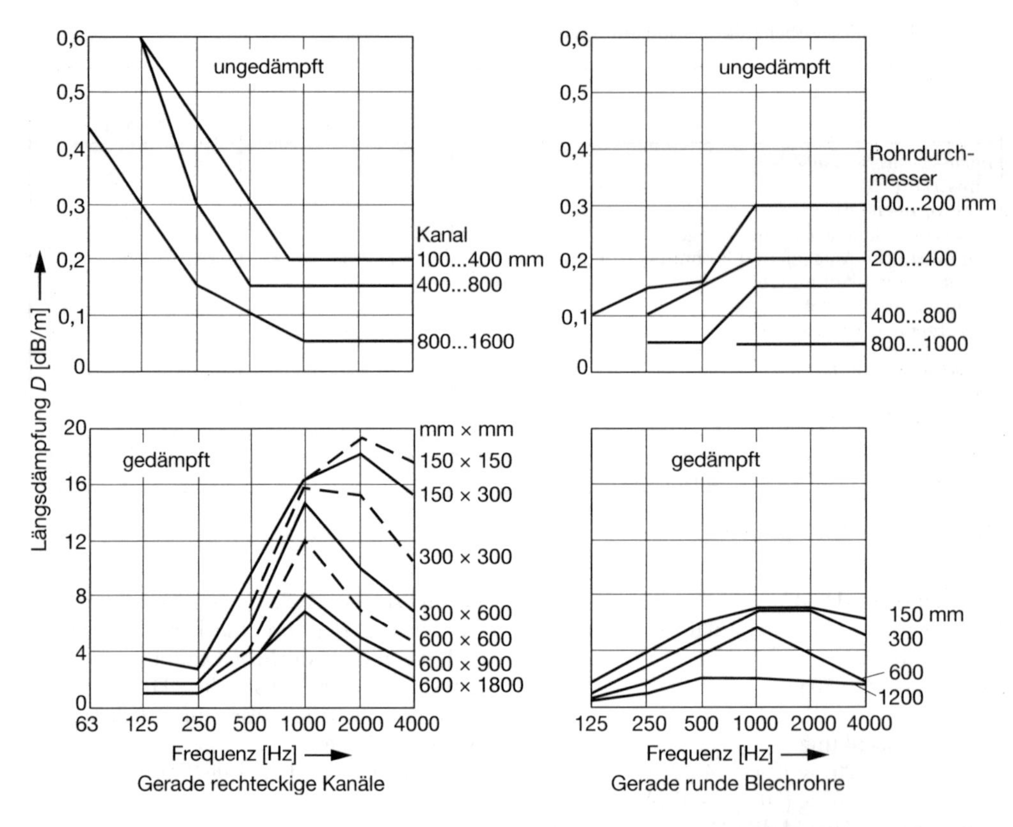

Bild 9.10 Längsdämpfung gerader Blechkanäle, rund und rechteckig mit 1 mm Blechdicke, ungedämpft und innen gedämpft mit 25 mm Mineralwolle und mit Lochblech abgedeckt nach VDI-Richtlinie 2081

Dämmwirkung ist entsprechend umgekehrt: Rechteckkanäle strahlen mehr Geräusche an die Umgebung ab als runde Kanäle (s. Bild 9.10).

Das *Dämpfungsmaß* D_1 wird für verschiedene Frequenzen in dB pro m Kanallänge angegeben (Bild 9.10). Bei Rechteckkanälen mit äußerer Wärmedämmung ist die Längsdämpfung ungefähr doppelt so hoch. Die Längsdämpfung sehr steifer Kanäle (z.B. Beton) ist vernachlässigbar.

9.5.1.2 Bei Kanalumlenkungen

(Bogen, Knie) wirkt eine frequenzabhängige Dämpfung D_2. Die Bilder 9.11 und 9.12 geben abgerundete Meßwerte an. Bemerkenswert ist, daß die Schalldämpfung bei desto tieferen Frequenzen beginnt, je breiter der Kanal ist. Eingebaute Leitflächen haben geringen Einfluß auf die Dämpfung, wenn sie kurz sind. Sonst ist ein Mittelwert zwischen Bogen und Knie zu wählen.

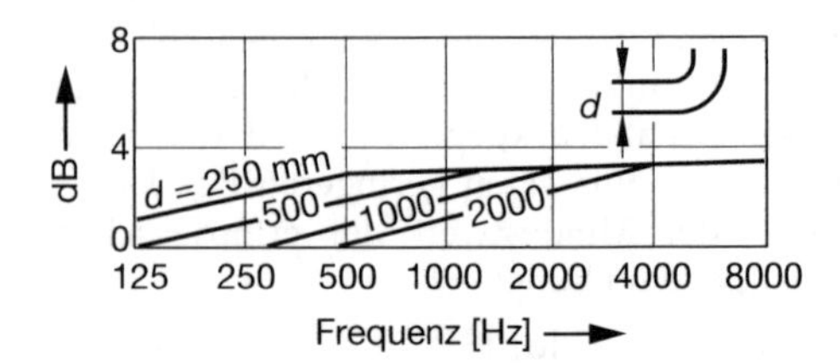

Bild 9.11 Schalleistungsabnahme für Bögen oder Rohrkrümmer ohne Auskleidung

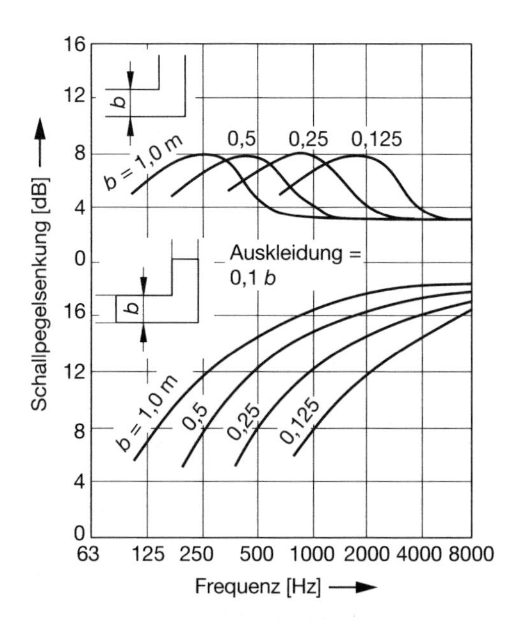

Bild 9.12 Schalleistungsabnahme bei rechtwinklig umgelenkten Kanälen ohne und mit Auskleidung

Bei runden Umlenkungen (Bögen und Rohrkrümmern) ist die Dämpfung gering, maximal bei 1 000 mm Durchmesser etwa 2 ... 3 dB (Bild 9.11).

9.5.1.3 Bei Kanalverzweigungen

Die durch *Kanalverzweigungen* erzeugte Schallpegelabnahme D_3 läßt sich aus dem Bild 9.13 entnehmen. Die Gleichung für die Verringerung des Schalleistungspegels lautet:

$$D_3 = 10 \cdot \lg\left(\frac{S_1}{\Sigma S_{1,2,3}}\right) \quad \text{(Gl. 9.18)}$$

S_1 Fläche des Abzweigs
$\Sigma S_{1,2,3}$ Summe der Flächen aller Abzweige

Die Dämpfung ist frequenzabhängig.

Ist die Verzweigung mit einer Umlenkung verbunden, kann die Dämpfung D_1 addiert werden. Ist auch noch ein Querschnittssprung vorhanden, kommt noch die Pegelabnahme D_4 (s. Abschnitt 9.5.1.4) dazu.

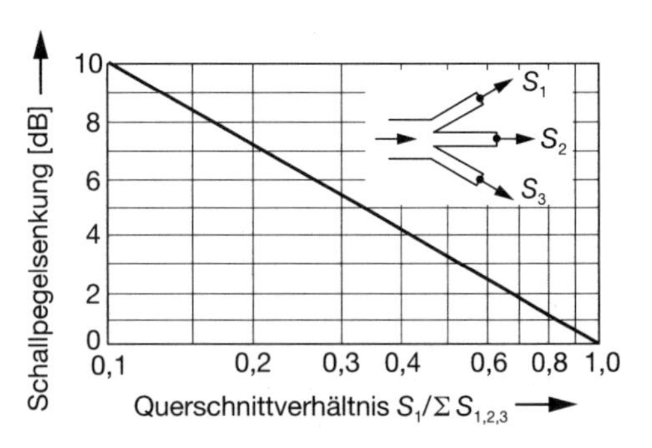

Bild 9.13 Schalleistungsabnahme D_3 bei Kanalverzweigungen

9.5.1.4 Bei Querschnittserweiterungen

wirkt eine Schalleistungsabnahme nach der Gleichung:

$$D_4 = 10 \cdot \lg\left(\frac{(m+1)^2}{4 \cdot m}\right) \quad \text{(Gl. 9.19)}$$

mit:
$m = S_1/S_2$
S_1 Querschnitt vor Erweiterung
S_2 Querschnitt nach Erweiterung

Anwendbar nur bei tiefen Frequenzen (Kanalabmessungen klein gegen Wellenlänge oder $\lambda >$ Kanalhöhe) und bei unstetigem Querschnittssprung (Bild 9.14).

Bei konischen Erweiterungen ist die Schalleistungsabnahme sehr viel geringer und muß vernachlässigt werden.

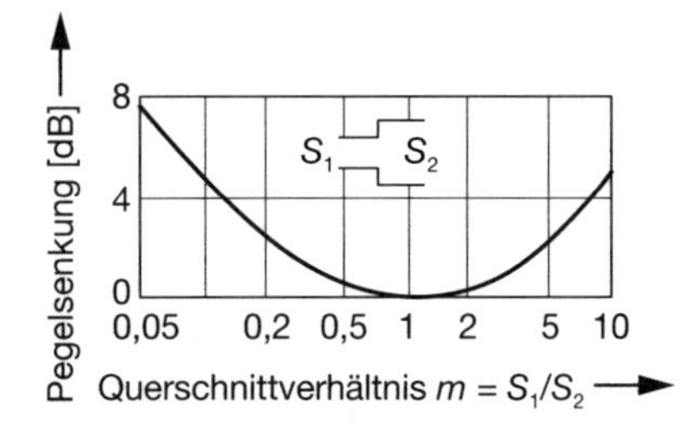

Bild 9.14 Schalleistungspegelsenkung bei Querschnittssprung

9.5.1.5 Luftdurchlässe

bewirken oft eine sehr wesentliche Schalleistungsverringerung. Diese Wirkung ist darauf zurückzuführen, daß die Luftauslässe meist kleine Abmessungen im Verhältnis zur Wellenlänge des Schalles haben, so daß ein Teil des Schalles in den Kanal zurückreflektiert wird (*Mündungsreflexion*).

Die Schalleistungspegeldifferenz ist abhängig vom Produkt aus der Frequenz und der Wurzel aus der Auslaßfläche, ferner auch von der Lage des Auslasses im Raum (Richtungsfaktor Q). Zahlenwerte siehe VDI 2081 (s. Bild 9.15). Größte Reflexion bei kleinsten Frequenzen. Manchmal erfolgt aber auch Geräuscherzeugung durch Turbulenz im Gitter.

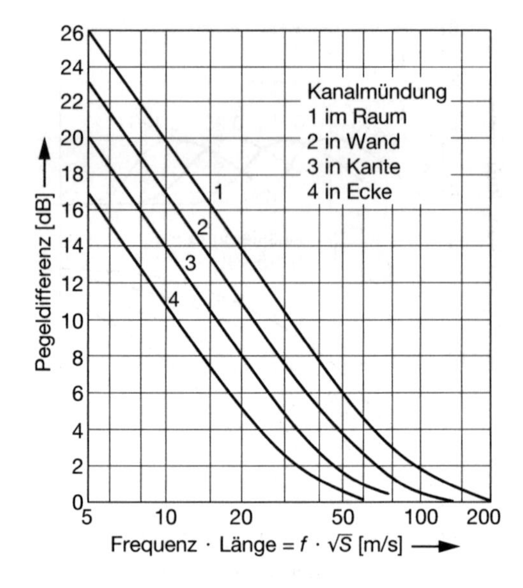

Bild 9.15 Dämpfung einer Kanalmündung für verschiedene Lagen im Raum (VDI 2081)

9.5.1.6 Sonstige Schallpegelabnahmen

Die Größe der Eigendämpfung sonstiger Glieder zwischen Ventilator und Raum ist sehr unterschiedlich und sollte jeweils experimentell ermittelt werden. Jedes Glied hat jedoch immer einen gewissen typischen Verlauf des Geräuschspektrums. Z.B. ist bei der Mündungsreflexion die Dämpfung bei tiefen Frequenzen am größten, bei Krümmern und Entspannungskästen dagegen bei hohen Frequenzen.

Schallpegelabnahmen etwa zwischen 125 und 500 Hz:

Erhitzer, Kühler je nach Zahl der Rohrreihen	2 ... 3 dB
Düsenbefeuchter (Luftwäscher)	2 ... 3 dB
Umlauffilter	3 ... 5 dB
Wetterschutzgitter	3 dB

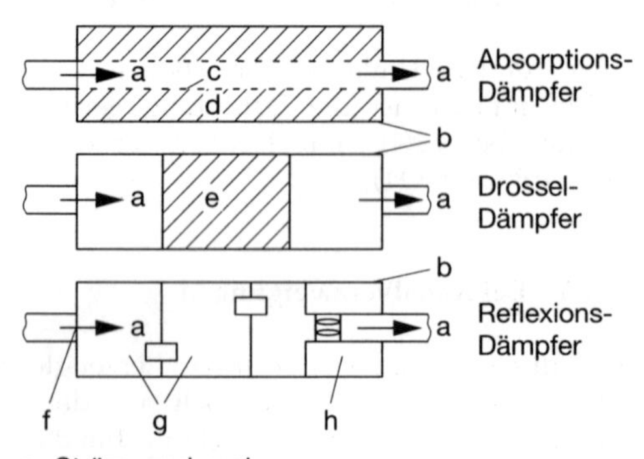

a Strömungskanal
b Außenmantel
c Lochblechabdeckung
d Schallschluckstoff
e poröser Stoff
f Querschnittssprung
g Reihenresonator
h Abzweigresonator

Bild 9.16 Arbeitsprinzip von Schalldämpfern

9.5.2 Künstliche Schalldämpfung

Wenn die natürliche Schalldämpfung nicht ausreicht, sind künstliche Maßnahmen zu treffen. Soweit dabei Schalldämpfer benutzt werden, sind folgende Richtlinien zu beachten:

Alle Schalldämpfer sind möglichst nahe hinter dem Ventilator anzubringen. Bei der Berechnung sind vor allem die Frequenzen 125 und 250 Hz von Bedeutung. Bei höheren Frequenzen ist die Dämpfung meist größer als nötig. Bei hohem Schallpegel in der Umgebung ist hinter dem Schalldämpfer der anschließende Kanal schalldämmend mit Gipsmantel oder dergleichen zu ummanteln, damit keine Geräusche eingestrahlt werden.

Falls zusätzliche Geräusche in Verzweigungen, Umlenkungen usw. entstehen, sind gegebenenfalls vor den Luftauslässen *Sekundär-Schalldämpfer* anzubringen.

Nach der Bauart unterscheidet man zwischen *Absorptions-Dämpfern* (dazu zählen auch *Relaxations*-Dämpfer), *Drossel-* und *Reflexions*-Dämpfer. Zu letzteren zählen auch die *Interferenz*-Dämpfer (Bild 9.16).

Beim *Absorptionsschalldämpfer* dringt die Schallenergie in den Schluckstoff ein und wird durch Reibung in Wärme umgewandelt. Dieser Schalldämpfertyp wird hauptsächlich in der Lüftungstechnik verwendet, da er geringe Druckverluste hat.

Beim *Drossel*-Dämpfer strömt die Luft durch poröses Material mit hohem Widerstand. Die Schallenergie wird ebenfalls durch Reibung in Wärme verwandelt. Dieser Typ wird vorwiegend für Dämpfung ausströmender Druckluft oder Dampf verwendet: Gefahr des Zusetzens durch Schmutz oder Vereisung.

Der *Reflexions*-Dämpfer arbeitet mit Rückwurf zur Schallquelle; Anwendung findet er bei Verbrennungsmaschinen.

9.5.2.1 Absorptionsschalldämpfer

sind fertig zusammengebaut die am häufigsten verwendeten Mittel zur Schalldämpfung in lufttechnischen Anlagen. Sie werden von mehreren Herstellern in verschiedenen Bauarten angeboten und bestehen im allgemeinen aus einem Gehäuse aus Stahlblech mit im Innern eingebauten Absorptionswänden (Kulissen) aus porösen Stoffen, insbesondere Glas- und Mineralwolle, die die Schallenergie durch Absorption verringern (Beispiel Bilder 9.17 und 9.18). Die durch die Schalldämpfer erreichte Schallpegelminderung nennt man *Einfügungsdämpfung*. Die Schalldämpfung bei verschiedenen Frequenzen ist aus Schalldämpfungskurven abzulesen. Bei der Auswahl ist auch der Luftwiderstand zu berücksichtigen, der hauptsächlich durch die Ein- und Austrittsverluste verursacht wird. Von wesentlicher Bedeutung ist die *Dicke der Kulissen* und der Zwischenraum für den Durchgang der Luft. Die Absorption steigt mit der Frequenz und mit der Dicke der Kulissen (bis $\lambda/4$). Die Spaltweite s (Bild 9.19) zwischen den Kulissen muß kleiner sein als die Wellenlänge des zu absorbierenden Schalls, sonst laufen die Schallwellen ungedämpft durch den Schalldämpfer.

Das *Dämpfungsmaß* (D in dB/m) eines Absorptionsschalldämpfers ist:

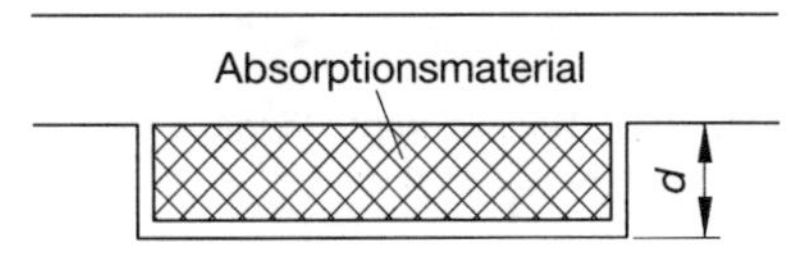

Bild 9.17
Nichtabgestimmter Absorptionsschalldämpfer

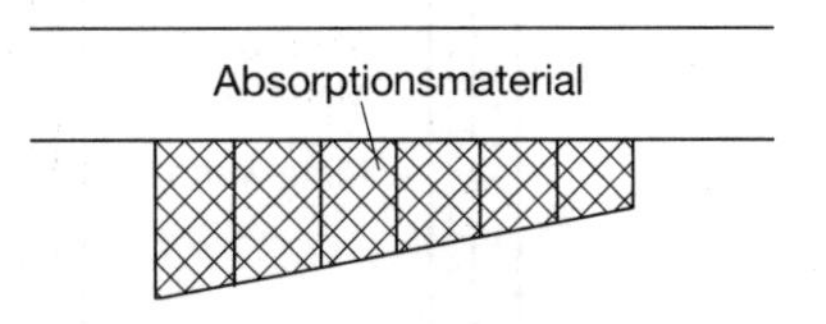

Bild 9.18
Abgestimmter Absoprtionsschalldämpfer

$$D = 1{,}5 \cdot \alpha \cdot \frac{U}{S} = 1{,}5 \cdot \alpha \cdot \frac{2}{s} \qquad \text{(Gl. 9.20)}$$

α Schallschluckgrad des Schluckstoffes
U schallabsorbierender Umfang in m
S freier Querschnitt in m^2
s Spaltweite bei Kulissenschalldämpfer in m

Die Gleichung zeigt, daß die Dämpfung groß wird, wenn im freien Querschnitt A ein möglichst großer Umfang von Schallschluckstoff untergebracht wird, was durch *Kulissendämpfer* verwirklicht wird. Für die Dämpfung tiefer Frequenzen müssen die Kulissen dick sein, für die der hohen Frequenzen muß die Spaltenweite s klein sein. Übliche Werte für $s = 100 \ldots 200$ mm

Die Schalldämpfung ist der Dämpferlänge annähernd proportional und umgekehrt proportional zum Kulissenabstand s.

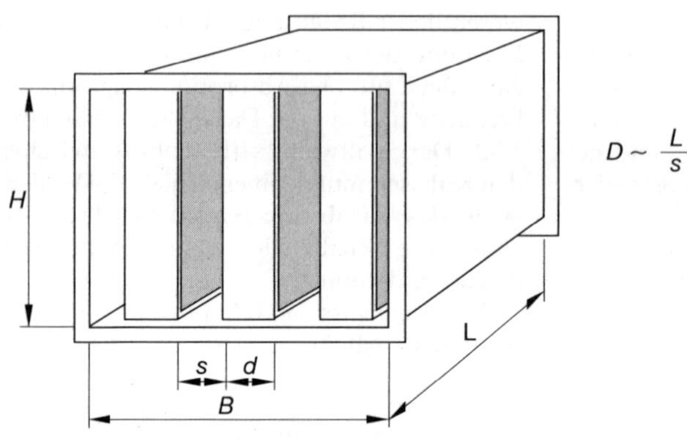

Bild 9.19
Kulissenschalldämpfer

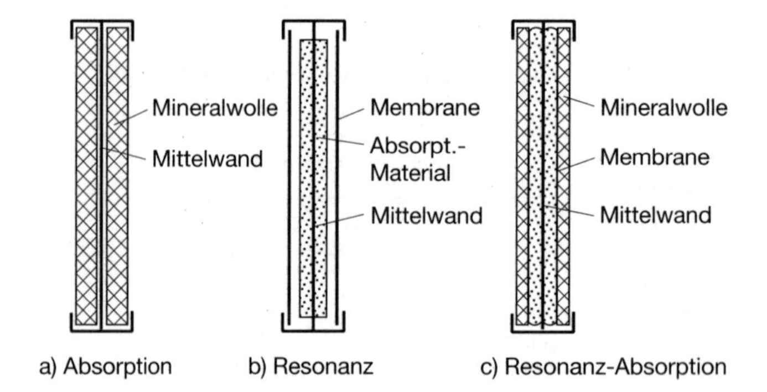

Erreichbare Dämpfungswerte bei 250 Hz je nach Spaltbreite etwa 10 ... 20 [dB/m].

Die Luftgeschwindigkeit darf nicht zu groß gewählt werden, da sonst ein zusätzliches *Strömungsrauschen* entsteht, das durch Luftwirbel erzeugt wird und mit zunehmender Geschwindigkeit wächst.

Die *Schalleistung* (L_W in dB) des Strömungsrauschens ist angenähert:

$$L_W = 50 \cdot \lg\left(\frac{v \cdot S}{S_0}\right) + 10 \cdot \lg(S_0) + 7 \quad \text{(Gl. 9.21)}$$

v Geschwindigkeit im Dämpfer in m/s
S_0 Anströmquerschnitt in m^2
S freier Querschnitt in m^2

9.6 Schallpegel im Raum

Die bisherigen Angaben bezogen sich auf die Schalleistung des Ventilators und die Schallleistungspegelsenkungen, die auf natürliche oder künstliche Weise bis zu den Luftauslässen im Raum erreicht werden können. Der Schalleistungspegel am Luftauslaß muß jetzt auf den Schalldruck umgerechnet werden, der sich im Raum an beliebiger Stelle einstellt, denn das menschliche Ohr ist ja nur für Schalldrücke empfindlich.

Bild 9.20
Richtungsfaktor Q

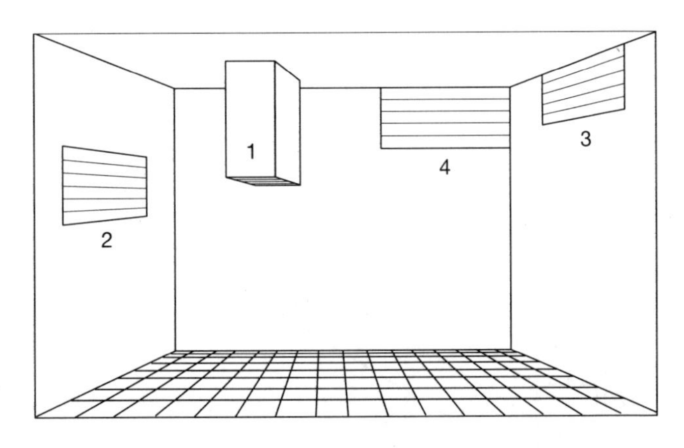

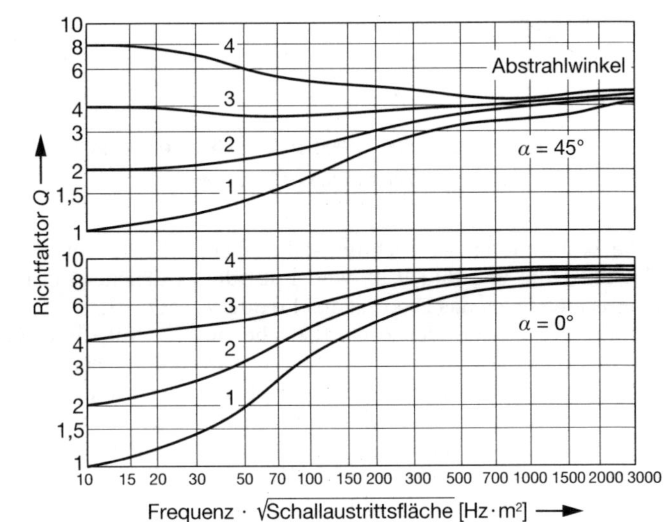

Hierzu dient die Gleichung:

$$L_p - L_W = 10 \cdot \lg\left(\frac{Q}{4 \cdot \pi \cdot a^2} + \frac{4}{A}\right) \quad \text{(Gl. 9.22)}$$

- L_W Schalleistungspegel nach dem Auslaß in dB
- L_p Schalldruck am nächstgelegenen Sitzplatz in dB
- Q Richtungsfaktor
- A Absorptionsvermögen des Raumes in m^2
- a Abstand des Sitzplatzes vom Luftauslaß in m

Der *Richtungsfaktor Q* ist eine Größe, der die gegenseitige Lage von der Mündung zum Bezugspunkt beschreibt. Für die Lage der Mündungen kennt man 4 Festlegungen:

1. Raummitte
2. Wandmitte
3. Raumkante
4. Raumecke

Für die gegenseitige Lage Mündung–Bezugspunkt P sind die Angaben für den Abstrahlwinkel $\alpha = 0°$ und $45°$ üblich.

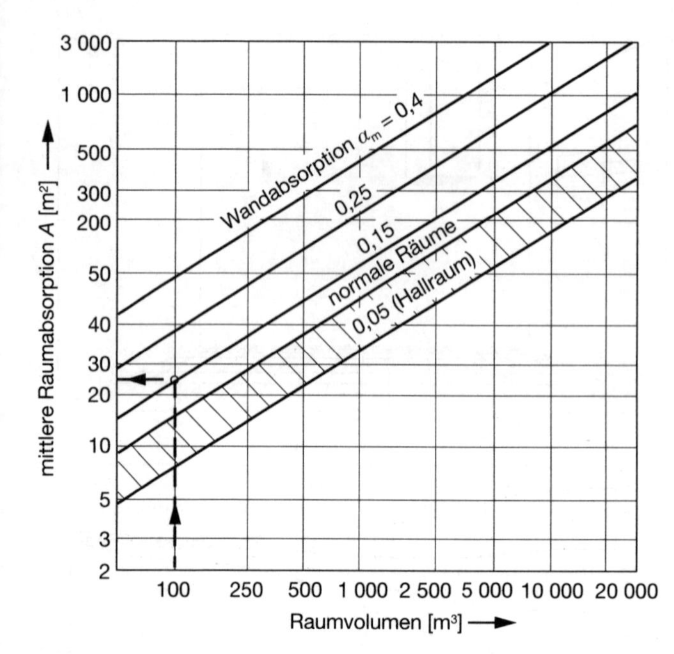

Bild 9.21
Mittlere Absorptionswerte von Räumen bei verschiedenen Absorptionsgraden α_m (VDI 2081)

Die Bestimmung des Richtungsfaktors erfolgt mit Hilfe von Bild 9.20, wobei auf der waagrechten Skala das Produkt aus Frequenz und der Wurzel aus der Austrittsfläche (in m^2) aufgetragen ist.

Das *Absorptionsvermögen* A verschiedener Räume ist sehr unterschiedlich und hängt außer von dem Absorptionsgrad α der Flächen auch von Größe, Benutzungsart des Raumes und anderen Faktoren ab. Mittlere Werte s. Bild 9.21.

Die Pegeldifferenz $L_W - L_p$ ist in Bild 9.22 dargestellt. L_p ist abhängig vom Absorptionsvermögen A des Raumes, der Entfernung a des Kopfes vom Gitter und dem Winkelverhältnis Kopf zu Gitter. Der *Richtfaktor* ist das Verhältnis der Schallstärke in einer bestimmten Richtung zur Schallstärke an derselben Stelle bei einer kugelförmigen Schallquelle gleicher Leistung. Für den Kugelstrahler ist $Q = 1$.

Mit dieser Gleichung kann man jetzt also den Schalldruckpegel und damit die Lautstärke an jeder beliebigen Stelle des gelüfteten Raumes ermitteln.

Bei großen Werten von a vereinfacht sich die Gleichung zu:

$$L_p - L_W = 10 \cdot \lg\left(\frac{4}{A}\right) \qquad \text{(Gl. 9.23)}$$

oder mit der Nachhallzeit: $T = 0{,}16 \cdot \frac{V}{A}$

$$L_p - L_W = 14 - 10 \cdot \lg\left(\frac{V}{T}\right)$$

(Raumdämpfungsmaß) (Gl. 9.24)

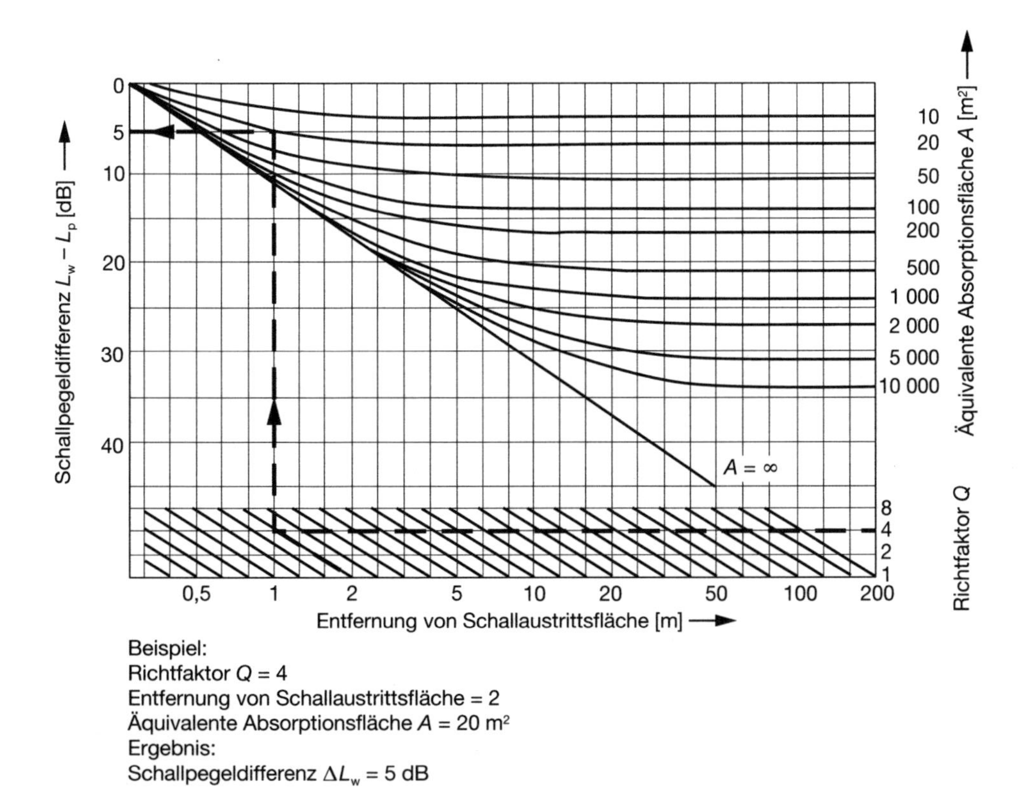

Bild 9.22 Differenz zwischen Schalleistungspegel und Schalldruckpegel im Raum

10 Meßtechnik

10.1 Druckmessung

10.1.1 Statischer Druck p_s

Den Druck, den ein strömendes Gas senkrecht zur Rohrwand ausübt, nennt man den statischen Druck. Als absoluter Druck ist er ein Maß für die potentielle Energie eines Gases.

10.1.2 Dynamischer Druck p_d

Das strömende Gas hat kinetische Energie, der dem dynamischen Druck, auch Staudruck genannt, entspricht. Man kann ihn als Luftwiderstand spüren. Der dynamische Druck wird mit einem Prandtlschen Staurohr gemessen.

$$p_d = \frac{1}{2} \cdot \varrho \cdot w^2 \qquad \text{(Gl. 10.1)}$$

Beachte: Mit ϱ in kg/m³ und w in m/s erhält man nach dieser Gleichung den dynamischen Druck in N/m². Bei der Zahlenwertgleichung ist durch 100 zu dividieren, um den Druck in mbar zu erhalten, da 100 N/m² = 1 mbar ist.

10.1.3 Gesamtdruck p_t

Der Gesamtdruck (entsprechend der Gesamtenergie) ist die Summe aus p_s und p_d.

$$p_t = p_a + p_d \qquad p_t = p_a + \frac{1}{2}\varrho \cdot w^2 \qquad \text{(Gl. 10.2)}$$

Folgende Begriffe sind streng zu unterscheiden. Gemessen werden in den Luftleitungen nur Über- oder Unterdrücke gegen die Atm. in Flüssigkeitssäulen (mm WS oder mm QS).

Multipliziert man die Meßwerte in mm WS mit 9,81, erhält man den Druck in N/m² $\triangleq$ Pa; mit 0,0981 erhält man den Druck in mbar.

Der absolute Druck spielt in der Lüftungstechnik nur in der Gasgleichung und bei Druckverhältnissen (Kompressionsverhältnissen) eine Rolle.

Obwohl p Druckdifferenzen gegen die Atmosphäre sind, bezeichnet man sie nicht ausdrücklich als solche und spricht nur vom statischen Druck oder Gesamtdruck.

Mit der Druckdifferenz Δp bezeichnet man die Druckerhöhung eines Verdichters. Die Bezeichnung *Differenzdruck* wird auch bei Meßgeräten benutzt; an einer Blende z.B. (s. Abschnitt 10.2.2) wird er Δp_{Bl} genannt.

Die Bilder 10.1 und 10.2 zeigen die Verhältnisse bei Überdruck und Unterdruck in einer Leitung.

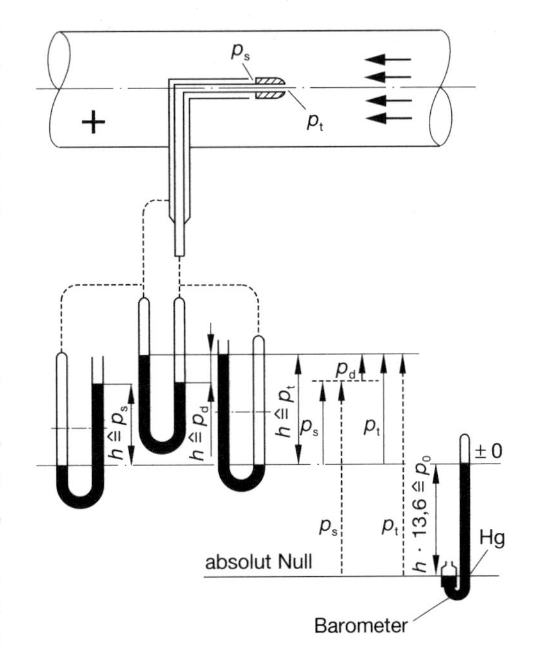

Bild 10.1 Drücke in einer Leitung mit Überdruck

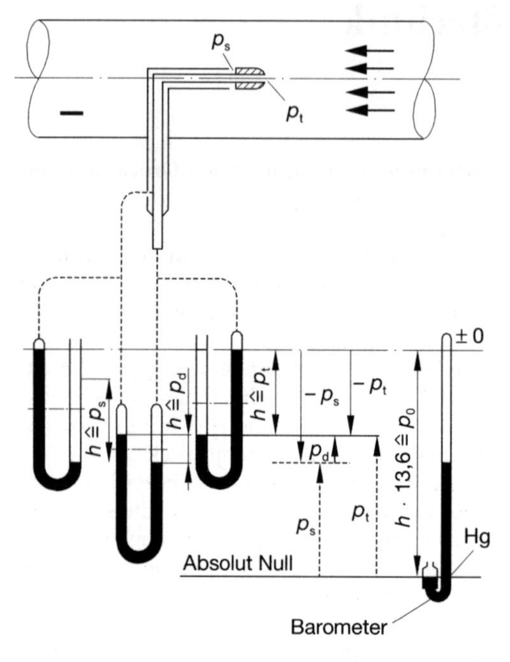

Bild 10.2 Drücke in einer Leitung mit Unterdruck

Den dynamischen Druck p_d errechnet man aus dem gemessenen Volumenstrom $\dot{V}$. Es ist

$$w = \frac{\dot{V}}{A} \quad \text{und} \quad p_d = \frac{1}{2} \cdot \varrho \cdot w^2.$$

10.2 Volumenstrommessung

10.2.1 Allgemeines

Der Volumenstrom in einer lufttechnischen Anlage kann entweder in einem Rohrstück der Anlage oder an einem Ventilator direkt oder indirekt gemessen werden.

Zur Messung des Volumenstromes in einem Rohr- oder Kanalstück der Anlage stehen i.a. folgende praktische Meßverfahren zur Verfügung:

- ☐ Messung mittels genormter oder besonderer Drosselgeräte,
- ☐ Netzmessung,
- ☐ Durchflußmessung in Rohrkrümmern.

10.2.2 Wirkdruckverfahren

Das weit verbreitete Wirkdruckverfahren besteht darin, daß man einen Rohrquerschnitt durch genormte düsen- oder blendenförmige Strömungswiderstände, Drosselgeräte genannt, verengt (Bild 10.3).

Aus dem Druckabfall am Drosselgerät, dem sog. *Wirkdruck*, kann der durchströmende Massen- oder Volumenstrom mittels der dafür passenden Durchflußgleichung berechnet werden.

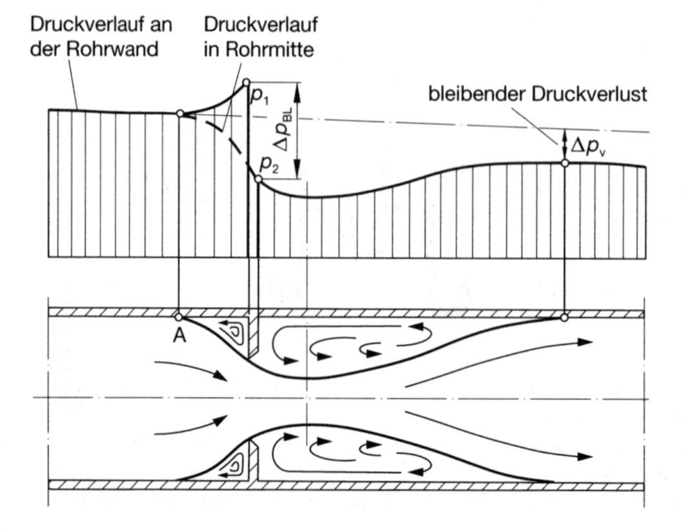

Bild 10.3 Drosselgerät

Bild 10.4
Norm-Drosselgeräte

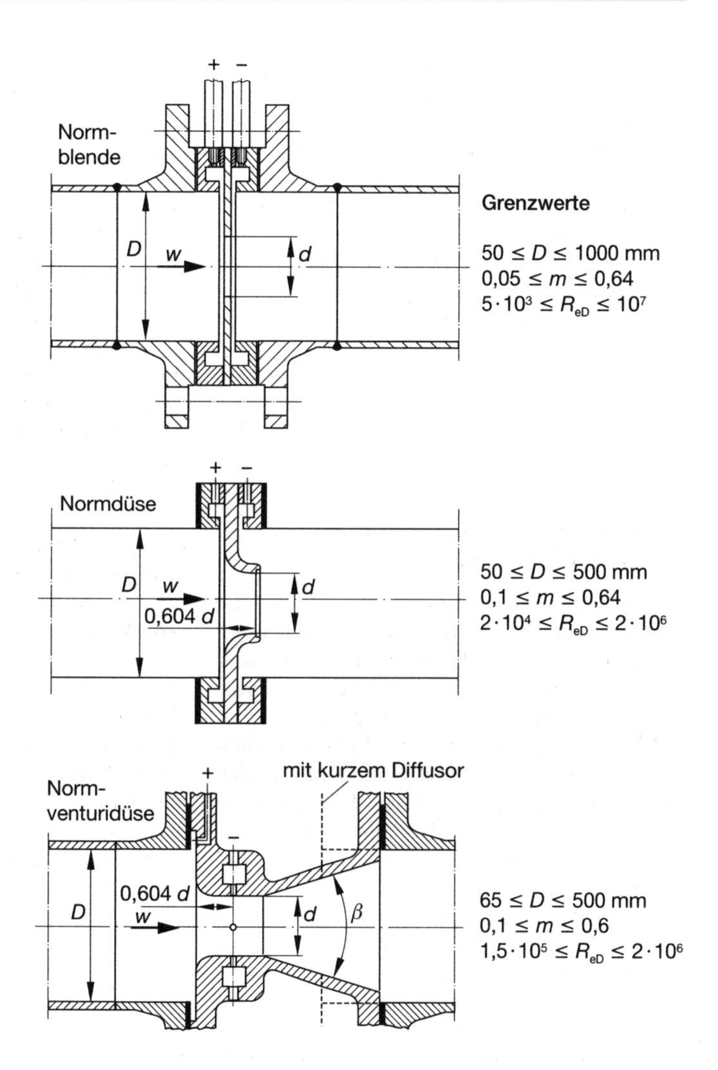

Die Durchflußgleichung wird letztlich aus der Energiegleichung hergeleitet und mittels Geometrie der Drosselstelle, Reynoldszahl und Kompressibilität des Strömungsfluids berücksichtigende Beiwerte ergänzt.

Die Geometrien, Durchflußbeiwerte usw. von Normblenden, Normdüsen und Normventurirohren (Bild 10.4) finden sich in DIN 1952 [10.1] bzw. ISO 5167 mit wichtigen zusatzinformationen in VDI/VDE 2040 [10.2].

In DIN 1952 (ISO 5167) werden die Durchflußgleichungen von Normdrosselgeräten wie folgt definiert:

☐ Massenstrom q_m in kg/s:

$$q_m = \alpha \cdot \varepsilon \cdot \frac{\pi}{4} \cdot d^2 \cdot \sqrt{2 \cdot \Delta p \cdot \varrho_1} \quad \text{(Gl. 10.3)}$$

☐ Volumenstrom q_v in m³/s:

$$q_v = \frac{q_m}{\varrho_1} = \alpha \cdot \varepsilon \cdot \frac{\pi}{4} \cdot d^2 \cdot \sqrt{\frac{2 \cdot \Delta p}{\varrho_1}} \quad \text{(Gl. 10.4)}$$

α Durchflußzahl (dimensionslos)
ε Expansionszahl (dimensionslos), $\varepsilon \sim \Delta p/p_1$
d Durchmesser der Drosselöffnung in m
Δp Wirkdruck in Pa
ϱ_1 Dichte des Fluids vor der Drosselstelle in kg/m^3

DIN 1952 drückt die Durchflußzahl α auch als Produkt aus Vorgeschwindigkeitsfaktor E und Durchflußkoeffizient C aus:

$$\alpha = E \cdot C \qquad \text{(Gl. 10.5)}$$

$$E = \frac{1}{\sqrt{1-\beta^4}} = \frac{D^2}{\sqrt{D^4 - d^4}} \qquad \text{(Gl. 10.6)}$$

β Durchmesserverhältnis $= d/D$
D innerer Rohrdurchmesser

In den Normen und Regelwerken werden die Abmessungen, Einbau- und Betriebsbedingungen sowie die Durchflußbeiwerte und Meßunsicherheiten der verschiedenen Drosselgeräte beschrieben und angegeben.

Bei Drosselgeräten in lufttechnischen Anlagen besteht das größte Problem neben den groben Fertigungstoleranzen des einfachen «Blechbaus» vor allem bei den nicht ausreichenden geraden Rohrstrecken im Ein- und Auslauf.

DIN 1952 schreibt die in Tabelle 10.1 und Tabelle 10.2 zusammengestellten geraden Einbaulängen vor. Werden die vorgeschriebenen Längen unterschritten, treten erhöhte Meßunsicherheiten auf.

Normgerechte Drosselmeßstrecken finden sich deshalb häufiger in Versuchsanlagen für Forschung und Entwicklung als in Betriebsanlagen.

Durchflußkoeffizient:

1. *Blende mit Eck-Druckentnahme*

$$C_{\text{Bl}} = 0{,}5959 + 0{,}0312 \cdot \beta^{2,1} - 0{,}184 \cdot \beta^8 + 0{,}0029 \cdot \beta^{2,5} \cdot \left(\frac{10^6}{Re_{\text{D}}}\right)^{0,75}$$

2. *Langradiusdüse*

$$C_{\text{Dü}} = 0{,}9965 - 0{,}00653 \cdot \left(\frac{10^6}{Re_{\text{d}}}\right)^{0,5}$$

3. *Klassisches Venturirohr* mit rauhem aus Stahlblech geschweißtem Einlaufkonus:

$$C_{\text{vent}} = 0{,}985$$

Anmerkung:
Verzerrte Geschwindigkeitsprofile und auch ungleichmäßige Druckverteilungen über den Querschnitt treten nach Einbauten und Umlenkungen auf. Als praktisch wichtiges Beispiel hierzu sei der Krümmer bzw. das Knie genannt (Bild 10.5).

Hinter der Umlenkung ergibt sich durch Ablösung der Strömung an der Innenseite ein sehr ungleichmäßiges Geschwindigkeitsprofil. Außerdem ist der statische Druck an der Außenseite größer als innen, wo sogar Unterdruck auftreten kann. Durch Einbau von Leitblechen läßt sich dieser Effekt erheblich reduzieren, und der Widerstandsbeiwert wird ebenfalls herabgesetzt.

Durch den Einfluß der Reibung und der Wandhaftung ergibt sich bei Strömungsvorgängen eine über den Querschnitt gesehen nicht konstante Geschwindigkeitsverteilung. Es bildet sich ein sogenanntes Geschwindigkeitsprofil aus. Nur unmittelbar hinter einer Einströmdüse ist eine fast gleichmäßige Verteilung vorhanden. Nach einer gewissen Strecke hat sich das Profil ausgebildet (Bild 10.6).

10.2.3 Verwendung ungenormter Drosselgeräte

In besonderen Anwendungen werden Drosselgeräte abweichend bzw. in Ergänzung zur DIN 1952 eingesetzt. So enthält z.B. VDI/VDE 2041 [10.5] Hinweise, Durchflußgleichungen und Strömungsbeiwerte von Viertelkreisdüsen, Blenden oder Düsen am Einlauf von Rohrleitungen.

In [10.6] werden Venturirohre mit rechteckigem Querschnitt beschrieben. In DIN 24163/Teil 2 [10.7] werden Einlaufdüsen in Anlehnung an DIN 1952 (ältere Ausgabe!) und als Viertelkreisdüsen (sogenannte FLT-Düse) vorgeschlagen und deren Durchflußbeiwerte angegeben.

Tabelle 10.1 Erforderliche störungsfreie gerade Rohrstrecken für Blenden, Düsen und Venturidüsen

Durchmesserverhältnis β	Einlaufseite des Drosselgerätes							Auslaufseite
	Einfacher 90°-Krümmer oder T-Stück (Strömung nur von einer Seite)	2 oder mehr 90°-Krümmer in der gleichen Ebene	2 oder mehr 90°-Krümmer in verschiedenen Ebenen	Reduzierstück (von 1,5 D auf D über eine Länge von 1 D...3 D)	Diffusor (von 0,5 D auf D über eine Länge von 1 D...2 D)	Ventil, voll geöffnet	Schieber, voll geöffnet	Alle in dieser Tabelle aufgeführten Armaturen
0,20	10 (6)	14 (7)	34 (17)	5	16 (8)	18 (9)	12 (6)	4 (2)
0,25	10 (6)	14 (7)	34 (17)	5	16 (8)	18 (9)	12 (6)	4 (2)
0,30	10 (6)	16 (8)	34 (17)	5	16 (8)	18 (9)	12 (6)	5 (2,5)
0,35	12 (6)	16 (8)	36 (18)	5	16 (8)	18 (9)	12 (6)	5 (2,5)
0,40	14 (7)	18 (9)	36 (18)	5	16 (8)	20 (10)	12 (6)	6 (3)
0,45	14 (7)	18 (9)	38 (19)	5	17 (9)	20 (10)	12 (6)	6 (3)
0,50	14 (7)	20 (10)	40 (20)	6 (5)	18 (9)	22 (11)	12 (6)	6 (3)
0,55	16 (8)	22 (11)	44 (22)	8 (5)	20 (10)	24 (12)	14 (7)	6 (3)
0,60	18 (9)	26 (13)	48 (24)	9 (5)	22 (11)	26 (13)	14 (7)	7 (3,5)
0,65	22 (11)	32 (16)	54 (27)	11 (6)	25 (13)	28 (14)	16 (8)	7 (3,5)
0,70	28 (14)	36 (18)	62 (31)	14 (7)	30 (15)	32 (16)	20 (10)	7 (3,5)
0,75	36 (18)	42 (21)	70 (35)	22 (11)	38 (19)	36 (18)	24 (12)	8 (4)
0,80	46 (23)	50 (25)	80 (40)	30 (15)	54 (27)	44 (22)	30 (15)	8 (4)

Für alle Durchmesser-verhältnisse β	Einbaustörungen	Erforderliche gerade Rohrstrecke im Einlauf
	Abrupte symmetrische Durchmesserverringerung mit einem Durchmesserverhältnis $\geq 0{,}5$	30 (15)
	Thermometertasche mit einem Durchmesser $\leq 0{,}03\,D$	5 (3)
	Thermometertasche mit einem Durchmesser von 0,03 ... 0,13 D	20 (10)

Mindestwerte für die geraden Rohrstrecken, die bei verschiedenen Einbaustörungen im Einlauf und Auslauf zwischen der Störung und dem Drosselgerät vorzusehen sind. Die Werte ohne Klammern gelten für «0% Zusatz-Unsicherheit». Die eingeklammerten Werte gelten für «0,5% Zusatz-Unsicherheit». Alle geraden Rohrstrecken sind in Vielfachen des Rohrdurchmessers D angegeben. Sie sind von der Anströmseite des Drosselgeräte aus zu messen.

Tabelle 10.2 Erforderliche störungsfreie gerade Rohrstrecken für klassische Venturirohre.

Durchmesser-verhältnis β	Einfacher 90°-Krümmer[1])	2 oder mehr 90°-Krümmer in der gleichen Ebene[1])	2 oder mehr 90°-Krümmer in der verschiedenen Ebenen[1]) [2])	Reduzierstück von 3 D auf D über eine Länge von D	Diffusor von 0,75 D auf D über eine Länge von D	Schieber voll geöffnet
0,30	0,5[3])	1,5 (0,5)	(0,5)	0,5[3])	1,5 (0,5)	1,5 (0,5)
0,35	0,5[3])	1,5 (0,5)	(0,5)	1,5 (0,5)	1,5 (0,5)	2,5 (0,5)
0,40	0,5[3])	1,5 (0,5)	(0,5)	2,5 (0,5)	1,5 (0,5)	2,5 (1,5)
0,45	1,0 (0,5)	1,5 (0,5)	(0,5)	4,5 (0,5)	2,5 (1,0)	3,5 (1,5)
0,50	1,5 (0,5)	2,5 (1,5)	(8,5)	5,5 (0,5)	2,5 (1,5)	3,5 (1,5)
0,55	2,5 (0,5)	2,5 (1,5)	(12,5)	6,5 (0,5)	3,5 (1,5)	4,5 (2,5)
0,60	3,0 (1,0)	3,5 (2,5)	(17,5)	8,5 (0,5)	3,5 (1,5)	4,5 (2,5)
0,65	4,0 (1,5)	4,5 (2,5)	(23,5)	9,5 (1,5)	4,5 (2,5)	4,5 (2,5)
0,70	4,0 (2,0)	4,5 (2,5)	(27,5)	10,5 (2,5)	5,5 (3,5)	5,5 (3,5)
0,75	4,5 (3,0)	4,5 (3,5)	(29,5)	11,5 (3,5)	6,5 (4,5)	5,5 (3,5)

[1]) Der Radius des Krümmers (Mittelachse) muß gleich oder größer als der Rohrdurchmesser sein.
[2]) Da der Einfluß solcher Strömungen auch nach 40 D noch wirksam sein kann, können in der Tabelle nur eingeklammerte Werte angegeben werden.
[3]) Da keine Armatur in einem geringeren Abstand als 0,5 D vor der Plus-Druckentnahme angeordnet werden kann, ist hier nur die «0%-Zusatz-Unsicherheit» möglich.

Mindestwerte für die geraden Rohrstrecken, die bei verschiedenen Einbaustörungen im Einlauf zwischen Störung und klassischem Venturirohr vorzusehen sind. Die Werte ohne Klammern gelten für «0% Zusatz-Unsicherheit». Die eingeklammerten Werte gelten für «0,5% Zusatz-Unsicherheit». Alle geraden Rohrstrekken sind in Vielfachen des Rohrdurchmessers D angegeben. Sie sind von der Plus-Druckentnahme des klassischen Venturirohres aus zu messen. Die Rohrrauheit darf zumindest im Bereich der Rohrstrecken nicht die eines handelsüblich glatten Rohres überschreiten (ungefähr $K/D \leq 10^{-3}$).

Auslauflängen: Einbaustörungen in einem Abstand von mindestens dem Vierfachen des Durchmessers der Drosselöffnung hinter der Minus-Druckentnahme beeinflussen die Genauigkeit der Messung nicht.

Anmerkung:
Die Gründe, weshalb die erforderlichen geraden Rohrstrecken beim klassischen Venturirohr kürzer sind, als die für Blenden, Düsen und Venturidüsen, liegen unter anderem darin, daß
a) sie aus verschiedenen Versuchen nach unterschiedlichen Auswertekriterien ermittelt worden sind,
b) der sich verengende Teil des klassischen Venturirohres in der Drosselöffnung des Drosselgerätes ein gleichmäßigeres Geschwindigkeitsprofil erzeugt.

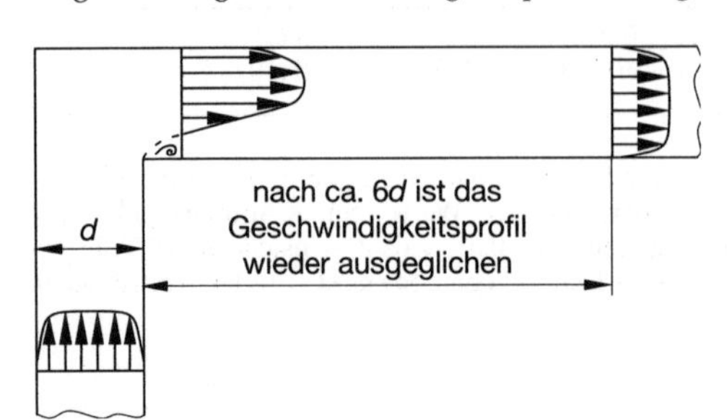
nach ca. 6d ist das
Geschwindigkeitsprofil
wieder ausgeglichen
d

Bild 10.5
Geschwindigkeitsverteilung nach einem Kniestück

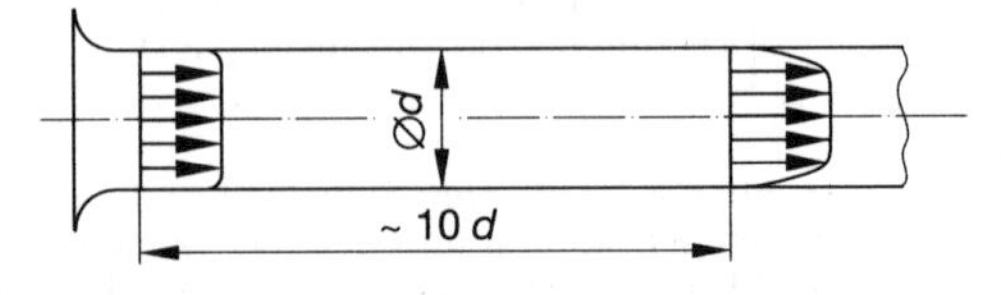
Ød
~ 10 d

Bild 10.6 Ausbildung des Geschwindigkeitsprofils durch Reibung

Ändert sich der Volumenstrom in einem sehr weiten Bereich, eignen sich beispielsweise verstellbare Segmentblendenschieber [10.6] besser als Wirkdruckgeber mit konstanter Drosselöffnung.

10.2.3.1 Messung mit Einströmmeßdüse

Bei frei ansaugenden Ventilatoren kann man den Volumenstrom relativ einfach ermitteln.

Hierzu wird vor dem Saugstutzen des Ventilators, bzw. vor der Ansaugleitung, eine Einströmmeßdüse angeordnet (s. Bild 10.7).

An der Ringleitung dieser Einströmmeßdüse wird der Wirkdruck p_w abgenommen. Der «Wirkdruck» setzt sich zusammen aus dem dynamischen Druck im Meßquerschnitt, dem Druckverlust der Einströmdüse und den Strömungsverhältnissen an den Randbohrungen (Meßpunkten).

Aus der zugehörigen Wirkdruckkennlinie kann der Volumenstrom – mit einer Toleranz von ± 10 % – abgelesen werden (s. Bild 10.8).

Bei geeichten Einströmmeßdüsen kann der Volumenstrom mit einer Toleranz von ± 2 % ermittelt werden. Der Düsendurchmesser d_1 sollte so gewählt werden, daß sich Wirkdrücke zwischen 5 und 20 mbar ergeben. Hierbei erhält man einerseits brauchbare Meßwerte und andererseits keine unnötig großen Druckverluste durch die Einströmmeßdüse ($\zeta \approx 0{,}2$).

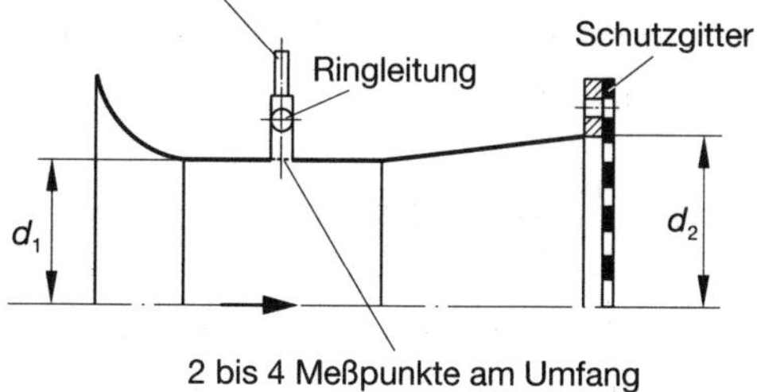

Bild 10.7 Einström-Meßdüse

10.2.3.2 Messung im Einlauf mit Blenden

Für Blenden im Einlauf (Bild 10.9) ist α konst. $= 0{,}6$ (für alle Öffnungsverhältnisse bei einer Reynoldszahl größer als 55 000). Um einwandfreie Einströmverhältnisse zu erhalten, muß die Blende $1{,}5 \cdot d$ im Durchmesser glatt sein, sowie $10 \cdot d$ seitlich und $20 \cdot d$ nach vorn frei ansaugen können. Beiwerte für Einlaufblenden sind aus Tabelle 10.3 zu entnehmen.

Bild 10.8
Volumenstromermittlung mittels Einström-Düse

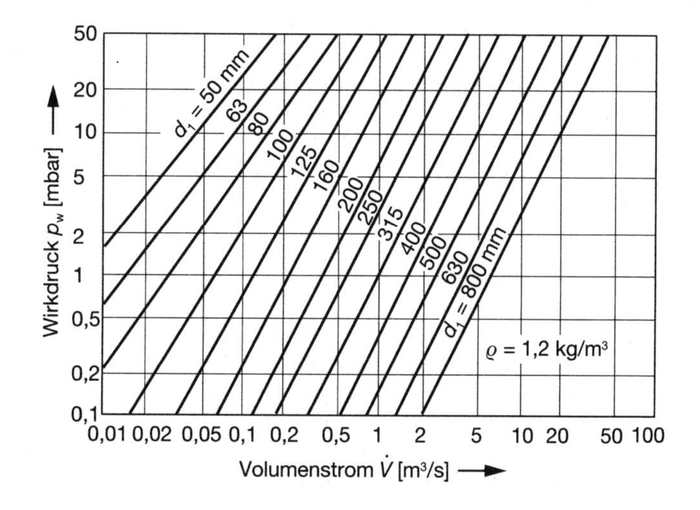

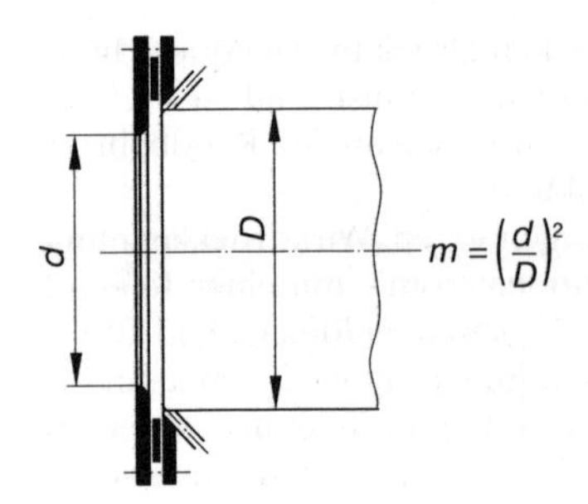

Bild 10.9 Einström-Blende

Tabelle 10.3
Beiwerte für Normblenden im Einlauf

m	α	$m \cdot \alpha$	$\frac{\Delta p_{Bl}}{p_d}$	ζ
0,3	0,6	0,18	30,9	20,8
0,4	0,6	0,24	17,4	10,0
0,5	0,6	0,3	11,1	5,55
0,6	0,6	0,36	7,71	3,16
0,7	0,6	0,42	5,68	1,90
0,8	0,6	0,48	4,35	1,17
0,9	0,6	0,54	3,43	0,73
1,0	0,6	0,6	2,78	0,44

Δp_{Bl} Wirkdruck der Blende

10.2.3.3 Messung im Auslauf

Auslaufblenden haben den gleichen α-Wert wie Durchflußblenden. Sie werden jedoch nicht gerne verwendet, da der bleibende Druckverlust zu groß ist. Etwa $\Delta p_{Bl} + {}^1/_2 \cdot p_d$ gehen verloren. Deswegen ist es besser, durch Anbau einer Rohrleitung von etwa $2{,}5 \cdot D$ Länge Durchflußverhältnisse zu schaffen. Ist der Druckverlust dann noch zu hoch, kann man einen Diffusor ansetzen.

10.2.3.4 Druckverlust

Jede Normblende verursacht einen bestimmten bleibenden Druckverlust (DIN 1952). Er kann als Verhältnis $p_{verl}/\Delta p_{Bl} = \Psi$ umschrieben werden. Zweckmäßiger für die Praxis ist, p_{vert} durch p_d auszudrücken, also durch den ζ-Wert. Dieser ist für Durchfluß

$$\zeta = \frac{\Psi}{(\alpha \cdot m)^2} \approx \frac{1 - m}{(\alpha \cdot m)^2} \qquad \text{(Gl. 10.7)}$$

10.2.3.5 Auslegung

Die Auslegung kann nach zwei Gesichtspunkten erfolgen:

a) Eine genügende Ablesegenauigkeit einer Wassersäule erfordert ein ziemlich großes Δh_{Bl}, 100 mm oder mehr.

Beispiel:
Für eine Leitung von $d = 500$ mm und einem Volumenstrom von $\dot{V} = 2{,}5$ m³/s soll eine Normblende für Durchflußmessung entworfen werden, die etwa 13 mbar Druckdifferenz ergibt.

$A = 0{,}1963\ \text{m}^2,\ \dot{V} = 2{,}5\ \text{m}^3/\text{s},\ w = 12{,}75\ \text{m/s},$

$p_d = 0{,}975$ mbar

$$\alpha \cdot m = \sqrt{\frac{0{,}975}{13}} = 0{,}274$$

Man wählt nun, da man ja nicht streng an die 13 mbar gebunden ist, aus Tabelle 10.3 ein glattes Öffnungverhältnis, und zwar $m = 0{,}4$.

b) Der Druckverlust soll möglichst klein gehalten werden. Es wird das größte zulässige Öffnungsverhältnis $m = 0{,}6403$ gewählt.

Beispiel:

$D = 500\ \text{mm},\ \dot{V} = 2{,}5\ \text{m}^3/\text{s},\ w = 12{,}75\ \text{m/s},$

$p_d = 0{,}975$ mbar

$\Delta p_{Bl} = 4{,}05\ \text{mbar} \mathrel{\hat{=}} 40$ mm WS

Hierbei ist schon die Benutzung eines Schrägrohrmanometers erforderlich.

$$\frac{d}{D} = \sqrt{m} = \sqrt{0{,}6403} = 0{,}8;\ d = 400\ \text{mm}$$

$$\dot{V} = 0{,}484 \cdot 0{,}1963 \cdot 1{,}41 \cdot \frac{1}{\sqrt{\varrho}} \cdot \sqrt{\Delta p_{Bl}}$$

Gebrauchsformel

$\dot{M} = 0{,}1557 \cdot \sqrt{\varrho} \cdot \sqrt{\Delta p_{Bl}}$

10.2.4 Netzmethoden

Der Volumenstrom in Rohren und Kanälen beliebigen Querschnitts kann durch Messung der örtlichen Geschwindigkeiten in möglichst vielen Flächenelementen ΔA (dA) des Leitungsquerschnitts A durch Integration bestimmt werden:

$$q_v = \int_A w_A \cdot dA \qquad \text{(Gl. 10.8)}$$

w_A Geschwindigkeitskomponente senkrecht zum Querschnitt A

dA (ΔA) Teilfläche des Meßquerschnitts A

Netzmessungen werden meist im Rahmen von Abnahmeuntersuchungen oder Garantienachweisen in Anlagen vor Ort oder auf Großprüfständen durchgeführt.

Das zur Zeit wohl beste und wissenschaftlich/mathematisch ausführlichste Regelwerk zu Netzmessungen in Strömungsquerschnitten ist wohl die VDI/VDE 2640 [10.3], die aus 4 Teilen besteht:

Band 1: Allgemeine Richtlinien und mathematische Grundlagen
Band 2: Bestimmung des Wasserstromes
Band 3: Bestimmung des Gasstromes in Leitungen mit Kreis-, Kreisring- oder Rechteckquerschnitt
Band 4: Bestimmung der mittleren Temperatur in strömenden Flüssigkeiten

In VDI 2080 [10.4] werden ebenfalls Hinweise für Netzmessungen in Rechteckkanälen und Kanälen mit Kreisquerschnitten gegeben.

Das Problem bei Netzmessungen ist ähnlich wie bei den Wirkdruckverfahren, daß man vor und nach der Meßebene lange, gerade und störungsfreie Rohrstrecken benötigt, d.h.: vor oder hinter Krümmern, Armaturen, Verzweigungen und anderen Einbauten darf nicht gemessen werden.

Da Netzmessungen im allgemeinen längere Zeit beanspruchen, muß dafür gesorgt werden, daß sich während der Messungen der Volumenstrom nicht ändert, bzw., die Meßwerte müssen zeitabhängig mittels einer parallel laufenden Kontrollmessung (Referenzmessung) ständig korrigiert werden.

In der Praxis sind folgende Meß- und Auswerteverfahren gebräuchlich:

- grafische Integrierverfahren,
- numerische Integrierverfahren,
- arithmetische Mittelungsverfahren,
- 1-Punkt-Verfahren.

Bei arithmetischen Mittelungsverfahren wird der Meßquerschnitt A in eine größere Anzahl n gleicher (Trivialverfahren) oder ungleicher (gewichtetes Verfahren) Teilflächen eingeteilt und die Geschwindigkeiten in bestimmten Punkten der Teilflächen gemessen.

Der Volumenstrom beträgt dann:

$$q_v = A \cdot w_m \qquad \text{(Gl. 10.9)}$$

mit:

$$w_m = \frac{1}{n} \cdot \sum_{i=1}^{i=n} w_i \qquad \text{Trivialverfahren}$$

$$w_m = \frac{1}{n} \cdot \sum_{i=1}^{i=n} (w_i \cdot g_i)$$

$$g_i = \frac{\Delta A_i}{A/n} \qquad \text{Gewichtung}$$

Beim 1-Punkt-Verfahren wird die mittlere Geschwindigkeit w_m aus einer einzigen örtlichen Messung $w_{örtl}$ bestimmt:

$$w_m = k \cdot v_{örtl} \qquad \text{(Gl. 10.10)}$$

Die Konstante k, die u.U. von der Reynoldszahl abhängt, muß in einem Kalibrierversuch bestimmt werden.

Im Kreisrohr liegt z.B. die mittlere Geschwindigkeit w_m im Abstand $r = 0{,}762 \cdot R$ (turbulente Rohrströmung) oder $r = 0{,}707 \cdot R$ (laminare Rohrströmung (s. Bild 10.10).

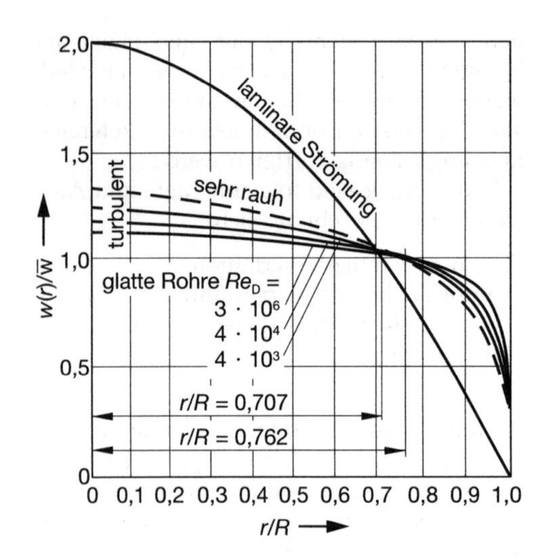

Bild 10.10 Geschwindigkeitsverteilung über den Rohrquerschnitt

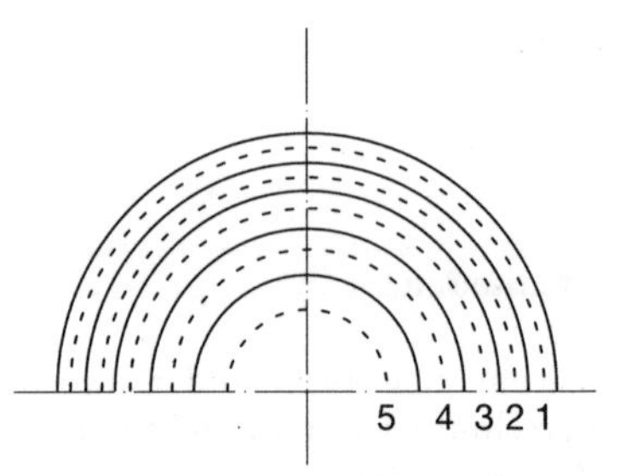

Bild 10.11 Schwerpunktslinien der flächengleichen Kreisringe

10.2.4.1 Runde Leitungen

Kreisrunde Leitungen werden auf 2 senkrecht zueinander stehenden Durchmessern mit dem Staurohr abgetastet. Nach DIN 1945 (VDI-Verdichterregeln) ist dabei die Kreisfläche in 5 oder 10 flächengleiche Kreisringe einzuteilen, in deren Schwerpunkten zu beiden Seiten des Mittelpunktes, diesen selbst jedoch ausgenommen, der dynamische Druck p_d entnommen wird (s. Bild 10.11). Dann ist

$$w = \sqrt{\frac{2 \cdot p_d}{\varrho}}$$

w_m arithmetisches Mittel der gemessenen Geschwindigkeiten.

Die Schwerpunktdurchmesser sind in Abhängigkeit vom Rohrdurchmesser (D_s = $C \cdot D$) aus Tabelle 10.4 für 5 und 10 Kreisringe zu errechnen.

$$D_s = C \cdot D$$

Den Volumenstrom errechnet man dann mit

$$\dot{V} = A \cdot w_m$$

10.2.4.2 Meßverfahren

Normalerweise kann die Einteilung der Meßpunkte auf dem Staurohr vorgenommen werden. Die Öffnung des Staurohres muß bei der Messung gegen die Strömung gehalten werden. Für genauere Messungen ist an der Leitungswand senkrecht zur Strömungsrichtung ein Flacheisen anzubringen, auf dem nur die Einstellpunkte markiert sind. Somit kann jeder Meßpunkt schnell und sicher eingestellt werden.

10.2.4.3 Meßgeräte

Die zu messenden Drücke sind oft sehr klein;
bei $w =$ 4 m/s ist p_d = 0,096 mbar
bei $w =$ 10 m/s ist p_d = 0,60 mbar
bei $w =$ 16 m/s ist p_d = 1,54 mbar

Tabelle 10.4 Konstanten zur Berechnung der Schwerpunktdurchmesser

Meßpunkt C	1 0,949		2 0,837		3 0,707		4 0,548		5 0,316	
Meßpunkt C	1 0,975	2 0,922	3 0,866	4 0,806	5 0,746	6 0,671	7 0,592	8 0,500	9 0,387	10 0,224

Zur Messung solcher Drücke kommen nur Schrägrohrmanometer mit verstellbarer Neigung in Frage, die mit einem Präzisionsmanometer (z.B. System Betz, Debro, Askania) geeicht sind. Präzisionsmanometer selbst sind nur für Laboratoriumszwecke zu verwenden, da sie äußerst empfindlich sind.

10.2.5 Krümmermethode

In einem Rohrkrümmer tritt ein radiales Druckgefälle auf: Außen ist der Druck größer als an der Innenkontur (Bild 10.12).

In [10.8] wird hergeleitet, daß der Druckgradient $\mathrm{d}p/\mathrm{d}r$ proportional zum Quadrat der örtlichen Geschwindigkeiten und umgekehrt proportional zum örtlichen Krümmungsradius r ist:

$$\frac{\mathrm{d}p}{\mathrm{d}r} = \varrho \cdot \frac{w^2}{r} \qquad \text{(Gl. 10.11)}$$

Ersetzt man den differentiell kleinen Druck $\mathrm{d}p$ durch die Druckdifferenz $\Delta p = p_1 - p_2$ zwischen Außen- und Innenkontur, die variable Kürmmung r durch die mittlere Krümmung R sowie $\mathrm{d}r$ durch D, erhält man die mittlere Strömungsgeschwindigkeit w_m:

$$\frac{\Delta p}{D} \sim \varrho \cdot \frac{w_\mathrm{m}^2}{R}$$

$$w_\mathrm{m}^2 \sim \frac{1}{\varrho} \cdot R \cdot \frac{\Delta p}{D}$$

$$w_\mathrm{m}^2 = \text{Proportionalbeiwert} \cdot \frac{1}{\varrho} \cdot R \cdot \frac{\Delta p}{D}$$

$$w_\mathrm{m} = \sqrt{\text{Proportionalbeiwert} \cdot \frac{1}{\varrho} \cdot R \cdot \frac{\Delta p}{D}}$$

Andererseits ergibt sich w_m aus dem gesuchten Volumenstrom q_v und der Rohrquerschnittsfläche $D^2 \cdot \pi/4$:

$$w_\mathrm{m} = \frac{q_\mathrm{v}}{\frac{\pi}{4} \cdot D^2}$$

$$q_\mathrm{v} = \alpha_\text{Krümmer} \cdot \frac{\pi}{4} \cdot D^2 \cdot \sqrt{\frac{R}{\varrho} \cdot \frac{\Delta p}{D}} \qquad \text{(Gl. 10.12)}$$

mit: $\alpha_\text{Krümmer} \triangleq \sqrt{\text{Proportionalbeiwert}}$ als Durchflußbeiwert, der i.a. durch eine Kalibrierung bestimmt wird (Beispiele in [10.6] und [10.9]).

$$\alpha_\text{Krümmer} = 1 - \frac{6{,}5}{\sqrt{Re_\mathrm{D}}}$$

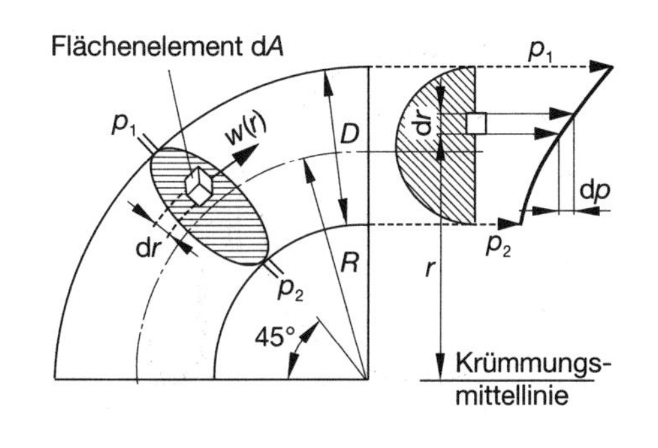

Bild 10.12 Erklärungen zur Krümmermethode

gültig für: ungeeichte 90°-Krümmer,
die unter 45 ° angebohrt sind und:

$$\frac{R}{D} \geq 1{,}25$$

$$Re_{\mathrm{D}} \geq 5 \cdot 10^4$$

mit einer Toleranz von ± 5 %.

In [10.9] ist auch die Krümmerströmung für Rechteckquerschnitte beschrieben.

10.3 Messung vom Druckabfall an Bauteilen

Bei der Messung des Druckabfalls an Bauelementen z.B. an Filtern, Wärmetauschern, Luftbefeuchtern, Rohrleitungselementen usw. ist zunächst größte Sorgfalt auf die Festlegung der Schnittstellen, d.h. auf die richtige Wahl des Ein- und Austrittsquerschnitts zu legen.

Oft ist es aus Platzgründen nicht möglich, direkt in den Bezugsquerschnitten zu messen, d.h., die Meßstellen müssen vor oder nach den Bezugsquerschnitten angeordnet werden. Die Druckunterschiede zwischen Meß- und Bezugsquerschnitt müssen dann rechnerisch berücksichtigt werden.

An den Maßquerschnitten sind grundsätzlich mehrere Meßbohrungen, die ggf. in einer Ringleitung zusammengefaßt werden können (Bild 10.13).

Die Zusammenfassung mehrerer Einzelbohrungen in einer Sammelleitung ist nur zulässig, wenn die Einzelwerte nicht wesentlich voneinander abweichen, wobei die einzelnen nationalen und internationalen Regelwerke keine einheitlichen Angaben zum Grad der Abweichungen machen.

Die Bohrungen der Meßstellen für statische Drücke sind senkrecht zur Rohr- bzw. Kanalwand anzubringen.

Die Druckmeßstelle sollte möglichst bei zur Wand parallelen Strömung gemessen werden.

Der Durchmesser der Bohrung sollte möglichst klein sein (1 ... 3 mm), der Innenrand der Bohrung möglichst scharfkantig ausgeführt werden (Bild 10.14). Weitere Hinweise finden sich in [10.14].

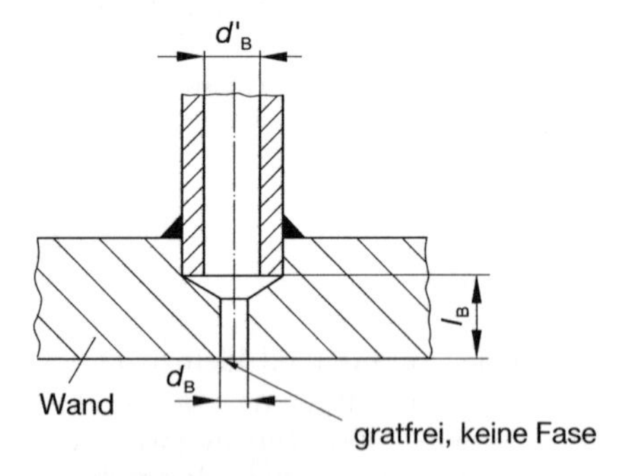

Bohrungsdurchmesser d_B = 1...3 mm
Schlauchanschlußdurchmesser $d'_B \geq 2 \cdot d_B$
Ausführung scharfkantig und gratfrei,senkrecht zur glatten Innenwand
Länge der Bohrung $l_B = 2 \cdot d_B$

Bild 10.14 Druckabnahme über Wandanbohrung

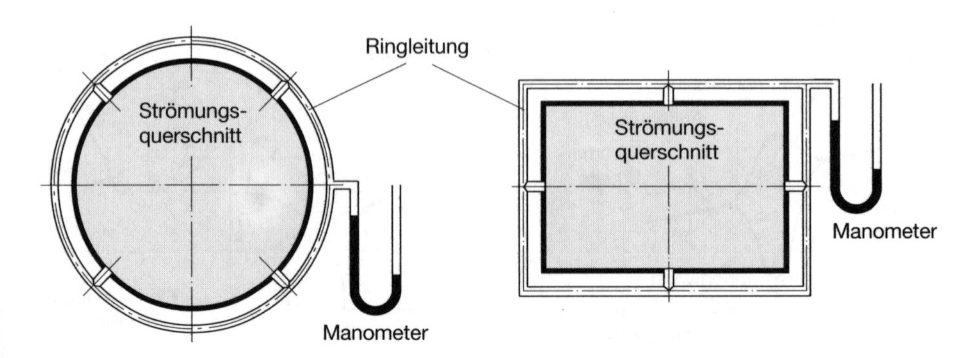

Bild 10.13 Druckentnahmeeinrichtung an Rohrleitungen

Da die Messung statischer Drücke um so genauer ist, je kleiner die Strömungsgeschwindigkeiten in der Nähe der Druckentnahmebohrungen sind, sollte man Druckmessungen im Bereich höherer Strömungsgeschwindigkeiten vermeiden.

Bei größeren Druckschwankungen sind genügend Messungen zur Mittelwertsbildung durchzuführen und ggf. Dämpfungsglieder in die Meßleitung einzubauen bzw. schwingungsgedämpfte Druckmeßgeräte zu verwenden.

Nach VDI 2044 [10.11] beträgt der mittlere Druck in einem Meßquerschnitt:

$$\bar{p} = \frac{1}{\dot{V}} \cdot \int_{(A)} p_x \cdot w_x \cdot \mathrm{d}A \qquad \text{(Gl. 10.14)}$$

wenn p_x der örtliche Druck und w_x die örtliche Geschwindigkeit sind.

Weicht der mittels Gleichung (10.14) berechnete mittlere Druck aus einer Netzmessung wesentlich vom mittleren Druck ab, der an Wandbohrungen gemessen wird, so ist der punktweisen Druckmessung mit Mittelwertbildung nach (10.14) der Vorzug zu geben.

10.4 Messung der Ventilatorkennlinie

10.4.1 Allgemeines

Grundsätzlich gibt es 3 Arten von Versuchen an Ventilatoren:

1. Versuche an Ventilatoren auf einem Prüfstand, am besten auf einem genormten Prüfstand,
2. Versuche an Ventilatoren im Einbauzustand,
3. Modellversuche.

Bei Ventilatoren in lufttechnischen Anlagen werden überwiegend Prüfstandsversuche an Originalmaschinen durchgeführt, da es sich im allgemeinen um Serienventilatoren kleinerer Abmessungen und kleinerer Leistungen handelt, die per Katalog angeboten werden.

Da bei Prüfstandsversuchen die Betriebsverhältnisse konstant gehalten werden können und relativ genau und gut reproduzierbar gemessen werden kann, haben die erhaltenen Kennlinien kleine Toleranzen, d.h. Streuungen. Bei Versuchen am Einbauort treten häufig betriebliche und meßtechnische Schwierigkeiten auf, die die Meßgenauigkeit stark beeinträchtigen.

Modellversuche sind Prüfstandsversuche an geometrisch ähnlichen Modellen. Es lassen sich hohe Meßgenauigkeiten erreichen. Problematisch sind nach wie vor die Hochrechnungen auf die Großausführung. Modellversuche treten an Ventilatoren in lufttechnischen Anlagen relativ selten auf.

10.4.2 Prüfstandsversuche

Für die Durchführung von Prüfstandsversuchen gibt es zahlreiche nationale und internationale Normen und Regelwerke [10.12].

Es gibt 4 Grundbauarten von Prüfständen:

1. saugseitiger Kammerprüfstand (Bild 10.15),
2. druckseitiger Kammerprüfstand (Bild 10.16),
3. saugseitiger Rohrprüfstand (Bild 10.17),
4. druckseitiger Rohrprüfstand (Bild 10.18).

Grundsätzlich sollte die Prüfstandsart sich nach der Einbauart A, B, C, D richten.

So empfiehlt sich z.B. zur Untersuchung von Wandventilatoren in der Einbauart A die Verwendung von saugseitigen Kammerprüfständen, für Rohrventilatoren der Einbauart D die Verwendung von druck- oder saugseitigen Rohrprüfständen.

Als Normenwerke sind insbesondere DIN 24163 [10.13] und ISO 5801 [10.14] zu empfehlen. Beide Normenwerke enthalten ausführliche Regeln über:

- ☐ Prüfstandsaufbau,
- ☐ Meßverfahren und Meßgeräte,
- ☐ Auswertung und Darstellung der Meßergebnisse;
- ☐ Meßunsicherheiten und Toleranzen.

In [10.15] sind die verschiedenen Meßmethoden ausführlich abgehandelt.

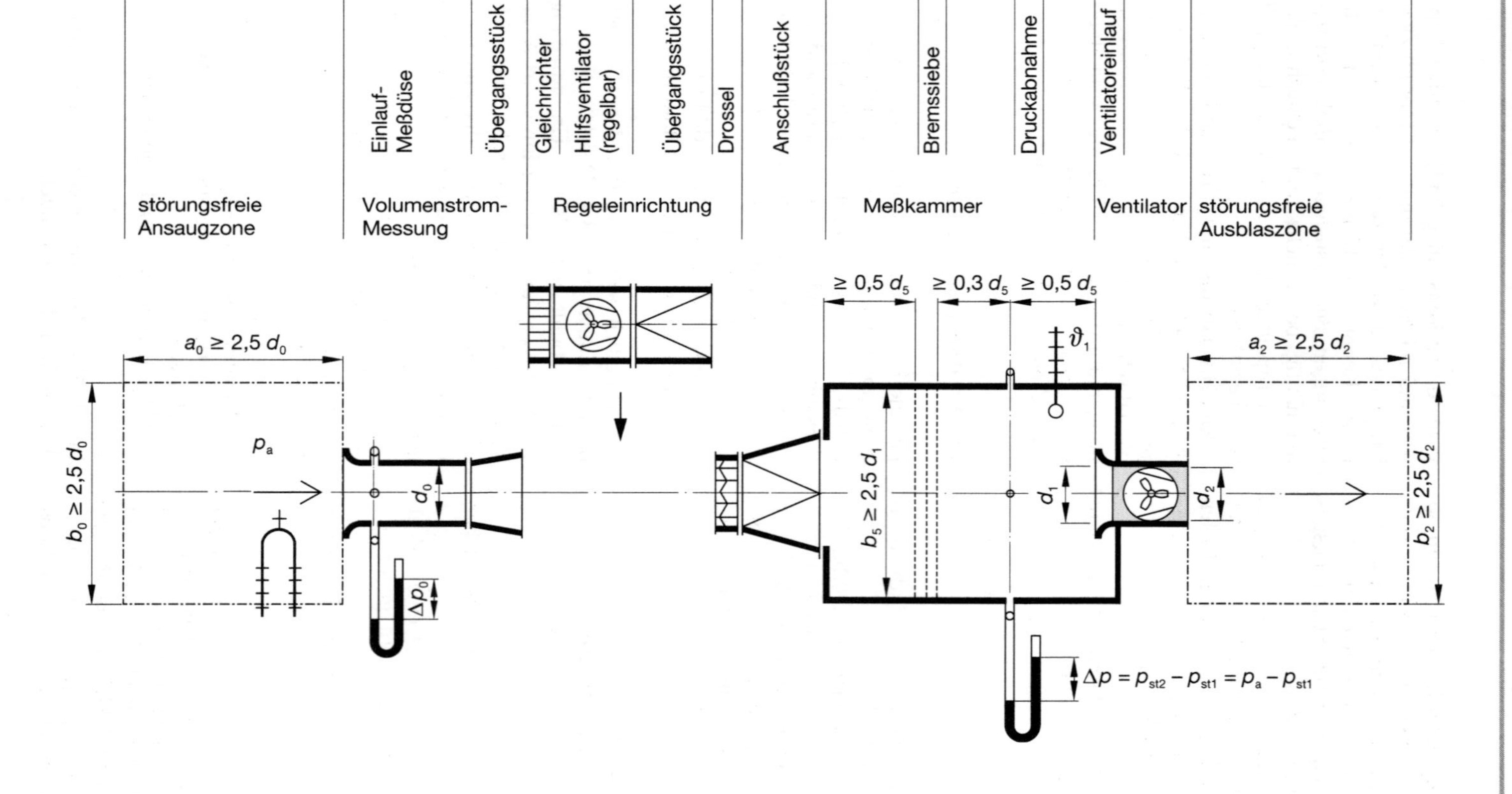

Bild 10.15 Saugseitiger Kammerprüfstand

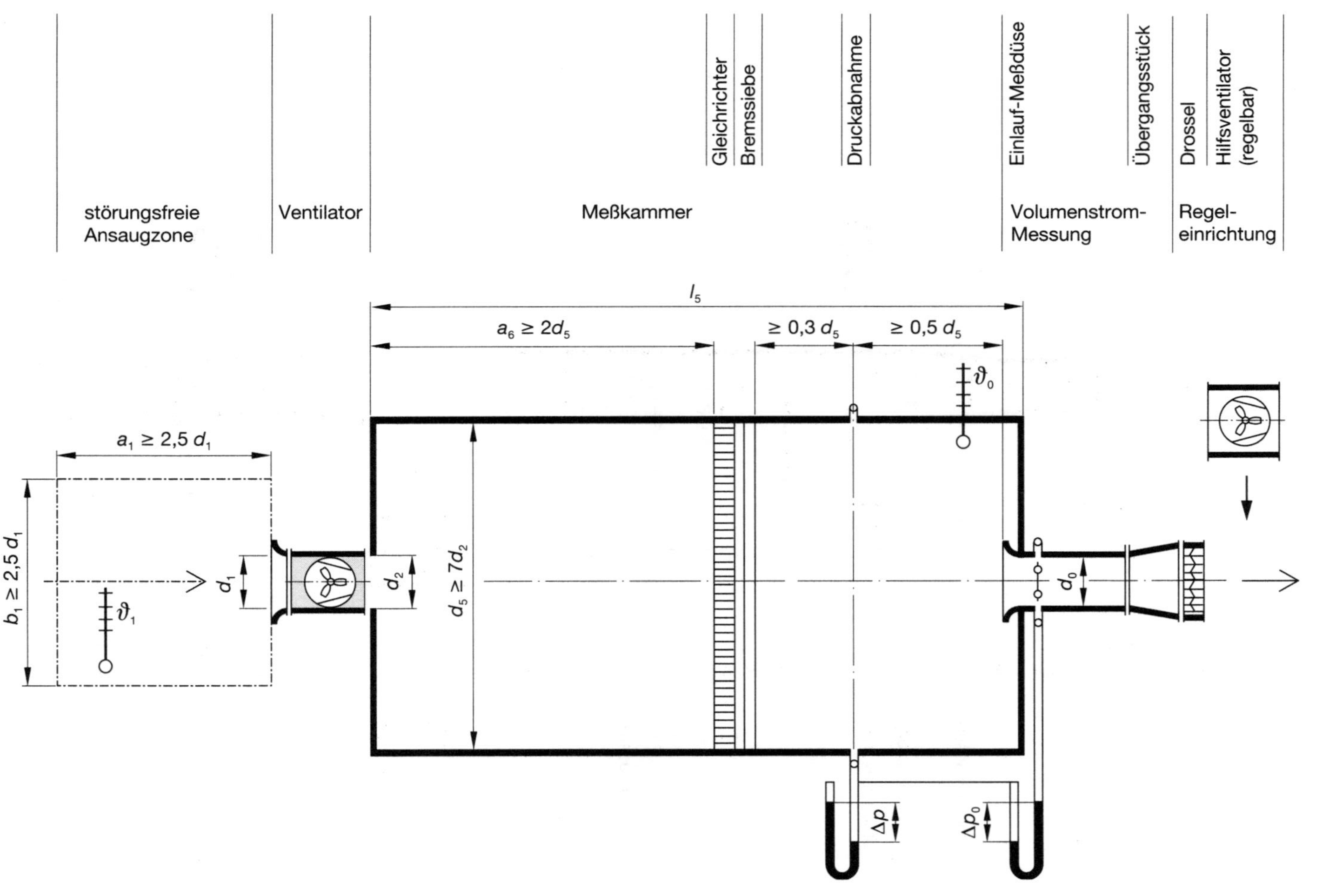

Bild 10.16 Druckseitiger Kammerprüfstand

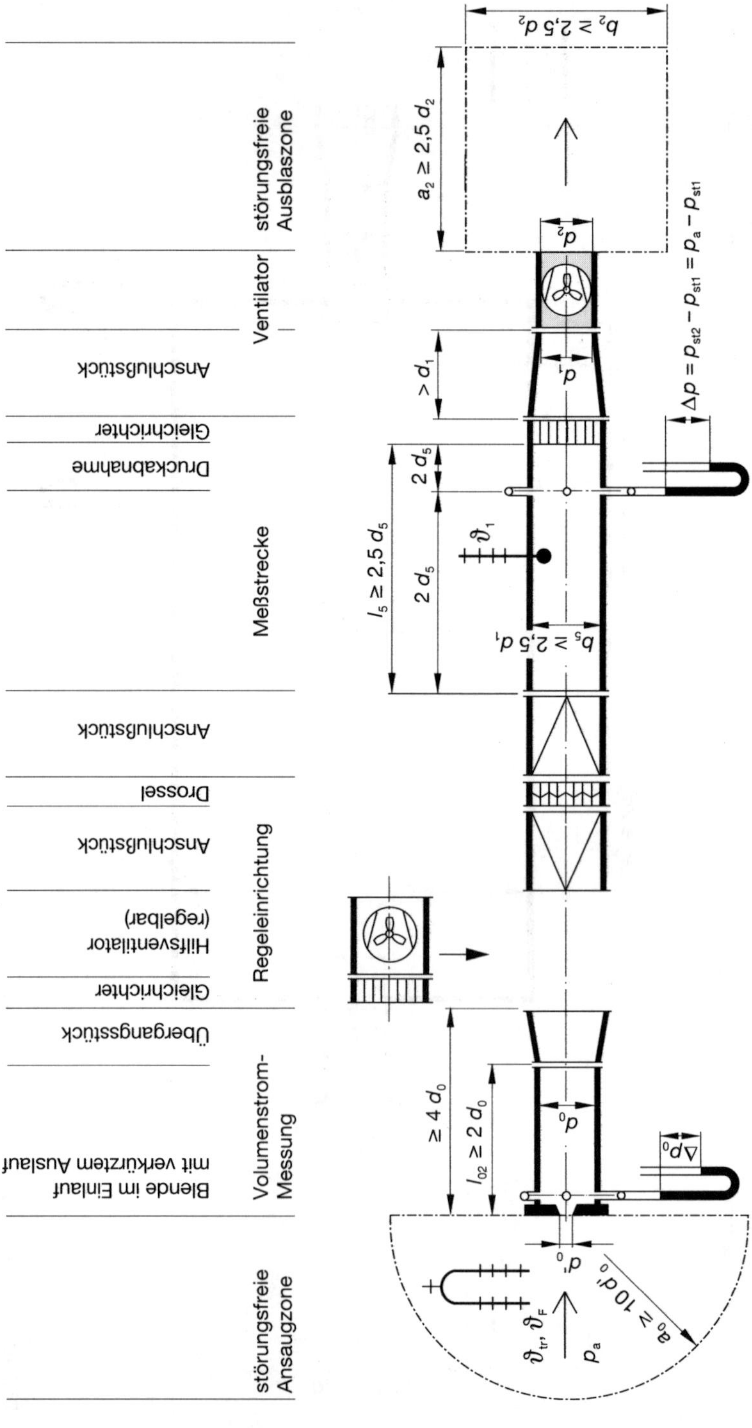

Bild 10.17 Saugseitiger Rohrprüfstand

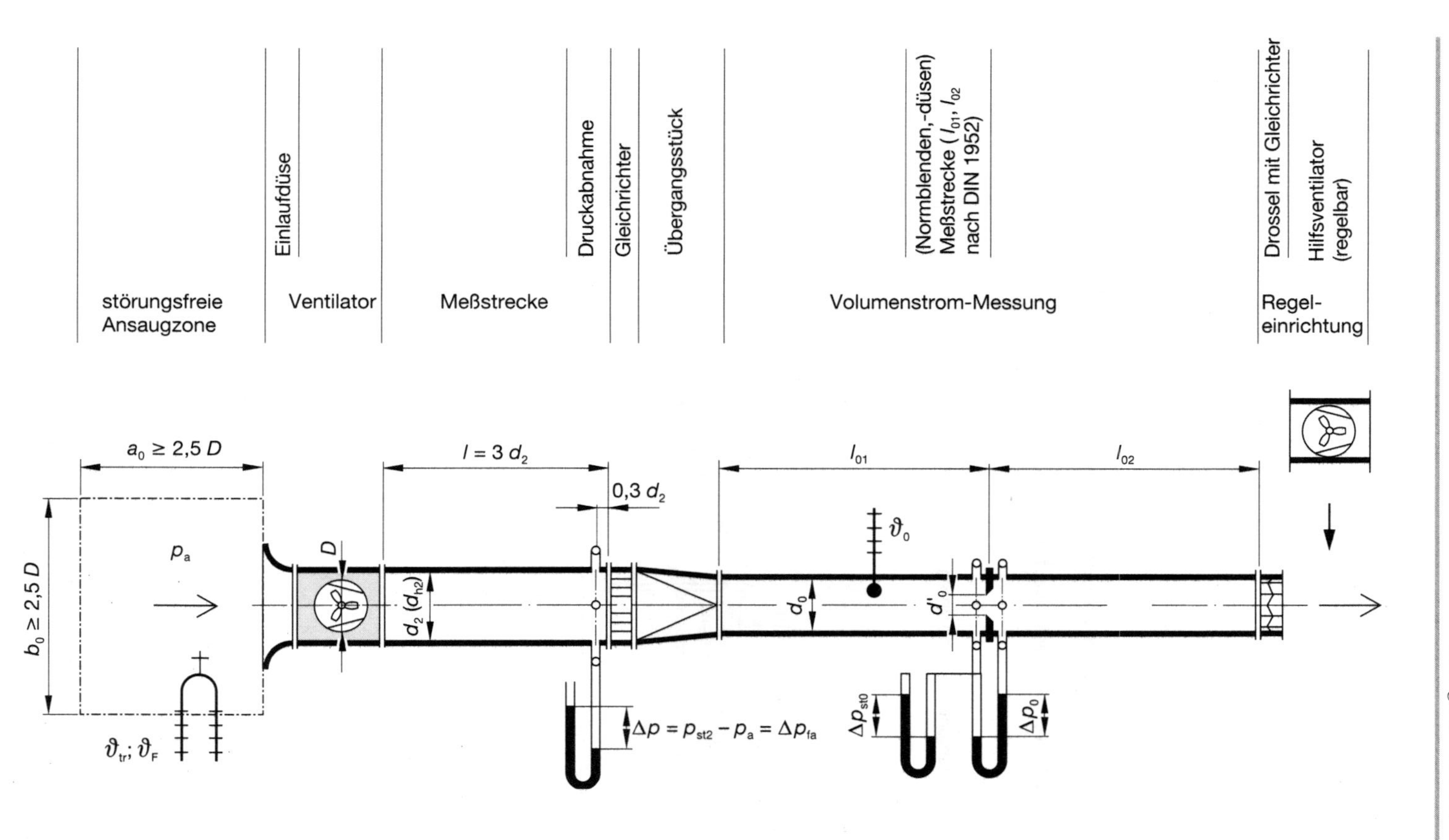

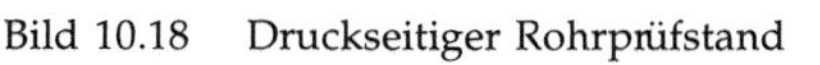
Bild 10.18 Druckseitiger Rohrprüfstand

10.4.3 Versuche an Ventilatoren im Einbauzustand (In-situ-Messungen)

Versuche an Ventilatoren im Einbauzustand bedürfen gründlicher Vorbereitungen, die z.T. schon im Entwurfsstadium einsetzen.

Dazu gehört vor allem eine eindeutige Festlegung der Liefergrenzen, Bezugsquerschnitte und Meßstellen (Bild 10.19), d.h. ein verbindlicher Versuchsplan (Bild 10.20).

Die verwendeten Meßgeräte und Meßmethoden sind im Prinzip die gleichen wie bei Prüfstandsversuchen, es besteht jedoch meist das Problem, die Betriebspunkte genau und länger andauernd einzustellen.

Bild 10.19 Versuchsplan

Abnahmeversuch an einem Axialventilator/Radialventilator
Hersteller: Komm.-Nr.:
Mit der Durchführung der Versuche wird beauftragt:
Ort:
Termin:

Definition der Bezugsquerschnitte siehe unten

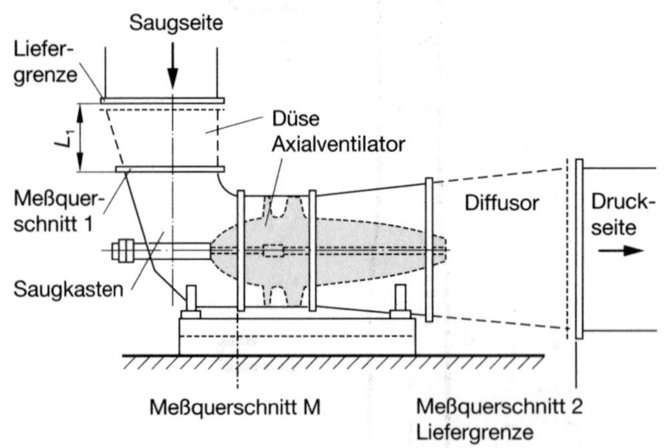

a) Bezugsquerschnitte und Meßstellen am Axialventilator

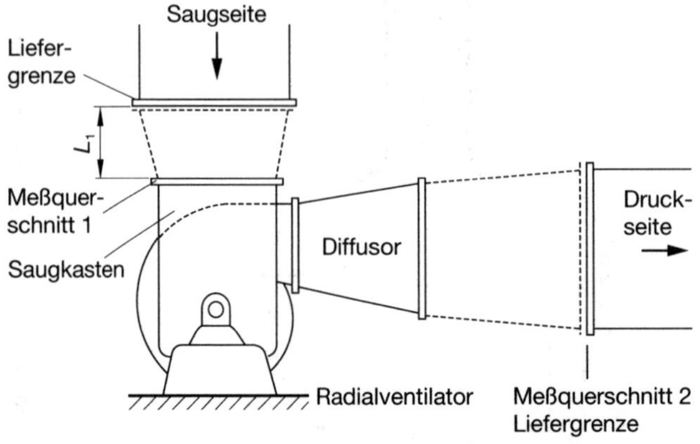

b) Bezugsquerschnitte und Meßstellen am Radialventilator

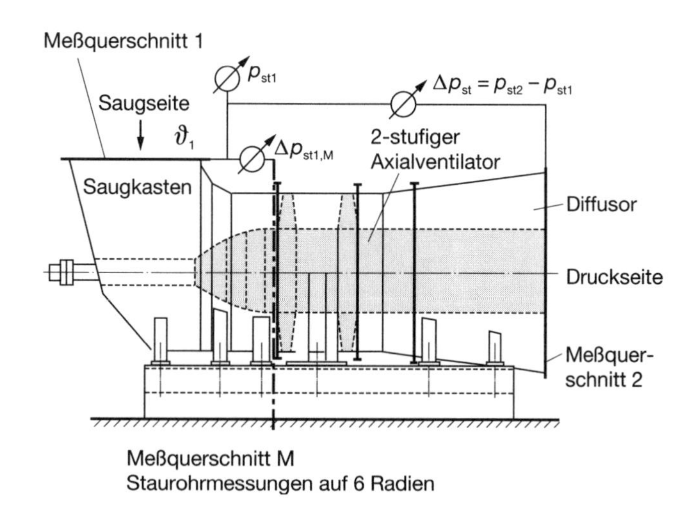

Bild 10.20
Meßquerschnitte an einem Axialventilator

Die im Einbauzustand gemessenen Wirkungsgrade sind i.a. kleiner als die auf Prüfständen gemessenen Wirkungsgrade [10.16], da meist zusätzlich Ein- und Abströmverluste auftreten.

In den einschlägigen Regelwerken

VDI 2044 [10.11]
ISO 5802 [10.17]

sind alle Angaben zur Meßtechnik, Versuchsdurchführung, Darstellung der Ergebnisse, Gewährleistungsvergleich usw. enthalten.

Wenn heute immer noch viele Abnahmeversuche an Ventilatoren ungenügend oder falsch durchgeführt werden, liegt dies nicht an fehlenden Richtlinien, sondern an den Unkenntnissen der Versuchsdurchführenden.

Formelzeichen

Die nachfolgenden Zeichen werden nach Möglichkeit grundsätzlich angewendet, wobei Abweichungen und Ergänzungen von diesen Formelzeichen jeweils bei den entsprechenden Gleichungen oder Bildern genannt sind. Nach Möglichkeit wurde versucht, die in den Technischen Regelwerken bereits eingeführten Zeichen zu verwenden.

Zeichen	Bedeutung	Einheit
A	Querschnittsfläche	m^2
D	Durchmesser	m
J	Massenträgheitsmoment	$kg \cdot m^2$
L	Länge	m
L	Schallpegel	dB (A)
M	Masse	kg
$\dot{M}$	Massenstrom	kg/s
$\tilde{M}$	molare Masse	kg/kmol
M_d	Drehmoment	$N \cdot m$
P	Leistung	W
$\dot{Q}$	Wärmestrom	W
R	Gaskonstante	$J/(kg \cdot K)$
$\tilde{R}$	allgemeine Gaskonstante	$J/(kmol \cdot K)$
Re	Reynoldszahl	–
T	Temperatur, thermodynamisch	K
V	Volumen	m^3
$\dot{V}$	Volumenstrom	m^3/s
$\tilde{V}$	molares Volumen	$m^3/kmol$
Y	spezifische Förderarbeit	J/kg
c	Geschwindigkeit am Ventilator	m/s
c_p	spezifische Wärmekapazität bei konstantem Druck	$J/(kg \cdot K)$
c_V	spezifische Wärmekapazität bei konstantem Volumen	$J/(kg \cdot K)$
d	Durchmesser	m
d_n	hydraulischer Durchmesser	m
h	spezifische Enthalpie	J/kg
k	Rohrrauhigkeit	m
k	Wärmedurchgangskoeffizient	$W/(m^2 \cdot K)$
m	Massenanteil	–
n	Drehzahl	1/s
p	Druck	Pa, bar, N/m^2
p_d	dynamischer Druck	Pa, bar, N/m^2
p_{st}	statischer Druck	Pa, bar, N/m^2
p_t	Totaldruck	Pa, bar, N/m^2
p_D	Wasserdampfdruck	bar
p_L	Luftdruck	bar
r	Raumanteil	–
t	Zeit	s

v	spezifisches Volumen	m^3/kg
w	Geschwindigkeit	m/s
x	absolute Feuchte	kg Wasser/ kg trockene Luft
α	Wärmeübergangskoeffizient	$W/(m^2 \cdot K)$
Δp_v	Druckverlust	Pa
ζ	Widerstandsbeiwert	–
η	Wirkungsgrad	–
ϑ	Temperatur	°C
$\varkappa$	Isentropenexponent	–
λ	Rohrreibungszahl	–
ϱ	Dichte	kg/m^3
φ	relative Feuchte	–
ω	Winkelgeschwindigkeit	rad/s

Literaturverzeichnis

[1.1] BRANDT, F.: *Wärmeübertragung in Dampferzeugern und Wärmeaustauschern.* Essen: Vulkan Verlag, 1995.
[1.2] GLÜCK: *Taschenbuch für Heiz- und Klimatechnik.* 1992.
[1.3] WAGNER, W.: *WTS-Stoffdatenatlas.* 1. Auflage. St. Leon-Rot: Eigenverlag, 1993.
[2.1] GLÜCK: *Taschenbuch für Heiz- und Klimatechnik.* 1992.
[2.2] WAGNER, W.: *WTS-Stoffdatenatlas.* 1. Auflage. St. Leon-Rot: Eigenverlag, 1993.
[5.1] FLT: *Handbuch für Strömungstechnik: Widerstandsbeiwerte von Bauteilen für Leitungssysteme.* FLT 3/1/29/92, zusammen mit KANET-Diskette, April 1992.
[5.2] VDI: *Arbeitsmappe; Heiztechnik – Raumlufttechnik – Sanitärtechnik.* 6. Auflage. Düsseldorf: VDI-Verlag, 1984.
[5.3] RÁKÓCZY, T.: *Kanalnetzberechnungen raumlufttechnischer Anlagen.* Düsseldorf: VDI-Verlag, 1979.
[5.4] WAGNER, W.: *Strömungstechnik und Druckverlustberechnung.* 3. Auflage. Würzburg: Vogel Buchverlag, 1992.
[5.5] BOHL, W.: *Technische Strömungslehre.* 10. Auflage. Würzburg: Vogel Buchverlag, 1994.
[5.6] IDEL'CIK, I. E.: *Memento des pertes de charge.* 2. Auflage. Paris: Eyrolles, 1979.
[5.7] MILLER, D.S.: *Internal Flow Systems.* 2. Auflage. Veröffentlicht von BHRA, 1990.
[5.8] RECKNAGEL/SPRENGER/HÖNMANN: *Taschenbuch für Heizung und Klimatechnik.* 65. Auflage. München: R. Oldenbourg Verlag, Ausgabe 90/91.
[5.9] BARTH, W.: Strömungstechnische Probleme der Verfahrenstechnik. *CIT* (1954) 1, S. 29–34.
[6.1] REGENSCHEIT, B.: Ausblase- und Absaugekanäle lufttechnischer Anlagen. VDI-Berichte Bd. 34, 1959.
[7.1] DIN 24 163/Teil 1: Ventilatoren, Leistungsmessung, Normkennlinien. Januar 1985.
[7.2] VDI 2044: Abnahme- und Leistungsversuche an Ventilatoren. August 1993.
[7.3] ISO/DIS 13 349: Industrial fans – Terminology. November 1993.
[7.4] DIN 24 166: Ventilatoren – Technische Lieferbedingungen. Januar 1989.
[7.5] BOHL, W.: Einfluß der saug- und druckseitigen Strömungsverhältnisse auf das Betriebsverhalten von Ventilatoren. VDI-Berichte 594, 1986, S. 283/301.
[7.6] DIN 45 635/Teil 38: Geräuschmessung an Maschinen; Luftschallemission; Hüllflächen-, Hüllraum- und Kanal-Verfahren; Ventilatoren.
[7.7] VDI 3731/Blatt 2: Emissionskennwerte technischer Schallquellen; Ventilatoren.
[7.8] RÁKÓCZY, T.: *Kanalnetzberechnungen raumlufttechnischer Anlagen.* Düsseldorf: VDI-Verlag, 1979.
[7.9] BOHL, W.: *Ventilatoren.* Würzburg: Vogel Buchverlag, 1983.
[7.10] RECKNAGEL/SPRENGER/HÖNMANN: *Taschenbuch für Heizung und Klimatechnik.* 65. Auflage. München: R. Oldenbourg Verlag, Ausgabe 90/91.
[7.11] BOHL, W.: *Strömungsmaschinen 1, Aufbau und Wirkungsweise.* 6. Auflage. Würzburg: Vogel Buchverlag, 1994.
[7.12] LEXIS, J.: *Ventilatoren in der Praxis.* 2. Auflage. Stuttgart: Gentner Verlag, 1983.
[8.1] WAGNER, W.: *Wärmeübertragung.* 4. Auflage. Würzburg: Vogel Buchverlag, 1993.
[8.2] WAGNER, W.: *Wärmeaustauscher.* 1. Auflage. Würzburg: Vogel Buchverlag, 1993.
[10.1] DIN 1952: Durchflußmessung mit Blenden, Düsen und Venturirohren in voll durchströmten Rohren mit Kreisquerschnitt.
[10.2] VDI/VDE 2040 (5 Blätter!): Berechnungsverfahren für die Durchflußmessung mit Blenden, Düsen und Venturirohren.
[10.3] VDI/VDE 2640 (4 Blätter!): Netzmessungen in Strömungsquerschnitten.
[10.4] VDI 2080: Meßverfahren und Meßgeräte für raumlufttechnische Anlagen.
[10.5] VDI/VDE 2041: Durchflußmessung mit Drosselgeräten, Blenden und Düsen für besondere Anwendungen.
[10.6] HENGSTENBERG, J., STURM, B., WINKLER, O.: *Messen, Steuern und Regeln in der chemischen Technik; Band I.* 3. Auflage. Springer-Verlag, 1979.
[10.7] DIN 24 163/Teil 2: Ventilatoren, Leistungsmessung, Normprüfstände.
[10.8] BOHL, W.: *Technische Strömungslehre.* 10. Auflage. Würzburg: Vogel Buchverlag, 1994.
[10.9] RÁKÓCZY, T.: *Mengenmesung strömender Flüssigkeiten oder Gase durch einen Krümmer. HLH,* Bd. 12, Heft 11, 1961, S. 329/332.
[10.10] VDI/VDE 3512, Blatt 3: Meßanordnung für Druckmessungen.

[10.11] VDI 2044: Abnahme- und Leistungsversuche an Ventilatoren.
[10.12] BOHL, W., LORENZ, W.: Nationale und internationale Ventilatoren-Normung, insbesondere auf dem Gebiet der Leistungsmessung. VDI-Berichte Nr. 872/1991, S. 631/645.
[10.13] DIN 24 163, 3 Teile: Ventilatoren-Leistungsmessung.
[10.14] ISO 5801: Industrial Fans. Performance Testing, Using Standardized Airways.
[10.15] BOMMER, L., KRAMER, C. u. a.: *Ventilatoren*. Ehningen: expert-Verlag, 1990.
[10.16] BOHL, W.: Einfluß der saug- und druckseitigen Strömungsverhältnisse auf das Betriebsverhalten von Ventilatoren. VDI-Berichte 594, 1986, S. 283/301.
[10.17] ISO 5802: Site Testing of Fans.

Stichwortverzeichnis